岩溶地区生态环境破坏分析与治理

李 云 著

中国建材工业出版社

图书在版编目（CIP）数据

岩溶地区生态环境破坏分析与治理/李云著．--北京：中国建材工业出版社，2021.3

ISBN 978-7-5160-3073-8

Ⅰ.①岩…　Ⅱ.①李…　Ⅲ.①岩溶区—生态环境保护—研究　Ⅳ.①X171.4

中国版本图书馆 CIP 数据核字（2020）第 184598 号

岩溶地区生态环境破坏分析与治理

Yanrong Diqu Shengtai Huanjing Pohuai Fenxi yu Zhili

李　云　著

出版发行：中国建材工业出版社

地　　址：北京市海淀区三里河路 1 号

邮　　编：100044

经　　销：全国各地新华书店

印　　刷：北京鑫正大印刷有限公司

开　　本：787mm×1092mm　1/16

印　　张：12.75

字　　数：320 千字

版　　次：2021 年 3 月第 1 版

印　　次：2021 年 3 月第 1 次

定　　价：69.80 元

本社网址：www.jccbs.com，微信公众号：zgjcgycbs

前　　言

岩溶地貌一般指喀斯特地貌（Karst Landform），是地下水与地表水对可溶性岩石溶蚀与沉淀、侵蚀与沉积以及重力崩塌、坍塌、堆积等作用形成的地貌，以斯洛文尼亚的喀斯特高原命名。

生态环境是指与人的生存和活动有关的各环境要素的总和，是生命系统与环境系统在特定空间的组合。当人为因素使生态系统的结构失调时，生态系统的平衡即被打破。现代文明的工程建设和露天开采破坏了原始地貌、植被，造成水土流失，给生态环境造成了严重的影响，甚至是不可恢复的环境灾害，制约了社会经济的可持续发展。2015年，中央文件《关于加快推进生态文明建设的意见》明确提出了“坚持绿水青山就是金山银山”，党的十八届五中全会首次提出“五大发展理念”，将绿色发展作为“十三五”乃至更长时期经济社会发展的一个重要理念，成为党关于生态文明建设、社会主义现代化建设规律性认识的最新成果。“必须树立和践行绿水青山就是金山银山的理念”被写入2017年党的十九大报告中。2018年，十三届全国人大一次会议将生态文明写入《中华人民共和国宪法》，正式确立了习近平生态文明思想。不断深化的“两山论”，为中国生态文明建设奠定了坚实的理论基石，成为中国生态文明建设的指导思想，引领中国走向绿色发展之路。湖南省委省政府根据新时期发展规划及时提出了“四化二型”建设，保障社会的和谐发展和经济的可持续发展，《湖南省生态文明体制改革实施方案（2014—2020年）》提出到2020年，初步形成系统完备、科学规范、运行有效的生态文明制度体系。

湖南湘西北、广西等岩溶地区作为一个相对独立的特殊的地质单元环境地域，具有特殊的物质、能量、结构和功能的生态系统，所诱发的地质和生态灾害对人类生存环境的危害程度日趋严重，且其治理任务越来越艰巨。道路、水利、建筑和矿产资源不合理开采等工程建设活动，对岩溶地区生态环境造成了破坏，加剧了土壤侵蚀，许多陡坡地段的地表土层流失殆尽，出现了连片的裸露石山和半裸露石山的景象，严重制约着整个岩溶地区生态的平衡和可持续发展。国内外科研工作者对岩溶的生态效应、地质地貌特征、植被演化特征、土壤演化特征、石漠化土地的恢复等已成为研究的热点问题。但生态综合治理技术研究较少，生态环境综合治理对策是岩溶石漠化地区区域经济发展必须首先研究解决的一个重大课题。本书以岩溶地区的湖南湘西北地区高速公路建设、沃溪矿区和平果铝矿区露天开采及工程建设对生态环境影响为研究对象，总结前人生态治理的经验和技术，通过实地野外调查，在对固定样地和示范区进行监测的基础上，运用可持续性发展理论、多目标决策、生态景观学、恢复生态学、生物学、生态经济学、管理学、反贫困理论、人地关系地域系统理论和系统工程学中的系统分析方法等的基本理论和思想，结合最新政策导向和市场变化，从理论基础、恢复技术、水土保持、土地利用结构变化和石漠化生态保护政策等方面开展调查与研究。

本书研究内容紧紧围绕岩溶地区工程建设对生态环境造成破坏所面临的突出矛盾和

问题进行全面研究及对策探讨。研究岩溶生态治理的技术，根据生态系统的特点，兼顾生态、经济、社会效益，将岩溶地区生态环境的建设、耕地总量动态平衡和反贫困结合起来，逐步恢复岩溶地区植被和生态环境，建立辐射效应强的复垦示范区，促进社会经济发展和以保护岩溶地区脆弱的生态平衡为目的。以控制水土流失、遏制土地石漠化、改善生态环境、实现可持续发展为目标，以科技为先导，以造林育林发展森林资源，保护、恢复和扩大植被覆盖为主要手段，把生态建设与经济发展结合起来，促进生态效益、社会效益与经济效益的协调统一。岩溶石漠化生态综合治理是根据岩溶地区的环境特点，选择“石生、耐旱、喜钙”的植物物种，因地制宜，植树种草，封山育林，提高地表植被覆盖率，绿化岩溶荒山，扩大植被覆盖。为解决岩溶石漠化地区人地矛盾和贫困等经济社会问题，保护岩溶石漠化土地资源、生态资源和生态环境，治理石漠化问题具有指导作用，带动该地区的林业、农业等领域的发展，促进区域经济的生态平衡和可持续发展。

本书首次将“景观生态空间结构分析法”运用于湖南湘西北地区的沃溪矿区的恢复生态的预测，得到了该地区生态环境的发展趋势及影响因素、时间及空间变化。针对影响矿区社会经济可持续发展的脆弱生态环境的主要驱动力因素和时空变化，提出了研究区域生态环境综合治理技术。本书的主要研究成果如下：

（1）生态脆弱性的主要成因是以气候条件、地质地貌条件为基底的原生脆弱性，加上人为活动的胁迫性影响而导致的次生脆弱性交互作用的结果。本书总结了前人研究成果和调查分析湖南湘西北地区沃溪矿区生态环境脆弱性的主要形成因素，研究发现岩溶石漠化的成因机理和生态脆弱性是由土地与资源不合理利用、土壤侵蚀、酸盐岩性、地表水流失、植被退化与丧失和土地生物生产力退化等要素引起的；引入生态景观学对土地石漠化的概念进行了完善和补充，丰富了石漠化的定义；对岩溶区土壤质量、土壤水进行评价，定量计算了岩溶矿区土壤养分变异对生态环境效应的影响；分析土壤水分的生态系统作用机理，运用水库效应模型及原生植被破坏后土壤水污染物运移风险预测模型。

（2）工程建设的露天剥离对原生植被的破坏、水土流失严重、滑坡、泥石流等地质灾害发生，严重地威胁着矿区的生态环境，加剧了区域石漠化的发展。本书在调查了解湖南湘西北沃溪矿区地质及自然条件状况、矿区土地利用、土壤资源状况和开采工艺的基础上，研究了平果铝露天矿开采对当地生态环境造成的影响和生态景观变化；用 Bayes 判别分析等数学模型对地质环境和边坡环境进行了评估。

（3）露天开采使其生态系统急剧破坏和退化，本书对岩溶石漠化地区平果铝土矿露天开采的生态重建从工程复垦技术、生物复垦技术和菌根技术 3 个方面进行了综合治理技术研究，加速了土壤熟化以及植被重建，成功地利用了平果铝工业废弃物作为复垦的人工再造耕层材料，并提出了最佳配土方案，即解决了缺少覆土的难题，初步实现了矿区废弃物的减量化、资源化和无害化；对复垦后的生态系统从经济效益、社会效益和生态效益 3 个方面进行评价论证。

（4）建立了景观生态空间结构模型，并对采空区土地利用结构变化和生态重建系统进行了预测；建立了综合费-效分析的灰色评价模型，对采空区复垦效益进行综合评价，预测和评价结果证明了平果铝生态恢复是成功的。

本书由湖南城建职业技术学院李云副教授研究撰写。

著 者

2021 年 1 月

目　　录

第1章　绪论 …… 1
1.1　研究的背景与意义 …… 1
1.2　文献综述 …… 2
1.2.1　国外研究现状 …… 2
1.2.2　国内研究现状 …… 4
1.3　湘西北地形地貌特征及发展现状 …… 5
1.4　研究目的、内容、方法和技术路线 …… 9
1.4.1　研究目的 …… 9
1.4.2　研究内容 …… 10
1.4.3　研究方法 …… 10
1.4.4　技术路线 …… 11
1.5　本章小结 …… 12

第2章　岩溶石漠化成因机理研究 …… 13
2.1　岩溶石漠化及岩溶生态环境的概念 …… 13
2.1.1　岩溶石漠化的概念 …… 13
2.1.2　岩溶生态环境的概念 …… 14
2.2　石漠化制约生态环境可持续发展 …… 14
2.3　石漠化的成因机理与过程研究 …… 15
2.3.1　土地石漠化的根本原因 …… 17
2.3.2　石漠化的内在动力 …… 18
2.3.3　石漠化的直接动力 …… 19
2.3.4　石漠化的先导因素 …… 19
2.3.5　石漠化的主要原因 …… 21
2.3.6　石漠化进程的驱动力 …… 21
2.4　本章小结 …… 23

第3章　岩溶地区生态脆弱性特征与评价研究 …… 24
3.1　岩溶石漠化地区生态脆弱性表现特征 …… 24
3.2　岩溶地区生态脆弱件驱动因子 …… 24
3.2.1　脆弱性内在驱动因子 …… 25
3.2.2　脆弱性外在驱动因子 …… 27
3.3　岩溶土壤质量评价 …… 28
3.3.1　土壤质量定义及功能 …… 28

3.3.2 土壤质量评价原则 …… 29
3.3.3 土壤质量的评价方法 …… 29
3.3.4 生态环境的土壤养分变异效应 …… 30
3.4 岩溶区土壤水分对环境效应的风险预测 …… 33
3.4.1 生态系统土壤水分作用机理 …… 33
3.4.2 土壤水的水库效应及参数计算 …… 35
3.4.3 岩溶地下水运移风险预测研究 …… 36
3.5 本章小结 …… 37

第4章 工程建设对岩溶地区生态环境影响研究及评价 …… 39
4.1 岩溶地区矿山地质环境评估 …… 39
4.1.1 矿山地质环境评估意义 …… 39
4.1.2 Bayes判别分析数学模型 …… 39
4.1.3 Bayes判别法应用 …… 41
4.2 高速公路工程建设对岩溶石漠化地区生态环境影响 …… 45
4.2.1 高速公路建设中环境影响分析 …… 46
4.2.2 山区高速公路边坡设计与生态环境影响 …… 49
4.3 基于TOPSIS-FCA的预应力锚索失效边坡稳定性风险评价 …… 59
4.3.1 TOPSIS的基本思想 …… 59
4.3.2 理想点与形式概念分析的预应力锚索失效风险评价模型 …… 60
4.3.3 工程应用 …… 62
4.4 基于PCA法的工程建设对湘西岩溶地区生态安全影响评价研究 …… 69
4.4.1 PCA主成分多元分析法的评价模型 …… 69
4.4.2 PCA评价指标体系的确定 …… 70
4.4.3 实例分析 …… 71
4.5 基于无偏灰色模型的生态环境安全事故预测 …… 76
4.5.1 传统GM（1，1）模型 …… 76
4.5.2 无偏灰色模型 …… 77
4.6 突发性环境事件应急联动系统构建 …… 80
4.6.1 系统结构与开发工具 …… 81
4.6.2 突发性环境事件应急联动系统的构建 …… 81
4.6.3 突发性环境事件应急联动系统关键技术 …… 83
4.6.4 突发性环境事件联动组织运作流程 …… 84
4.7 本章小结 …… 85

第5章 岩溶地区地形地貌三维地质建模与可视化设计 …… 86
5.1 三维地质建模 …… 86
5.1.1 地形建模方法原理 …… 86
5.1.2 建立地形模型 …… 87
5.2 岩体建模 …… 92

5.2.1 钻孔整理与收集 …… 92
5.2.2 岩体的圈定 …… 97
5.2.3 勘探线剖面图的校正与调整 …… 99
5.2.4 勘探线剖面分析 …… 101
5.3 湘西金矿沃溪三维境界图 …… 102
5.4 湘西金矿沃溪三维地质模型图 …… 104
5.5 本章小结 …… 105

第6章 岩溶地区土地利用结构及耕地总量动态平衡研究 …… 106
6.1 岩溶石漠化地区土地利用结构调查 …… 107
6.1.1 土地利用结构现状调查 …… 107
6.1.2 土地利用结构现状分析 …… 107
6.1.3 土地利用中存在的主要问题 …… 108
6.2 土地利用结构调整与耕地总量动态平衡的关系 …… 109
6.2.1 耕地总量动态平衡的内涵 …… 109
6.2.2 土地利用结构调整与耕地总量动态平衡的关系 …… 110
6.3 土地利用结构调整潜力、方案与措施 …… 110
6.3.1 土地利用结构调整潜力分析 …… 110
6.3.2 土地利用结构方案调整方式 …… 111
6.3.3 土地利用结构调整实施措施 …… 111
6.4 沃溪矿区耕地总量动态平衡的可行性研究 …… 112
6.4.1 耕地总量动态平衡水平测度计算 …… 112
6.4.2 影响矿区耕地总量变化的因素分析 …… 113
6.4.3 耕地总量动态平衡的可行性分析 …… 114
6.5 实现耕地总量动态平衡的对策研究 …… 114
6.6 土地利用结构与生态环境预测研究 …… 115
6.6.1 土地利用变化空间结构预测模型 …… 115
6.6.2 土地利用变化与环境评价预测结果 …… 117
6.7 岩溶矿区复垦土地适宜性评价 …… 119
6.7.1 土地评价指标划分 …… 119
6.7.2 土地适宜性评价方法 …… 120
6.7.3 沃溪矿区复垦土地适宜性评价 …… 122
6.8 本章小结 …… 123

第7章 岩溶地区水土保持模式及综合治理技术研究 …… 124
7.1 项目地区概况 …… 124
7.1.1 项目地区地形及水文特征 …… 124
7.1.2 项目区水土流失现状及防治情况 …… 125
7.2 矿区建设及生产新增水土流失预测研究 …… 126
7.2.1 水土流失预测时段 …… 126

7.2.2 损坏的水土保持设施预测 …… 127
7.2.3 可能造成的新增水土流失量预测 …… 127
7.2.4 可能造成的水土流失危害分析 …… 129
7.2.5 预测结果的综合分析评价 …… 129
7.3 岩溶石漠化矿区水土流失防治方案 …… 130
7.3.1 方案编制的原则和目标 …… 130
7.3.2 水土防治技术方案编制 …… 131
7.3.3 水土流失监测 …… 137
7.4 平果铝二期水土保持投资估算及效益分析 …… 138
7.4.1 水土保持投资估算 …… 139
7.4.2 效益分析 …… 142
7.5 本章小结 …… 143

第8章 岩溶石漠化地区生态环境综合治理技术研究 …… 144
8.1 生态综合治理概述 …… 144
8.1.1 土地复垦与生态重建可持续发展 …… 144
8.1.2 国内土地复垦与生态重建成功模式 …… 144
8.1.3 岩溶山区土地复垦与生态重建研究尚存在的不足 …… 145
8.1.4 石漠化区土地复垦与生态重建目标 …… 146
8.2 平果铝土矿工程复垦技术研究 …… 146
8.2.1 工程复垦技术条件及可行性方案 …… 146
8.2.2 平果铝工程复垦设计 …… 149
8.2.3 地质特征及给采空区工程复垦设计的影响 …… 150
8.2.4 石牙底板采空区工程复垦技术 …… 151
8.2.5 黏土底板采空区的复垦技术 …… 151
8.2.6 复垦用土的获取和土壤改良技术 …… 152
8.3 平果铝土矿生物复垦技术研究 …… 155
8.3.1 国外丛枝菌根应用研究 …… 155
8.3.2 国内丛枝菌根应用研究 …… 156
8.3.3 平果铝土矿生物复垦技术 …… 157
8.4 平果铝土矿采空区土地复垦效果 …… 167
8.4.1 平果铝土矿采空区土地复垦特点 …… 167
8.4.2 平果铝土矿矿区开采前的生态状况 …… 167
8.4.3 采空区土地复垦实施效果对比解析 …… 169
8.4.4 历年复垦验收合格土地统计 …… 172
8.5 露天矿开采边坡防护决策与生态环境耦合研究 …… 172
8.5.1 边坡综合防护方案选择 …… 173
8.5.2 边坡综合防护方案的环境评价方法 …… 173
8.5.3 边坡防护方案决策的主客观赋权综合评价模型 …… 176
8.5.4 露天矿开采边坡防护方案评价指标的确定 …… 177

8.5.5　评价实例 …… 179
8.6　岩溶石漠化矿区生态重建效益评价研究 …… 180
8.6.1　效益理论基础 …… 180
8.6.2　经济效益评价 …… 182
8.6.3　社会效益评价 …… 186
8.6.4　生态效益评价 …… 186
8.7　本章小结 …… 187

参考文献 …… 188
致谢 …… 194

第1章 绪　　论

1.1 研究的背景与意义

在我国市场经济高速发展的今天，生态环境问题制约整个社会经济可持续发展的瓶颈已成为普遍的共识。采矿对环境的影响特别是岩溶石漠化地区露天开采对原本脆弱的生态环境影响更加深远。国家在“十五”计划中大力发展国民经济的同时，十分注重生态环境的保护和生态重建理论研究与实践。《中华人民共和国国民经济和社会发展第十个五年计划纲要》明确指出：“加快小流域治理，减少水土流失，推进黔桂滇岩溶地区石漠化综合治理。”党的十八大把生态文明建设纳入中国特色社会主义事业五位一体总体布局，明确提出大力推进生态文明建设，努力建设美丽中国，实现中华民族永续发展。习近平总书记指出：“我们要以更大的力度、更实的措施推进生态文明建设，加快形成绿色生产方式和生活方式，着力解决突出环境问题，使我们的国家天更蓝、山更绿、水更清、环境更优美，让绿水青山就是金山银山的理念在祖国大地上更加充分地展示出来。”因此生态环境治理是西部岩溶石漠化地区的经济发展必须首先研究解决的一个重大课题。

生态治理是一项系统工程，本质就是在现状下用新技术通过改变生态系统结构，恢复生态系统必要的资源与生态功能，满足人类生存和发展的需要。所以可以从多方面提出生态治理的对策，如生态恢复技术、加强教育、完善立法、体制改革、调整税收、拓宽投入渠道与改变金融机制、加强基础设施、控制与防治污染等。

南方岩溶石漠化（Karst Rocky Desertification）是土地荒漠化的主要类型之一，喀斯特石漠与北方的荒漠、黄土和冻土并称为中国的四大生态环境脆弱带[1]。喀斯特岩溶地区作为一个相对独立的单元环境地域，是一种具有特殊的物质、能量、结构和功能的生态系统，长期以来，西南岩溶石漠化地区所诱发的地质生态灾害——石漠化问题并未受到足够的重视（王世杰等，2003），它对人类生存环境的危害程度日趋严重，且其治理任务越来越艰巨。岩溶石漠化地区与我国其他湿润的非岩溶地区相比，具有地表崎岖破碎、山多坡陡平地少，极易造成水土流失、基岩裸露、旱涝灾害频繁，生态环境脆弱，稳定性差、敏感性强，生态承载能力弱，容易破坏而难于恢复的特点[2]。由于岩溶地区地质和自然环境本身的特殊性和矿产资源不合理开采等人类活动的影响，土壤侵蚀日趋严重，许多陡坡地段的地表土层流失殆尽，出现了连片的裸露石山和半裸露石山的现象。石漠化问题严重制约着整个岩溶石漠化地区生态的平衡和可持续发展。

中国岩溶地貌面积超过12400万 hm^2，约占全国总面积的13%，主要分布于贵州、云南、广西、四川、重庆、湖南等10个省区市[3]。其中西南地区的岩溶以其连续分布面积最大、发育类型最齐全、景观最秀丽和生态环境最脆弱而著称。其碳酸盐类岩石出露面积为4262.4万hm^2，主要集中在滇、黔、桂三省区，其中以贵州省的分布面积最大（为1300万hm^2），其次为广西890万hm^2，云南610万hm^2[4]。全世界陆地上岩溶分布面积近220000万hm^2，约占陆地面积的15%，居住人口约10亿人，主要集中在低纬度地区，包括中国西南、东南亚、中亚、地中海、南欧、北美东海岸、加勒比、南美西海岸和澳大利亚的边缘地区等。集中连片的岩溶主要分布在欧洲中南部、北美东部和中国西南地区[5]。

早期的岩溶研究以欧洲占主导地位，最初研究局限于岩溶的地质成因、水文特征和发育过程[6]。后来由于经济发展的需要才逐渐扩展到其他方向，人们对岩溶工程地质、水文地质、地球物理勘探、喀斯特洞穴和喀斯特发育理论等做了大量研究[7]。Legrend于1973年在Science上的文章发表以后[3]，岩溶区地面塌陷、森林退化、旱涝灾害、原生环境中的水质等生态环境问题开始引起人们的重视，植被恢复的研究从此拉开序幕。近年来，岩溶石漠化的生态效应、地质地貌特征、植被演化特征、土壤演化特征、石漠化土地的恢复等已成为我国科研工作者研究的热点问题（朱震达等；屠玉麟；张殿发等）。

研究资料表明，每1000年，典型碳酸盐类岩石的平均侵蚀残余物只有2.47mm，形成1cm厚的土壤层需4000～8500年（苏维词，2002），较非岩溶区慢10～80倍；但坡度为20°的坡耕地，若无植被覆盖或覆盖率小于30%，当8h内降雨达80mm以上时，一场暴雨即可冲走2mm以上土层（李林立等，2002），这是岩溶山区土层浅薄、易出现石漠化的客观背景条件和基本原因。石漠化使生态系统稳定性减弱、敏感性增强、自然灾害频繁，耕地面积减少，土地生产力趋于枯竭。石漠化正在使部分人口完全丧失最基本生存条件，成为生态难民，约2500万贫困人口生活在岩溶石漠化山区。在我国生态环境破坏日益加剧的今天，环境保护是一项很艰巨的工作。环境评价是在取得大量监测资料的基础上，对区域环境效果所做出的综合性定量评价，为自然资源开发利用提供科学依据和合理建议。本书通过建立概念模型和数学模型对岩溶石漠化山区的生态环境进行合理的评价，并对岩溶石漠化地区露天矿开采对环境影响的变化趋势进行分析，提出的有效生态重建理论与综合治理技术，对岩溶地区生态环境重建和社会经济发展有十分重要的意义；为解决岩溶石漠化地区人地矛盾和贫困等经济社会问题，保护岩溶石漠化土地资源、生态资源和生态环境，治理岩溶问题具有借鉴作用；为我国进一步开展对喀斯特石漠化地区生态重建研究工作也具有重要意义。

1.2 文献综述

1.2.1 国外研究现状

喀斯特环境问题已成为当代国际地质学研究的热点之一。喀斯特（Karst）可概括为碳酸盐岩分布区以岩石化学溶解作用为主的地质作用及其结果现象的总体[8]。喀斯特地貌（Karst Iandform）指可溶岩经以溶蚀为先导的喀斯特作用，形成地面坎坷崎岖，地下洞穴发育的特殊地貌。Karst 源于斯洛文尼亚第纳尔高原，在当地语中称为“Karst”，意大利语中称为“carso”，德文称为“kărst”，它们都属印欧语系中的“kar”，即石头的意思。自从南斯拉夫学者 J. Cvijic 研究了当地的地貌后，它远离俗语而转变为一门学科[9]，成为国际上对碳酸盐岩地区地质地貌国际通用术语。早在 1926 年，Penak A 就在其地貌学专著中首次将石灰岩的地貌形态分为 3 类喀斯特——完全喀斯特、半喀斯特和过渡喀斯特，基本确定了喀斯特研究的经典内容和学科特点（李玉辉）。20 世纪 60～70 年代，美国对岩溶地区进行系统水文地质调查，揭示了岩溶环境的脆弱性，在全世界产生了广泛的影响。1979 年，H. E. Legrad 首次提出了喀斯特地区的生态环境问题。1983 年 5 月，底特律市召开的美国科学促进会（AAAS）第 149 届年会正式把岩溶环境和沙漠边缘地区列为一种脆弱的环境，即一旦遭到破坏就很难恢复的环境，进一步引起全球对岩溶生态环境的重视。在此期间，国际上对马来半岛、美国卡罗来纳、新西兰和南非喀斯特地区及德国的 Solnhofen 石灰岩地区也开展了一些石灰岩植物区系的形成及其生理生态研究工作[10]。国际荒漠化防治公约指出“荒漠化是由包括气候变化和人类活动在内的各种因素所造成的干旱、半干旱和具有干旱的半湿润地区的土地退化”（ESCA/UNEP，1994），明确指出它是全球范围内的问题，然而又因自然条件的不同具有明显的区域差异性。这表明对荒漠化的认识还需要结合本国区域特点和实际。联合国亚洲及太平洋经济社会委员会（简称“亚太经社会”，U. N. Economi and Social Commission for Asia and the Pacific，ESCAP）根据亚太区域特点和实际，提出荒漠化还应包括“湿润及半湿润地区由于人为活动所造成环境向着类似荒漠景观的变化过程”。我国学者习惯称为“岩溶”，也有部分学者仍用喀斯特。

近 30 年来，世界上许多国家都十分重视对喀斯特环境问题的研究。20 世纪 80 年代和 90 年代初，喀斯特环境的研究多集中于地理、地貌和关键性环境地质、工程地质的研究。地形研究、环境变化、水文、洞穴学、人类影响和土地利用等方向仍然是喀斯特研究领域的热点。进入 90 年代以后，人们开始侧重于喀斯特生态系统及喀斯特碳循环对全球温室效应贡献的研究[11]。目前，比较重要的喀斯特研究是国际地质对比计划中的 IGCP299“地质、气候、水文与岩溶形成”（1990—1994）、IGCP379“岩溶作用与碳循环”（1995—1999）、IGCP448“全球岩溶生态系统对比”（2000—2004）研究[12-13]。在国际地理联合会（IGU）、国际洞穴学联合会（UIS）、国际地貌工作者协会（IAG），以及国际地质学联合会（IUGS）和联合国教科文组织（UNESCO）共同资助的国际地质对比计划（IGCP）都设立了喀斯特环境问题专门研究组（蔡运龙，1999）。因此，国外早期的喀斯特研究主要侧重地质成因、地貌特征、水文特征及发育过程。联合国粮农组织（FAO）1971 年提出了土壤退化问题并出版专著（Soil degradation），20 世纪 70 年代开展了大规模的土壤荒漠化防止研究工作，并于 1977 年在内罗毕召开了第一次与土壤退化有关的全球性国际会议，也召开了联合国土地荒漠化会议，从此，土壤荒漠化问题成为全球性的研究热点。20 世纪 80 年代中后期以来，土壤退化问题成为土壤科学的重要领域，20 世纪 90 年代，UNEP（联合国环境规化署）资助并开展了全球土壤退化评价，编制了全球土壤退化图和干旱区土地退化评估的项目计划，各国学者对不同区域、不同国家及不同退化原因进行了大量研究，同时有相当多的学者对退化土壤的恢复与重建措施做了大量的研究和探讨。但进入 90 年代以来，单一学科对退化的研究不能满足其需要，退化土壤的恢复与重建研究领域出现了较多交叉，例如 Wolfson（1992）对苏联生态系统的退化研究实质包括生物系统、土壤系统和环境系统的综合研究。目前主要集中在对岩溶地区生态环境治理及土壤保持的研究。

1.2.2 国内研究现状

我国对岩溶的研究历史悠久，两千多年前的《山海经》中便有对伏流的记载，晋代也有关于这一类环境地质的记载，宋代沈括的《梦溪笔谈》、范成大的《桂海虞衡志》等都讨论了石灰岩地貌的成因[14]。早在 17 世纪的时候，徐霞客就已对我国的岩溶地区地形、地貌和植物做过考察并提到南方岩溶地区的成因，这比欧洲最早的喀斯特著作早近 200 年[15]。然而进入 20 世纪以来，虽然从“五五”国家科委和地矿部组织“四片五点”，开展了南方喀斯特地下河及岩溶矿区水文地质调查和评价、西南石灰岩地区有效开发利用途径研究、滇黔桂石山地区农村经济开发研究、大西南连片贫困岩溶地区脱贫与振兴经济建设、滇黔桂湘岩溶贫困区岩溶水有效开发利用规划建议与开发示范、中国西部重点脆弱生态区综合治理技术与示范等喀斯特课题的研究，但国内的研究明显落后于欧洲[16]。20 世纪 90 年代以前对岩溶脆弱环境的研究还是一片空白，这期间主要研究的是岩溶地貌的形成和演变、水资源的短缺原因和开发利用技术、防渗漏处理技术和地质灾害的防治等[17-18]。90 年代前期侧重洞穴旅游，并开始着手岩溶森林的调查和研究[19-20]。90 年代中后期以来，岩溶生态环境和景观生态的研究逐渐发展起来，近几年很多农林院校和科研院所都把注意力放到了这方面[21]。21 世纪以来，“3S”技术的发展使岩溶分布的统计更为准确，岩溶地貌成因的研究也获得了新的突破，岩溶旅游也逐渐开始受到重视[22-23]。岩溶石漠化的危害已得到一致认可，其形成原因和治理途径成为研究热点[24]。我国 1994 年编制的《中国 21 世纪议程》将岩溶地区的石漠化防治列为基本国策[25]。国际地质对比计划 IGCP299“地质、气候、水文与岩溶形成”（1990—1994）的全球对比表明，我国西南的岩溶石山实际上是由地中海起，经中东、东南亚至中美洲和美国东南部整个岩溶生态脆弱带的一部分[26]。贵州省位于世界岩溶面积最集中的中国西南岩溶腹心地带，引起岩溶生态环境学界的广泛重视[27]，罗丹等提出岩溶石山的石质荒漠化[28]，1992 年 5 月，朱成松等出版《贵州岩溶地区农村经济开发研究》，2019 年冯娜等出版《岩溶山地植被恢复中碳酸盐岩红土入渗特征及其影响因素》[29]，1998 年国土资源部岩溶地质研究所召开“岩溶石山地区资源、环境与可持续发展研讨会”等，可见人们对岩溶石山（石漠化）研究领域的活跃和重视。近年来，相继有文献[30-32] 对贵州岩溶地区石漠现状、地貌及原始岩生森林、石漠化遥感等进行了调查研究，将岩溶地区石漠化研究渐次引向深入。

我国西南岩溶地区土地石漠化，因具明显的地域性，一直未能引起国际社会的广泛关注，也没有被明确列入荒漠化防治国际公约的防治范围。所以，在国际上岩溶土地石漠化的科学内涵一直不是很明确，其成因理论及防治研究也几乎是空白的。目前，地矿部门为摸清资源环境条件，完成了南方岩溶地区的水文地质调查，在对滇、黔、桂岩溶山区石漠化的生态地质背景调查的基础上，科学家们从不同角度对石漠化的概念、成因及治理的对策、技术等进行了初步研究，运用遥感和 GIS 技术对石漠化发展进行监测、预测，并依托国家“十五”科技攻关项目“中国西部重点脆弱生态区综合治理技术与示范”和各省科技攻关项目，在（广西）岩溶峰丛洼地和（贵州）岩溶高原试验区进行生态重建与治理技术试验示范研究。中国科学院地学部将西南岩溶石山划为我国脆弱生态地区之一以来，才大量展开对石漠化的研究，主要集中在：

（1）关于岩溶生态环境脆弱性的研究。

（2）关于岩溶石漠化概念及其科学内涵的探讨。

（3）关于岩溶石漠化的特点、分布、成因及影响因素的研究。

（4）从各个角度，应用各种原理探索岩溶石漠化的防治。

目前，涂成龙、林昌虎、何腾兵等人已经从植被演替角度对贵州西部岩溶石漠化过程中土壤氮素的变异特征和退耕荒地土壤在减少或排除人为干扰条件下土壤氮素的变异特征，以及黔中石漠化地区生态恢复过程中土壤养分变异特征进行了初步研究。纵观国内外石漠化研究的趋势，可以概括为以下 4 个方面：

（1）进一步探讨、完善岩溶地区土地石漠化的科学内涵，建立石漠化的评价基准和评价指标体系，并利用 RS、GPS、GIS 手段，开展土地石漠化监控与预测，建立石漠化预警系统，维护生态安全。

（2）以生态景观学、地球科学、化学、管理学等多学科交叉研究为特征，对岩溶石漠化时空动态变化格局、过程、成因机制等理论问题开展综合性、基础性研究，尤其是对全球岩溶生态系统进行对比研究。

（3）以定位、半定位研究为基础，开展石漠化的生态过程的实验生态学的基础性研究，对石漠化微观尺度的景观格局变化、物质与能量的变化、迁移、水热环境变化、土壤生物群落演替、土壤中碳循环、植被恢复过程与机理等进行基础性、系统性研究。

（4）探索、推广适于不同类型区的石漠化治理的生态经济模式与技术，推动石漠化土地的治理。

1.3 湘西北地形地貌特征及发展现状

湘西北一般是指整个湖南西部靠北的地方，地理意义上的大湘西指的是怀化、湘西自治州和张家界，所以湘西北指的大概是张家界市和湘西自治州龙山一带。张家界市位于湖南省西北部，地处云贵高原隆起与洞庭湖沉降区接合部，介于东经 109°40′～111°20′、北纬 28°52′～29°48′之间，东接石门、桃源县，南邻沅陵县，北抵湖北省的鹤峰、宣恩县。市界东西最长 167km，南北最宽 96km。全市总面积 9653km^2，占全省面积的 4.5%。张家界市的地层复杂多样，形成当地的特色景观。

在张家界市区境内，由于受地理、地层、构造、气候等诸多条件的影响，便形成了多姿多彩的地貌奇观。从地势上来看，张家界市西接云贵高原，东临洞庭湖，北与鄂西山区接壤，南又与雪峰山毗连。其总的地势是东南与中部低，四周高，沿澧水河流域两岸又有一块一块的冲积土平原。该市境内一年四季，气候温和，雨量充沛，溪流发育，各条溪流均汇集到澧水河，然后从西向东，一直流进八百里洞庭湖。湖内沉积着几十米至几百米厚的泥沙。与洞庭湖相反，从东向西，地势又逐渐升高，到市区中心地段，便出现了海拔达 1500 余米的天门山、七星山等高山峻岭。有高山峻岭，又有低谷平原，这就是该地区独特的流水侵蚀地貌。

武陵源景区内巨大的石英砂岩，产状平缓，使岩层不能沿层面薄弱部位滑塌，覆盖在滞留系柔性的页岩之上。重力作用使刚性的石英砂岩垂直节理发育，在水流强烈的侵蚀作用下，岩层不断解体、崩塌，流水搬运，残留在原地的便形成雄、奇、险、秀、幽、旷等千奇百怪的峰林，是武陵源风景区的主体。慈利县五雷山风景胜地，同样也是由同一层位的石英砂岩组成，岩层产状也平缓。五雷山顶部有黄绿色的页石、泥灰岩覆盖，它是隔水岩系，可以保护下伏砂岩免受流水侵蚀。

该市域另一个突出的表现是由于地壳上升，溪流向下切割作用加大，来不及将河流拓宽，而使河谷形成隘谷、峡谷。河的谷底极速飞窜成线形，两壁陡峻，滩多水急。张家界市澧水源头、娄水上游、茅岩河段就是这种河谷地貌，也就是流水侵蚀地貌。

近年来学术界也称岩溶地貌，也是张家界市地貌的另一突出的特点，约占全市面积的40%，且种类多，无论地表、地干，其堆积物均发育齐全，是我国湘西北岩溶地形发育地区的一个组成部分。桑植县、慈利县大部，武陵源区、永定区东南部是这一地形发育的地区。地表岩溶地形的溶沟、溶槽、石芽、干谷、石丘、石陵市内各地可见，唯石林在市区少见，在天门山风景区能见到一些单个石柱，但很少成林。湘西北地区只在自治州花垣县小排吾一地有一片石林，俗称“石栏栅”，颇引人注意。

地下岩溶溶洞、岩溶堆积物形态在张家界市更是堪称一绝。从溶洞规模上看，桑植县的九天洞能列入世界洞穴学会会员洞，真不愧为亚洲第一洞的响亮称号，可见不一般。九天洞和位于武陵源区的黄龙洞，是张家界市地下岩溶地形的代表。它们集溶洞、溶洞河、暗河、落水洞、漏斗为一体。其洞内岩溶堆积物如石钟乳、石笋、石柱更是千姿百态，极大地拓展了游人想象的空间，往往使人很难找到恰当的词汇和语言来赞美。

张家界市气候适中，地处北半球中纬度，属中亚热带山原型季风湿润气候。因此，雨量丰沛（历年平均降水量为1400mm），阳光充足，无霜期长，严寒期短，年平均气温在16.6℃左右。夏季8月极端气温在37.2℃左右，冬季最冷月平均气温为4.3℃（以1月最冷，极端气温在零度左右到4.5℃）。张家界市属中亚热带季风湿润气候区，雨水集中，降水量较多，平均年降水日数为150～180d，冬季常受西伯利亚和蒙古南下的冷气团所控制，寒流频繁南下造成雨雪冰霜，夏季南方吹来的暖湿气团被山脉阻挡和抬升，变成上升气流，易凝云致雨。夏秋受副热带高压控制，常出现高温酷热天气，部分地区常因热带低压台风天气系统的影响而发生大的降水。春夏之交处于冷暖气流交接的过渡时期，峰面和气旋活动频繁，造成阴湿多雨。降水量在年内分配悬殊，并往往集中在几个月内，这几个月降水量基本上决定了一年的雨水丰枯。连续最大4个月降水量出现在5～8月，占全年的58%，汛期（4～9月）降水量占全年的73%，最大月降水量占全年的19%，最小月降水量出现在12月或1月，最大月平均降水量约为最小月平均降水量的10倍。受地理环境和气候的影响，全市境内暴雨年年发生，桑植县凉水口以上是有名的暴雨中心，多年平均24h雨量为135.9mm，多年平均3d降水量达194.2mm，在实测记录中，凉水口站24h降水量达414.7mm（1998年7月20日），3d降水量达671.4mm（1998年7月20日）为目前最大的暴雨纪录。

张家界市历年平均日照、气温和降水量分别为1440h、16℃和1400mm左右，历年平均无霜期为216～269d。这样的气候有利于农、林、牧、副、渔业的全面发展。但受地形、地貌等因素的影响，境内气候复杂多变，干旱洪涝、大风冰雹等自然灾害也比较频繁。

春季（3～5月）气温：5.8℃、11.4℃、16.1℃，春天妖冶而如笑，可灌花、踏青。

夏季（6～8月）气温：19.7℃、23.3℃、22.2℃，夏天苍翠而如滴，可避暑、漂流。

秋季（9～11月）气温：17.9℃、13.9℃、8.7℃，秋天明净而如洗，可赏果、登高。

冬季（12月～次年2月）气温：3.4℃、0.7℃、1.3℃，冬天素洁而如睡，可赏雪、寻梅。

张家界市区海拔183m，景区平均海拔1000m，由于此差异，昼夜温差可达10℃。

张家界市境内溪河纵横，水系以澧水和溇水为主，澧水干流在桑植县南岔以上有北、中、南三源。北源为主干，发源于桑植县杉木界；中源出八大公山东麓；南源出永顺县龙家寨。三源在龙江口汇合后往南经桑植县、永定区、慈利县，最后流入洞庭湖，干流流贯全市的长度是313km，流域面积为8135km^2。境内修建了多个蓄水库，为当地用水、用电提供足够的来源。

溇水是澧水的最大支流，发源于湖北鹤峰，向东南流经桑植、慈利注入澧水，干流全长250km，在全市境内的流域面积为2565km^2。河流穿行于石灰岩高山深谷之中，基岩裸露，坡陡流急，全河80%属峡谷区。总落差达400多米，是湖南省水流面积资源最丰富的河流。此外，境内还有一部分河流流向沅水，流域面积为1428km^2。市境内大于5km^{2}的河流212条，其中一级支流48条，二级支流101条，三级支流54条，四级支流8条。澧水是湖南省四大河流之一，位于湖南省西北部，流域跨湘鄂两省。

地层和构造的特殊条件，使张家界市的矿产以沉积形成的矿产为主，有煤、铁、镍、钼，其次有低温热液形成的铅、锌、铜，非金属矿产有石灰岩、白云岩、大理石、萤石、重晶石、硅石（石英）等，例如青安坪就有丰富的大理石、煤、铁等资源，还有矿泉水。总之，从科学和工业的观念上讲，泥土石矿能烧制砖瓦，砂石矿能建造桥梁、高楼。能利用、能为国民经济建设服务的都是有用的矿产资源，都应该珍惜和保护，只是其价值大小不同罢了。形成武陵源景区奇特的砂岩峰林地貌的石英砂岩，本身也是一种矿产资源。其二氧化硅含量达90%～99.06%，是生产石英玻璃的优质原料。是开采作为矿石，还是保存其峰林景观，这是一个值得研究的课题。

西南石灰岩分布极广，岩溶发育充分，多溶洞、伏流；西北石英砂岩密布，因地壳作用形成小片峰，以花垣排吾乡周围最为典型。东西部为低山丘陵区，平均海拔为200～500m，溪河纵横其间，两岸多冲积平原。地貌形态的总体轮廓是一个以原山地为主，兼有丘陵和小平原，并向北西突出的弧形山区地貌。

湘西州境内南有沅江干流过境，酉水干流、武水干流横穿西东，花垣西乡河的上中游段由南向北经茶洞入境。

沅江全长1033km，流域面积为89163km^2，发源于贵州省都匀县云雾山鸡冠岭，于德山入洞庭湖。干流从泸溪县浦市镇小熟坪上游约 1.0km 入境，流经浦市镇、白沙镇、武溪镇会武水，下流至大龙溪出境，过境里程约 10km，州境流域面积为 1158.8km^2。

酉水是沅江的最大一级支流，自古有南北二源之称。北源为主干流，发源于湖北省宣恩县西源山，往南迂回蜿蜒于湖北省的宣恩、来凤，湖南省的龙山和重庆市的秀山、酉阳边境，其中有 56km 成为湘、鄂、川省界线。干流南经龙山县湾塘水电站、重庆市酉阳县西酬镇至秀山县石堤镇与秀山河汇合。南源称秀山河，发源于贵州省松桃县山羊溪。南北二源在秀山石堤汇合后，下流 10 余千米经大桥村入州境，至隆头左会南下的洗车河，下江口右会花垣河，过保靖县城后左会泗溪河、猛洞河、施溶溪，右会白溪和古丈河，尔后从凤滩水电厂大坝出州境，经沅陵县城汇入沅江。酉水干流全长 477km，流域面积为 18530km^2，其中属州境的干流长度为 222.5km，流域面积为 9098km^2。水能资源理论蕴藏量为 118 万 kW，可能开发量为 74.83 万 kW。

武水是沅江的一级支流，发源于花垣县老人山、火焰洞一带，干流东流 6km 至凤凰县柳薄乡消水坨，其中大部分水流渗入暗河，自大龙洞瀑布口而出，另一部分水流沿牛角河下 13km 与大龙洞瀑布会流，始称峒河。沿下经矮寨、吉首市区、抵张排寨会万溶江，至河溪会沱江，始称武水。续经黄连溪入泸溪县，至武溪镇汇入沅江。武水干流全长 141km，流域面积为 3676km^2，其中州境内为 3624km^2。水能资源理论蕴藏量为 21 万 kW，可能开发量为 6.94 万 kW。

沱江是凤凰县境最大的河流，为武水一级支流，上有二源——南源和北源。下面主要介绍北源。北源为乌巢河，发源于禾库都沙南山峡谷中，滩险流急，雨天水涨，行旅多阻。沱江从西至东横贯凤凰县境中部地区，流经腊尔山、麻冲、落潮井、都里、南华山、沱江镇、官庄、桥溪口、木江坪 9 个乡镇。至吉首河溪会武水，在武溪镇汇入沅江。干流全长 131km。在凤凰县境长 96.9km，流域面积为 732.42km^2。多年平均流量为 11.89m^3/s，自然高差为 533m。沱江水位最高的为 305.9m（1974 年），最低的为 300.39m（1962 年），平均为 300.93m。流量最大的为 896m^3/s（1974 年 6 月 30 日）、最小的为 0.014m^3/s（1966 年 6 月 21 日），平均为 11.89m^3/s。

猛洞河发源于桑植县八家田，流经龙山的猛必、汝池、永顺的五家堡、勺哈、县城，至下洞脚里与施河于克皮汇入酉水干流。猛洞河以其丰富多彩、瑰丽神奇的自然风光和人文景观构成一幅幅令人心旷神怡的美好图画，石门天凿“不二门”和猛洞河“天下第一漂”，均为天下绝。

花垣河是酉水的最大支流，发源于重庆市秀山县椅子山和贵州省松桃县木耳溪一带，流经松桃县城，从花垣县茶洞入州境，经县城会兄弟河后流至保靖县江口汇入酉水。干流全长 187km，流域面积为 2797km^2，其中湘黔两省以河为界的里程为 22km，在州境内干流 53.5km，流域面积为 107km^2。流向辰水—绵江的小水系，在凤凰县境内有苏马河、茶田河、新地溪、白泥江，泸溪县内有踏虎溪、太平溪等，总计流域面积 802km^2。其中自泥江为 340.26km^2、太平溪为 196km^2。流向酉水干流凤滩水电厂大坝下游，有永顺县的明溪、古丈县的草塘河和泸溪县内的酉溪河，总计流域面积为 875km^2。其中明溪 210km^2、草塘河 388km^2、酉溪河 377km^2。流向澧水的主要小水系有永顺县内的杉木河和贺虎溪，总计流域面积为 1246.7km^2。其中杉木河 1070.7km^2、贺虎溪 176km^2。

湘西州属中亚热带季风湿润气候，具有明显的大陆性气候特征。夏半年受夏季风控制，降水充沛，气候温暖湿润，冬半年受冬季风控制，降水较少，气候较寒冷干燥。既水热同季，暖湿多雨，又冬暖夏凉，四季分明，降水充沛，光热偏少；光热水基本同季，前期配合尚好，后期常有失调，气候类型多样，立体气候明显。

湘西州土地总面积为 15462274 万 hm^2。其中，未利用土地为 16.61 万 hm^2，土地开发储备资源约 4 万 hm^2。

湘西州境内大部分区域地表水和地下水资源丰富，水质良好，且地表水与地下水相互转化，形成地表地下水综合利用的格局。区域内平均年径流量为 132.8 亿 m^3；干流长大于 5km、流域面积在 10km^2 以上的河流共 444 条，主要河流有沅江、酉水、武水、猛洞河等。水能资源蕴藏量为 168 万 kW，可开发 108 万 kW，现仅开发 18 万 kW。

在州域已勘察发现 63 个矿种 485 处矿产地，已探明的主要矿产有铅、锌、汞、锰、磷、铝、煤、紫砂陶土、含钾页岩等，其中锰、汞、铝、紫砂陶土矿居湖南省之首，锰工业储量 310657 万 t 居全国第二，汞远景储量居全国第四。

近年来湘西州基础设施建设不断改善，抢抓国家扩内需的政策机遇，开工了一批事关长远发展的重大基础设施项目。启动国家扩内需项目 996 个，91 个州重点项目完成投资 72 亿元。吉茶、吉怀、张花 3 条高速和龙永、迁河、下沱等 9 条骨干公路建设加快推进，凤大高速、泸溪千吨级码头开工建设，县乡公路改造完成路基 391km、路面 397km，吉恩高速进入省建设规划，黔张常铁路通过预先调研审查，铜仁、凤凰机场扩建前期工作有新进展。永顺高家坝防洪水库建成，治理病险水库 28 座，新扩建 2 个 220kV 和 13 个 110kV 输变电站，完成 248 个村农网改造。吉首、保靖、古丈城市污水处理和永顺城市垃圾处理工程基本完工，永顺、泸溪、花垣、龙山城市污水处理工程完成。

1.4 研究目的、内容、方法和技术路线

1.4.1 研究目的

湘西北剥离建设岩溶石漠化地区对本来就非常脆弱的生态环境造成了彻底破坏，更加加剧生态环境的恶化，加上该地区土壤少，缺林少水，生态环境自然恢复慢，就必须进行生态恢复的综合治理研究。岩溶石漠化地区生态治理的基本目标和任务是通过有限的社会投入和科学治理技术对石漠化土地进行整治，增加地表植被覆盖，提高生物多样性，维持生态平衡，使其能迅速提高土地生产力，恢复生态系统功能，满足当地人民生存和发展的需要，使区域生态系统进入良性循环。本研究运用生态景观学、恢复生态学、系统工程学、生物学、生态经济学和管理学、可持续发展理论、反贫困理论、人地关系地域系统理论等的基本理论、思想和方法，以查阅资料、实地野外调查和试验为主要研究途径，通过定性方法和定量方法相结合、微观和宏观分析相结合，结合最新政策取向和市场变化，总结前人石漠化生态治理的成果和经验，分析岩溶石漠化成因机理和

生态脆弱性，进行露天剥离建设的综合治理技术研究。为克服岩溶石漠化工程建设和山区矿产资源开采导致石质山地水土流失不断加剧、石漠化土地面积不断扩大的势头提供了技术支持，逐步建立一个石漠化地区功能稳定、结构合理的综合生态经济系统和可持续发展的生态环境。

1.4.2　研究内容

我国石漠化地区缺水少土，造林难度大，而人地矛盾又十分突出，生存的基本需求对土地压力及生态环境的严重破坏都威胁着人们的生存和发展。西南地区石漠化生态治理总的指导思想，就是要认真贯彻落实党中央关于西部大开发的重大战略决策，坚持从实际出发，紧紧围绕西南地区生态环境面临的突出矛盾和问题，以控制水土流失，遏制土地石漠化、改善生态环境、实现可持续发展为目标，以科技为先导，以造林育林发展森林资源，保护、恢复和扩大植被覆盖为主要手段，把生态建设与经济发展结合起来，处理好长远与当前、企业与农民利益的关系，促进生态效益、社会效益与经济效益的协调统一。

石漠化生态治理是指根据岩溶地区的环境特点，选择“石生、耐旱、喜钙”的植物物种，因地制宜，植树种草，封山育林，提高地表植被覆盖率，绿化岩溶荒山，减少水土流失，扩大植被覆盖，抑制土地石漠化。本书以湘西北地区为研究对象，重点考察湘西北区域的石漠化分布现状及工程建设对环境的影响，通过对建设区域石漠化的土壤侵蚀过程的研究，结合石漠化治理和生态恢复实践的需要，分析、解决中亚热带石漠化地区露天开采生态综合治理技术和土地动态平衡问题。

1.4.3　研究方法

湘西北喀斯特岩溶地质构造十分复杂，新构造运动强烈，河网密度较大，导致岩溶地貌类型复杂多样，地貌条件中的地势、坡度、坡向、地形切割度等千差万别，地下水埋藏条件复杂，加上多雨温湿季风气候，水土流失程度严重。喀斯特岩溶山区石漠化是在多重胁迫下的结果，研究在不同石漠区自然背景条件下，石漠区的演化机理的差异，以及根据此差异采取科学手段防治石漠恶化是完成本书的主要研究思路和方法。本书涉及的理论和方法包括：环境的可持续性发展理论、多目标决策，系统工程学中的系统分析方法、生态景观学、恢复生态学、生物学、生态经济学和管理学、反贫困理论、人地关系地域系统理论等的基本理论和思想，以查阅资料、实地野外调查为主要研究途径，通过定性方法和定量方法相结合、微观和宏观分析相结合，结合最新政策取向和市场变化，对总结前人石漠化生态治理的成果和经验进行综合分析。

（1）野外调查、收集数据，并充分利用前人研究资料。利用实地调查和查阅资料，构建有关信息数据库。

（2）在对区域脆弱性成因进行定性分析的基础上，对湘西北石漠化区域地层、岩石、构造、地貌、水文、人为活动、土壤植被及生态环境进行现状调查和分析；解剖影响该区域脆弱性的主要驱动因素，为其生态环境的恢复和重建提供实践依据。

（3）通过湘西金矿沃溪矿区土壤、植被等调查分析和室内植物培育试验，收集并整理前人有关的测试数据资料，对开采区域的生态综合治理技术进行了研究。

(4) 结合水资源开发潜力的研究现状，综合考虑湘西地区的经济技术现状和岩溶水资源开发潜力的影响因素，探求岩溶地区水土保持模式及综合治理技术。

(5) 在对石漠化区域露天剥离建设对生态环境影响分析的基础上，采用模糊评判、Bayes判别分析理论、主客观赋权评价法及景观生态空间结构模型对露天开采区域生态重建进行评价和预测，为其生态环境的恢复和重建评价提供实践依据。

(6) 在综合上述分析、研究的基础上，提出了一系列针对岩溶石漠化地区生态环境的保护政策和行之有效的管理措施。

1.4.4 技术路线

本研究的具体技术路线如图1-1所示。

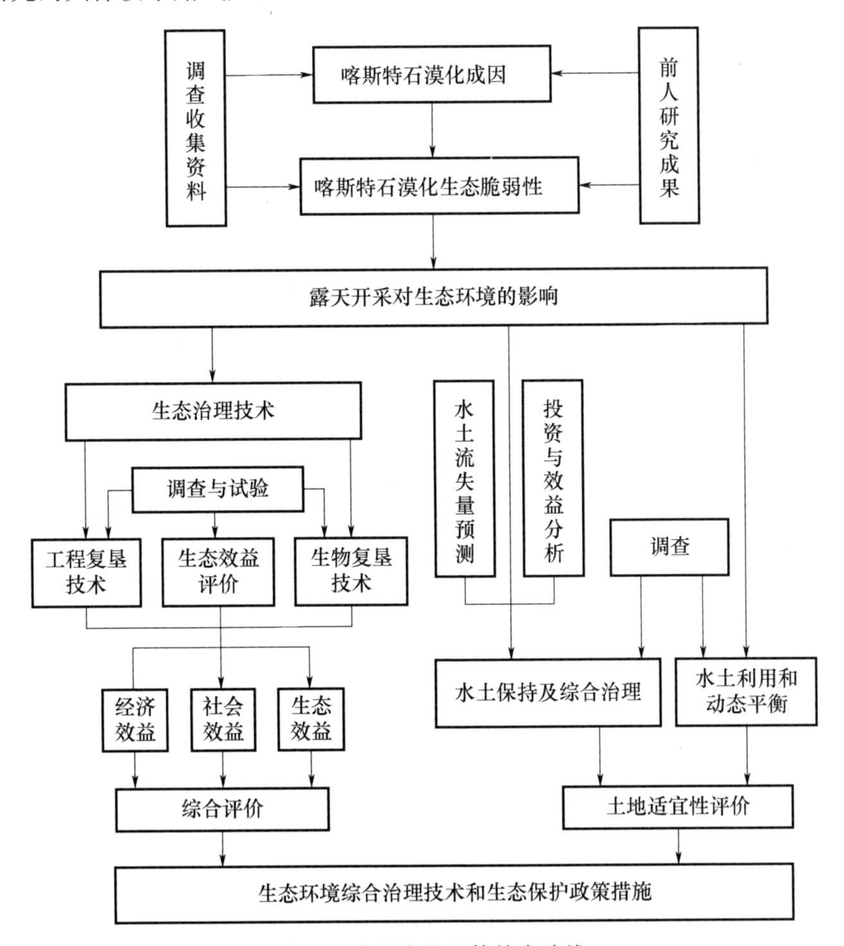

图1-1 本研究的具体技术路线

1.5 本章小结

岩溶石漠化地区露天剥离建设的生态环境十分脆弱，本研究在大量查阅资料、实地野外调查的基础上，结合最新政策取向和市场变化，总结前人石漠化生态治理的成果和经验并进行综合分析，提出湘西北露天剥离石漠化地区生态综合治理的技术与生态保护政策措施。本章在阐明本研究课题的研究背景、目的、方法和意义，以及对国内外相关研究的现状进行了综合评述的基础上，提出了本研究所依据的基本理论、主要研究内容和方法。

第2章　岩溶石漠化成因机理研究

湖南省湘西北区域内不仅山峰成群，且地层出露广泛，裸露的石灰岩山区面积占全区总面积的39.7%。石山地区山高坡陡，石多土少，土层浅薄，生态脆弱，自然资源供给不足，人地矛盾十分突出，加上多年来对资源的掠夺式利用，使本来就十分脆弱的石山地区失去了保持水土的植被系统，石山薄土经雨水冲刷仅剩下光石一片，出现严重的石漠化现象。加上经济比较落后，地方财政不足等原因，从整体上看石漠化现象还没有得到有效控制，且治理难度越来越大。现全区内石漠化土地面积达730万 hm^2，占全区总面积的11%，且每年仍在增加。因此，如何有效地防治土地石漠化是湘西北石山地区生态重建的一个重要问题，对湖南省的"四化二型"经济建设的可持续发展具有重要意义。

2.1　岩溶石漠化及岩溶生态环境的概念

2.1.1　岩溶石漠化的概念

联合国防治荒漠化公约指出："荒漠化是指包括气候变化和人类活动在内的种种因素造成的干旱、半干旱和亚湿润干旱地区的土地退化。"联合国亚太经社会根据亚太区域的特点和实际，提出荒漠化还应包括"湿润及亚湿润地区由于人为活动所造成环境向着类似荒漠景观的变化过程[33]"。据此，湿润、亚湿润地区的水蚀、风蚀等作用造成的荒漠化土地也应归属到荒漠化的范畴内，中国南方岩溶区的石漠化土地就是该气候区荒漠化土地的一种重要类型。

我国石漠化的概念最早在20世纪80年代提出，杨汉奎于1981年在贵州省第一届生态环境学术讨论会上使用"Karst desert"这一术语来描述我国西南碳酸盐岩裸露造成的荒漠景观，袁道先院士于1994年提出了"Karst Desertification"一词，之后不同学者采用"Rock Desertification""Karst Rocky Desertification"等来表征岩溶地区土地退化的过程，他们给出的石漠化的定义总结起来包括几方面的内容：①空间上，脆弱的地质生态环境是其发生的基础；②强烈的人类活动破坏了人地协调关系，是石漠化的主要驱动力；③植被退化、土壤退化、地表状况恶化是石漠化过程的景观标志和发展程度指标；④其本质是土壤侵蚀造成土地系统生态功能退化。

石漠化也有广义与狭义之分。广义的石漠化指在自然外应力作用下地表出现岩石裸露的荒漠景观的土地[34]，包括岩溶石漠化（Karst Rock Desertification）、花岗岩石漠化（Granite Rock Desertification）、紫色土石漠化（Purple Soil Desertification）等石质荒漠化土地[35]。狭义的石漠化指岩溶区的荒漠化土地。袁道先首先采用石漠化（Rock

Desertification）概念来表征植被、土壤覆盖的岩溶地区转变为岩石裸露的岩溶景观、土地贫瘠化的过程[36-37]。屠玉麟、王世杰等分别提出了石漠化的定义，认为它是在亚热带脆弱的岩溶环境背景下，受人类不合理经济活动的干扰破坏，造成土壤严重侵蚀，基岩大面积出露，土地生产力严重下降，地表出现类似荒漠景观的土地退化过程[38-39]。这些概念表达简洁，指征明确，对认识和评价南方岩溶区土地石漠化起到了积极的指导作用。但是，其中一些概念将石漠化发生的地域、时间和原因等做了限定，难以完整地表述石漠化发生的地域、成因和过程，使应用者在石漠化土地监测、评价、治理中易产生歧义。

综上所述，借鉴联合国对荒漠化的定义并结合野外调查研究，可对石漠化概念做出适当修正，定义石漠化为：岩溶地区在亚热带湿润气候基础上，受自然条件影响，人类对自然资源的不合理利用，造成土壤严重侵蚀、基岩大面积裸露和土地生产力严重下降，表现出类似荒漠的脆弱性生态景观。

2.1.2 岩溶生态环境的概念

岩溶生态环境常以石生、旱生及喜钙性和地下空间为特征，是由碳酸盐岩的岩溶水文系统和富钙、镁的地球化学环境等地质条件所决定的脆弱环境[40-41]。因此岩溶生态环境是指由可溶性岩石地表系统、地下空隙水气系统及岩溶生物系统组成的脆弱生态系统。它由可溶岩石风化残余的土壤、岩溶形态、岩溶地区的地表和地下空气层、岩溶水、岩溶生物群5个基本部分组成。

2.2 石漠化制约生态环境可持续发展

岩溶石漠化加速了生态环境恶化，主要表现为水土流失、土地质量下降、自然灾害频繁和生态系统退化，常导致土地资源丧失和非地带性干旱，制约了生态环境可持续发展。这不但加剧了岩溶地区的贫困，而且危及地区的生态和经济安全。据统计，目前云南、贵州和广西三省区水土流失面积达1796万hm^2，占土地总面积的40.1%，其中，中强度水土流失面积为661万hm^2，占水土流失总面积的36.8%。石漠化在我国西南省区尤其突出，而湖南的石漠化主要集中在该省与湖北、重庆、贵州、广西、广东等省区的西、南接壤地带。雷隆隆报道，湖南省地质调查院日前完成的湖南省湘西、湘南岩溶石山地区地下水资源勘察及生态环境地质调查成果显示，湖南省石漠化整体上呈蔓延趋势。湖南省地质调查院承担《湖南省湘西、湘南岩溶石山地区地下水资源勘察及生态环境地质调查》项目是国土资源地质大调查项目，首次全面查明了湖南石漠化的分布特征，划分了石漠化的程度等级，研究了石漠化的成因、危害因素和发展演化趋势。研究成果表明，湖南石漠化面积大、分布广，整体上呈蔓延趋势。目前，湖南省“石漠化”面积达到1.48万km^2，约占全省总面积的7%，涉及35个县市，湘西、湘南、湘中均有成片分布。我国石漠化正在以每年2500km^2的面积扩大，并日益成为制约西南地区社会和经济发展的顽疾。

土地是人类最基本的生存条件。石漠化的形成除了与所处地域温暖湿润气候、陡峭地形、岩溶地层成土速度缓慢等自然因素有关外，主要是现代化的工程建设、毁林开垦、过度樵采放牧、工厂矿山污染等人为因素所致。湖南湘西北岩溶地区人口压力很大，高负荷的人口压力叠加在脆弱的岩溶环境之上，使岩溶区域生态系统遭到严重破坏。土地石漠化导致水、土环境要素缺损，环境与生态之间的物质能量交换受阻，植物生态环境严酷，不仅导致生态系统多样性类型正在减少或逐渐消失，而且使植被发生变异以适应环境，造成岩溶山区的森林退化，区域植物种属减少，群落结构趋于简单化，甚至发生变异。在石漠化山区，森林覆盖率不及 10%，且多为旱生植物群落。王德炉、刘方、龙健等从石漠化动态发展角度出发，对石漠化过程中植被变化特征、土壤物理性质和化学性质的研究结果认为，随石漠化的发展，植被向旱生化演替，群落密度下降。土壤碱性增强，密度增加，空隙度降低，坚实度加大，保蓄水能力和通透性降低，结构恶化，侵蚀和淋溶程度加强，生物富集作用减弱，有机质与养分含量减少，土地生产力降低，土坡质量恶化，土壤质量退化，加剧了石漠化发生的强度和速度。石漠化制约生态系统稳定和发展，导致极其珍贵的土壤大量流失，土壤肥力下降、保墒能力差，可耕作资源逐年减少，粮食产量低而不稳，甚至造成无水可流、无地可耕，使部分人口丧失最基本生存条件，成为生态难民。

石漠化导致植被稀少、土层变薄或基岩裸露，加之岩溶地表、地下景观的双重地质结构，渗漏严重，入渗系数一般达 0.3～0.5，裸露峰众洼地区可高达 0.5～0.6，导致地表水源涵养能力的极度降低，保水力差，使河溪径流减少，井泉干枯，土地出现非地带性干旱。岩溶石漠化地区自然条件差，贫困程度深，脱贫难度大。许多地区陷入“越穷越垦，越垦越穷”的恶性循环，石漠化成为岩溶地区农民贫困的主要根源。严重制约了生态环境的发展和区域经济的可持续发展。其主要表现如下：

（1）土地石化，耕地破坏。在矿产资源开发中，由于过度的开采冶炼，采空区没有及时按规定和标准进行复垦，使土层变薄，土壤层次缺失，土体结构破坏，土壤养分流失，肥力降低。随着石漠化程度的加剧，土壤表面逐渐石化，最终无法耕种。

（2）水源枯竭，人畜饮水困难。由于石漠化严重，水源涵养能力差，致使每年进入冬春季节，岩溶山区不少山溪小河水源枯竭，不仅影响农业灌溉用水，而且造成人畜饮水十分困难。

（3）地质、旱涝灾害发生频繁。由于地表植被、土被破坏，岩石裸露，地表涵养水源的基本物质缺乏，地下水不能适时得到补给，水位下降，易发生垮塌、地陷等地质灾害；洪涝时则易出现泥石流、滑坡等地质灾害。

（4）石漠化与贫困恶性循环。石漠化与贫困互为因果，凡是石漠化严重的地方，都较为贫困落后。石漠化造成生态环境恶劣，农业生产条件差，生产水平低，经济基础薄弱，群众生活贫困而无力投入石漠化综合治理，形成贫困导致石漠化，石漠化造成贫困的恶性循环。

2.3 石漠化的成因机理与过程研究

湘西北地处北回归线附近，属南亚热带季风气候，年降水量集中且强度大，石山地区森林覆盖率低，涵养水源的阔叶林和混交林比率小。加上山多坡陡，土壤母质大多由砂页岩、石灰岩及部分花岗岩风化形成，土层浅薄，土地厚度一般为20～40cm，甚至小于20cm，且土质结构松散，易形成水土流失。有关研究表明，广西岩溶区的土壤允许流失量为68t/（km^2·年），但现实流失量一般为100～200t/（km^2·年），有的甚至大于200t/（km^2·年），这就决定了其治理的长期性[42]。研究表明，石漠化植被退化、丧失过程，首先表现在物种数量减少，其次是群落组成成分、结构趋向于单一化，以及生物量和植被覆盖降低。地被物的丧失使其对流水侵蚀的抑制作用减弱甚至消失，从而为流水侵蚀、化学溶蚀等提供了有利条件。因此，地表植被的退化与丧失是石漠化的先导过程，人为活动干扰是石漠化发展的主导因素。

岩溶山区石漠化形成的机理是纯和较纯的碳酸盐岩在间歇性升降的构造运动作用下隆起，在河流侵蚀及岩溶化等物理化学作用下形成高山陡坡，在大气降水、地表水、地下水的侵蚀溶蚀与岩溶化等自然地质作用和森林砍伐，高坡地开垦等人为恶性生态地质作用下产生土壤侵蚀或土壤丢失作用，基岩不断裸露的恶性循环过程。它以水资源、土地资源、森林植被资源等资源恶化，滑坡、泥石流、旱涝灾害等日趋频繁，人地矛盾日益尖锐，岩溶生态环境不断恶化为表征。岩溶石漠化是阻岩溶山区脆弱的岩溶生态环境为基础，驱动力来源于内、外地质作用和人类恶性生态地质作用。石漠化发生发展后，逆向难返，反过来又加强岩溶生态环境的脆性，增强石漠化驱动力的作用强度，石漠化又得以进一步发展，周而复始，恶性循环，岩溶生态环境不断脆弱，不断恶化，又加快石漠化的发展。

王世杰、熊康宁、李瑞玲等学者对黔、桂、滇三省区岩溶石漠化从地质生态环境、石漠化成因机理、生态恢复进行广泛研究，以定位、半定位研究为基础，开展岩溶地区物质与能量的变化与迁移、土坡生物群落演替、植被恢复过程与机理；运用3S技术进行石漠化现状分布调查、发展趋势分析及景观格局分析、石漠化的地质过程研究等。

水是岩石被侵蚀的基本应力，既作为反应物参与溶蚀过程的化学反应，又作为载体将被溶解的反应产物下泄迁移（万国江）。土层一般很薄且分布零散，一旦流失极易造成石漠化，另外土壤层与岩石层之间的亲和力和附着力很差，土层极不稳定，植被遭到破坏后，在降雨等诱发条件下，易发生水土流失和土体整体滑动而造成基岩裸露。崎岖破碎的地表结构，使这一地区降水极易流失且流水侵蚀能力加大，溶蚀裂隙和地下空间发育，使地表水不易保留，风化和溶蚀作用形成的物质易随水进入近地管道洞穴系统，这也是造成水土流失、岩石裸露的重要原因。又因为土层薄，易板结、持水力弱，植物生长缓慢，对环境变化反应敏感，生态阈值低，容易退化，缺水是形成石漠化的一个关键因素。

近40年来，世界上许多国家和地区都十分重视对岩溶环境问题的研究。我国专家学者也从不同角度对西南岩溶地区石漠化问题进行研究，包括岩溶生态环境脆弱性特征、岩溶石漠化的特点、分布、成因机制及生态重建等，得到了一些有价值的认识。随着遥感技术（RS）和地理信息系统（GIS）等新技术的应用，石漠化研究工作的效率得到了提高，研究成果也更具客观性。利用RS和GIS技术研究石漠化就是利用遥感影像分类进行地物识别，利用遥感影像监测植被、土地、裸岩地的变化情况，然后通过计算机图像处理技术对遥感图像进行处理，将石漠化土地发生变化的区域从背景中分离出来，在此基础上，再研究这些变化的类型[43-44]。石漠化的原因可以归纳为自然因素和人为因素这两种因素的叠加。

2.3.1 土地石漠化的根本原因

湘西北属亚热带湿润季风气候，年平均气温为16～18.5℃，年平均降雨量在1200～1800mm，且多集中在4～9月。因此，土壤侵蚀以水力侵蚀为主。

土壤侵蚀是引起土地石漠化的根本原因。当地表植被退化或丧失后，土壤层暴露于大气并受到流水侵蚀。从非石漠化土地到石质荒漠，土壤侵蚀是贯穿于石漠化全过程的动力作用方式，它从根本上制约了地表残余物质的积累和风化壳的持续发展，因而是石漠化的关键环节。土层浅薄且不连续，土壤富钙、偏碱性。上部土层质地松软，孔隙度较大，下部土层质地黏重，孔隙度小，土体直接位于基岩之上，其间无过渡层，附着力很差。1984年水利部颁布的我国南方土壤允许流失量为500t/（km^2·年），但韦启瑶认为岩溶区土壤最大允许流失量仅为50t/（km^2·年）[45]。由于石灰土的抗蚀性和抗冲性能较差，结构力弱，遇水很快分散，当降雨尤其在暴雨时，裸露、半裸露的土壤层受雨滴击溅和流水冲刷，其结构和外观遭到侵蚀破坏，因此，土壤侵蚀速度都比较快。此时土壤侵蚀出现土壤流失和土壤丢失两种现象。当土壤发生侵蚀，使一部分土壤物质沿坡面流失，并在坡脚或沟谷下游发生堆积时，这一现象被称为"土壤流失"。部分土壤沿坡面流失外，还有一部分土壤颗粒、溶蚀物质及风化壳物质沿着坡面垂直或倾斜运动就近流入岩溶裂隙，或者通过落水洞将土壤流失于地下系统中，就是所谓的"土壤丢失"现象[46]。

无论是土壤流失还是土壤丢失，其侵蚀、流失量取决于气候、土壤特性、植被条件、地质环境和地形等可蚀性因子的综合影响，其中，降水的影响最大。随着降雨时间延长，土壤侵蚀量明显降低且波动减小，并逐渐趋于稳定，处于稳定阶段的土壤侵蚀量与雨强之间存在显著的线性关系（表2-1）。同一雨强条件下不同类型土地侵蚀量的变化则比较复杂：在最小雨强（0.3mm/min）时，裸地侵蚀量是耕地和草坡地的7.8倍和11.6倍；在最大雨强（1.08mm/min）时，裸地侵蚀量演变为耕地和草坡地的3.8倍和26.3倍。随着雨强的增大，裸地最大侵蚀量与耕地最大侵蚀量趋于接近，与草坡地最大侵蚀量的差距拉大[47]，说明人为活动破坏植被物后，土壤自然侵蚀向人为加速侵蚀发展，使土壤侵蚀速率加快，也就加速、加剧了土地石漠化的进程。

表2-1 湘西自治州石漠化试验地雨强度与土壤侵蚀量的回归分析

变量	回归方程	R^2	F 检验值	显著水平
S_g，I	$S=5.1435+757.9144\times I$	0.8213	2.7943	0.0001
S_t，I	$S=-116.9123+1607.0149\times I$	0.8087	3.5421	0.0001
S_c，I	$S=9.4845+120.9345\times I$	0.8849	5.9639	0.0001

注：S_g 为耕地的土壤侵蚀量（kg）；S_t 为裸地的土壤侵蚀量（kg）；S_c 为草坡地的土壤侵蚀量（kg）；I 为雨强（mm/mim）。

随着土壤侵蚀过程的发展、延续，土壤物质不断流失和丢失，土壤颗粒处于负增长状态，从轻度石漠化到极重度石漠化，土层厚度由50～70cm减至0～10cm，土被变为不连续，土壤侵蚀模数达到允许流失量的数倍，甚至更高。

2.3.2 石漠化的内在动力

碳酸盐岩是引起石漠化的内在动力。湘西北境内出露的岩石主要是碎屑岩和碳酸盐岩，碳酸盐岩与碎屑岩相比不易风化，且不易成土，覆盖在碳酸盐岩区的土壤大多由其他岩石风化成土而来。该地区土壤被侵蚀的速度大于成土速度，揭示了石漠化的物质基础为岩性，这也许就是石漠化发育具有明显地域性特征的根本原因。各地石漠化调查表明，石漠化碳酸盐岩区以纯碳酸岩分布区尤其强烈，次纯和不纯碳酸盐分布区石漠化比较微弱。这是因为纯碳盐岩中酸不溶物含量一般小于5%，含量低，成土速度慢，残积1m的土层需要200万～300万年，为碎屑岩的1/30～1/40。

充沛的降雨和大气、土壤中较多CO_2逸出时，与碳酸盐岩产生溶蚀作用。降水量与碳酸盐岩的溶蚀速度具有线性关系，而参与的CO_2越多，溶蚀作用就越强[48]，温度主要起控制溶蚀速度的作用[49]。在溶蚀作用下，碳酸盐岩向负向或正向溶蚀岩溶形态演变。在溶蚀的同时，碳酸盐岩质地变差，在重力作用下易崩解、坍塌，加快其向溶蚀岩溶演变；溶蚀、侵蚀产生的可溶物、残余物在流动性水作用下，被侵蚀、冲刷殆尽，仅剩岩石。广西的碳酸盐岩地区多发育成峰丛、峰林、丘峰、丘陵、洼地等地貌形态，这种以坡度较陡为地表特征的地貌形态极易引起土壤侵蚀，容易导致石漠化。地形地貌因子在石漠化过程中，由于碳酸盐岩与上覆土层间为松硬接触关系，无过渡层，使地形地貌对土壤的侵蚀作用潜能与主控介质因子类别的控制加强。台原和低洼地形坡度相对较小，水土流失不如高坡地发育。在湘西自治州石漠化试验地不同深度埋设石灰岩试片，测定各深度石灰岩的溶蚀强度。经过观测发现，在年平均降水1249mm的条件下，裸地、耕地、草坡地各深度石灰岩试片的平均溶蚀率为0.5576%，其中，草坡地最大（0.9432%），裸地次之（0.6462%），耕地最小（0.1938%）。自地表至地下30cm试片溶蚀率均呈抛物线形变化，地表平均溶蚀率为0.4476%，土下15cm处平均溶蚀率回升至0.4021%，土下30cm处平均溶蚀率又增至0.7633%（图2-1）。这说明，草坡地石灰岩溶蚀占有优势。土下30cm处是石灰岩溶蚀率最高为地表的1.37倍。这可能与草坡地植被覆盖率高，土下30cm处植物根系发育较好且土壤含水量较高，导致溶蚀作用较强有关。在长期的溶蚀、侵蚀及重力作用下，地上、地下的碳酸盐岩演变为半裸露、全裸露石芽、溶柱、吊岩（角石）、溶

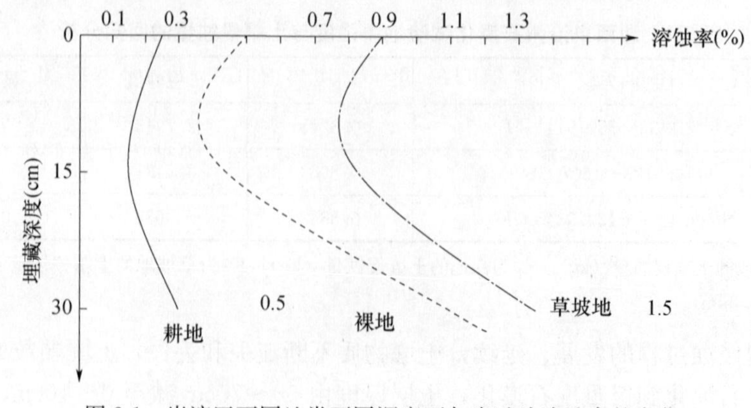

图2-1 岩溶区不同地类不同深度石灰岩试片溶蚀率的变化

沟、溶斗等溶蚀岩溶形态，并且裸露、半裸露基岩出露范围越来越大，土被的范围越来越小。从轻度石漠化到极重度石漠化。基岩裸露率由30%～40%增至40%～65%，再增至70%～85%，最终达90%以上，形成类似石质荒漠的景观。这是土地石漠化的重要过程，也是其结果[50]。

2.3.3　石漠化的直接动力

地表水流失是石漠化的直接动力。降水和地表水在岩溶石山地区对土壤的侵蚀与搬运作用相对于岩溶地下水是短暂的。岩溶地下水一方面溶蚀、侵蚀拓宽空穴介子，使上覆土壤丢失残积于空间介质中，另一方面又携带搬运由于丢失和侵蚀至空穴介质中的土壤，不断让出新的空间，使石漠化过程不断进行。土壤水分是土壤养分循环的媒介，因而是维系地表植被和各种生物活动的命脉。

由于岩溶区地表具有特殊的双层结构，地表溶洞、溶沟、裂隙发育，渗漏系数达到0.5～0.7，是非碳酸盐岩区的2～3倍，地表水渗漏性很强，从而使水文网出现一系列特殊的变化，缺乏系统的地表水文网，地下水文网却很发育。据观测，当降雨到达地表后，壤中水、地表水和地下水在坡面上很快发生转化。降雨入渗到土壤中，当壤中水达到饱和或近饱和时产生坡面薄层水流，其中一部分形成坡面径流转为地表水，另一部分径流沿陡坡、岩石裂隙和落水洞转入地下暗河、溶洞转为地下水。以张家界漠化山区试验地降雨模拟试验为例，该试验地出露石炭系下统大赛坝组石灰岩地层（C_{1da}），裸露的石灰岩呈石芽、落水洞等形态，节理、裂隙发育，平均达4.8条/m，渗漏系数0.56～0.43。采用不同雨强进行28场模拟降雨后可知，降雨在土壤层的入渗、产流主要受雨强及降雨量的影响，在小雨强（≤0.27mm/min）时，上部土壤层降雨入渗、产流以超渗产流模式为主；在大雨强（≥0.27mm/min）时，降雨强度大于下渗强度，降雨入渗、产流由超渗产流转变为以蓄满产流模式；基岩的入渗、产流基本为蓄满产流模式。在上述模式的制约下，到达试验地地表的总降水量中，有38%～44%的降水量转化为地表水直接汇入沟谷流失，有46%～57%的降水量渗入地下转化为地下水，有5%～10%的降水以壤中水的形式保留，直至蒸发、蒸腾而脱水殆尽（图2-2)。由此可知，尽管岩溶区的降水充沛，水资源比较丰富，但是由于特殊的地表结构，水分渗漏大，降水、壤中水、地表水与地下水转化迅速，使水资源利用困难。

岩溶地下水对石漠化的一个重要作用：当碳酸盐岩孔隙度较高、持水性较好、地下水位埋藏浅时，岩溶双层结构带来的负面效应和石漠化问题就不太严重[51]。我国西南岩溶石山地区岩溶地下水位一般埋深大于50m，最深者大于100m，大气降水垂直渗流带厚，很不利于表层水土涵养，一到旱季植被枯死，为土壤被丢失与侵蚀提供了潜能。表层带岩溶水和岩溶地下水水位埋深大，有利于石漠化进程，反之则可抑制石漠化进程[52]。

2.3.4　石漠化的先导因素

当岩性和坡度等因素确定以后，植被覆盖度、植被结构等就是石漠化的一个重要影响因素。通常植被覆盖度越低，石漠化程度就越高。从调查情况来看，即使是

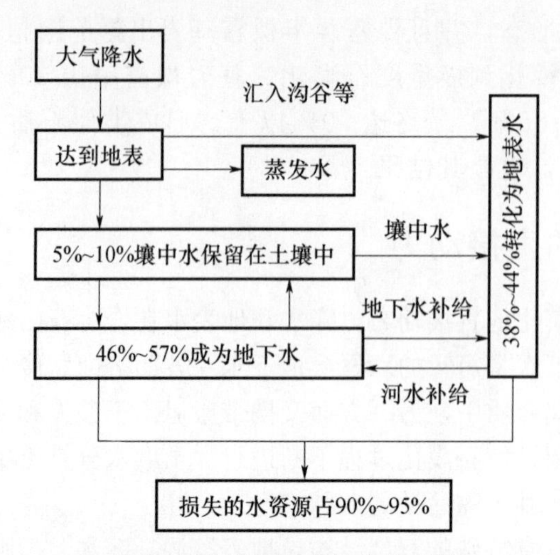

图 2-2　岩溶区四水转化示意图

在碳酸盐岩地区，只要植被覆盖好，其石漠化的进程就会得到有效遏制。森林植被在自然界中对水土的涵养起着重要的作用。由于岩溶生态环境土壤贫瘠，地下水埋深较深，旱涝频繁等脆弱性基底原因，植被生长缓慢，绝对生长量低，适生树种稀少，群落结构简单，顺向演替难，逆向演替易，群落的自我调控力弱。植被的退化又加剧了降雨在时空上的不均匀性。降低了水土稳定性，从而在一定程度上促进石漠化的不断进行。

石漠化过程中植被退化、丧失是石漠化的先导因素，是最为直观和敏感的现象。受人为活动或气候变化等影响，植被退化、植物群落受损，影响生态系统的稳定性，而稳定性变差的群落和系统更容易受损、退化，甚至丧失。研究表明，石漠化植被退化、丧失过程，首先表现在物种数量减少，其次是群落组成成分、结构趋向于单一化，以及生物量和植被覆盖降低。植被物的丧失使其对流水侵蚀的抑制作用减弱甚至消失，从而为流水侵蚀、化学溶蚀等提供了有利条件。

由表 2-2 可知，湘西北范围内轻度石漠化土地的植被是以半灌木苎麻为优势种的禾本科植物和石灰岩藤状灌木的混合群落，到中度石漠化土地，植被演替为以一年生青蒿为优势种的草本和藤状灌丛群落，到重度石漠化土地，植被退化为多年生野青草等草本植物群落及少量小灌木，到极重度石漠化土地，仅有乌蕨等苔藓地衣植物和极少数低结构草丛群落[53]。

表 2-2　岩溶山区不同等级石漠化土地的植被特征

石漠化土地等级	植物群落及结构	丰富度指数	植物平均覆盖（%）
轻度	为多年生草本和典状草木混合群落，有少量马尾松（Pinus masso-niana）等次生乔木。以野艾蒿（Artemisia umbrosa）、黄荆（Vitex negundo）、苎麻（Boehmeria nivea）、青蒿（Atemisia apiacea）、牛筋草（Eleusine indica）群落为主，物种数超过 17 种，优势种为苎麻，群落层片 4 层，平均高 60cm	1.70	50～70

续表

石漠化土地等级	植物群落及结构	丰富度指数	植物平均覆盖（%）
中度	为多年生草本和藤状灌木混合群落，少量乔木。以马唐（Digitaria sanguineanlis）、白茅（Imperata cylindrical）、青蒿、类芦（Neyraudia reynaudiana）、牛筋草和吊丝竹（Dendrocala-musminor var）等草本植物和深绿卷柏（Selaginella doederleinii）等藤状灌木混合群落为主，有15种以上植物，优势种为青蒿，群落层片3层，平均高45cm	1.35	30～45
重度	为多年生草本群落。亦有小灌木。以野古草（Arundinella hirta）、牛筋草、野菊（Chrysanthemum indicum）、白茅群落为主，有11种以上植物，优势种为野古草，层片结构为2层，平均高35cm	0.98	10～25
极重度	为苔藓、地衣等低等植物和低结构草丛群落。仅在石芽和石穴处可见小乔木，优势种为乌蕨（Sphenomeris chinenesis）等，层片结构为1层，平均高8cm	0.35	<10

总之，随着石漠化程度加重，植被生态环境越来越向旱生、岩生方向转化。群落结构趋于简单，多样性和植被覆盖降低。

2.3.5 石漠化的主要原因

土地生物生产力退化是石漠化的主要原因。随着土地石漠化发展，土壤的物理、化学、生物特性和土地生物生产力都发生明显退化。根据对湘西北等典型石漠化样地的土壤组成、土壤养分和生物量的测试，从土地石漠化的过程中，土壤物质发生迁移，土壤粒度组成向沙化、粗化方向演变；土壤中有机质、全N、P_2O_5 和 K_2O 含量逐渐降低，尤其在石漠化重度-极重度阶段，土壤的有机质、全N、全P和全K含量迅速降低。导致生物生产量大幅度下降，现存生物量干重由轻度石漠化的450～300g/m^2，至极重度石漠化时降至低于65g/m^2（表2-3和图2-3）。土壤组成及养分是土地生态系统中生命存活的物质保障。随着石漠化程度的加重，土壤颗粒沙化、粗化，养分含量减少，土地的生物特性或经济生产力大大降低，使生命系统难以存活。

表2-3 岩溶区典型石漠化样地土壤理化特性和土地生物生产量变化

土地类型	土壤平均组成（%）					土壤养分				土地生物生产量干密度（g/m^2）
	砾石、极粗沙	粗沙	中沙	细沙、极细沙	粉沙、黏土	有机质（g/kg）	全N（g/kg）	P_2O_5（mg/kg）	K_2O（mg/kg）	
非石漠化	16.86	32.33	22.21	26.51	2.09	38.72	5.46	3.37	80.51	>400
轻度石漠化	24.96	30.0	19.59	24.4	1.05	30.39	4.78	2.89	76.01	400～270
中度石漠化	36.60	28.6	16.64	19.8	0.66	18.19	2.39	1.60	62.96	270～175
重度石漠化	39.10	27.21	14.34	16.40	0.65	13.44	1.53	1.21	37.22	175～50
极重度石漠化	56.57	24.30	9.40	9.18	0.55	9.26	1.07	0.26	25.81	<50

2.3.6 石漠化进程的驱动力

不合理利用是石漠化进程的驱动力。人为因素对石漠化发展的影响总是通过一定的

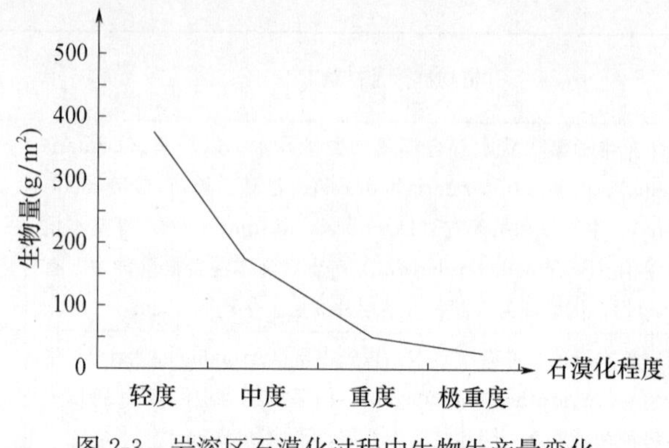

图 2-3　岩溶区石漠化过程中生物生产量变化

物质形式表现出来的，如人类的活动可以引起土地、植被、大气、水体等的质和量发生变化。随着人口迅速增长，对土地、能源等的需求增大，使原有的森林资源快速消耗，植被覆盖率随之下降，加上不适当的耕作方式，如高边坡种植（＞25°的高陡边坡），过度放牧，甚至原始的刀耕火种，以及近来发展较快的小矿山、修路等富民、便民工程等，使脆弱的岩溶生态不堪重负，呈现出石漠化加速发展的趋势。人口快速增长首先影响本区农耕活动范围、强度的扩大和土地的过度利用。其表现为以下几方面：

（1）现代文明的工程建设活动。例如，修建山区高速公路是以破坏生态环境为代价的建设工程。在修建过程中形成大的挖填方，引起岩土体移动、变形和破坏，诱发各种地质灾害。据典型调查分析，公路在营运期间，各种地质灾害不仅造成交通中断和维护困难，而且严重降低了公路的运行效率。由于山区地形和地貌复杂，生态环境脆弱，山区高速公路建设中开挖路堑、镇筑路堤，会导致原生植被和动物栖息地被破坏、水土流失，以及局部环境恶化等一系列生态环境问题，对自然环境的破坏面大。

（2）滥垦。滥垦即在不具备垦殖条件又无防护措施的情况下进行农业种植活动。由于林粮争地矛盾突出，在缺乏科学耕作的条件下，人们为求得暂时的生存而进行陡坡开垦，广种薄收，沿袭着刀耕火种的传统习惯。每年耕作翻土，加速了土壤资源的流失，加剧了大面积的石漠化，导致植被被破坏，土壤保水能力下降，旱情加重。

（3）乱砍。石山地区森林覆盖率低，森林防护能力差。在经济利益驱动下乱伐森林的现象更加严重。此外，由于石山地区交通不便，生活贫困，人们主要以天然植物为燃料，成片连根挖掘，这就使原始植被系统受到毁灭性破坏，造成该地区环境系统极为敏感、脆弱，环境承载容量降低，导致岩溶地区生态环境恶化速度成倍增长和出现大面积的区域性贫困化。同时，随着国家基础设施建设规模的扩大，木材需求量增加，在经济利益驱动下乱伐森林的现象更加严重。

（4）滥挖。矿产资源的不合理开发，直接导致石漠化，平果县境内矿产资源丰富，煤、硫、铁、磷等资源比较富集，但由于管理粗放，过度开采，形成大面积的采空区，不规范的大面积炼硫、炼铁、炼锌，大量污染物排放，使植被遭受破坏，导致矿山土地石漠化。矿山开发不仅使大量表层土壤被剥离，对植被造成破坏，加速了石漠化过程，而且矿区恢复重建工作开展差，使被破坏的土地得不到及时修复。同时，基础设施建设与环境建设不同步，使土地石漠化面积进一步扩大。

综上所述，南方岩溶区土地石漠化的成因既有自然因素，又有人为因素。在地质历史时期，岩溶区土壤自然侵蚀，岩溶系统自然发育，其自身环境就孕育和存在着自然石漠化过程。由于这个时期人口总量毕竟有限，人为活动对石漠化的影响也是有限的，土地石漠化过程基本从属于千年或百年尺度的气候变化，所以，这个时期的石漠化是以自然石漠化过程为主的发展过程。随着南方岩溶区人口数量的剧增，尤其在政府垦殖政策的引导下，农耕活动不断增强，对石漠化的发展起到了加速、加剧作用，从而在自然石漠化过程上又叠加了人为石漠化过程。据研究，自宋代以来土地石漠化就受到自然因素和人为因素双重影响。清朝初、中期人口数量的剧增，既造就了繁荣的"康乾盛世"，也成为人为活动影响广西乃至南方岩溶区土地石漠化的重要转折时期[54-55]。此后，人为因素对石漠化的作用逐渐超过自然因素的作用，在一些地区成为石漠化的主导因素。

2.4　本章小结

（1）土地石漠化（Rock Desertification）是岩溶地区在亚热带湿润气候基础上，受自然条件影响，人类对自然资源的不合理利用，造成土壤严重侵蚀、基岩大面积裸露和土地生产力严重下降，表现出类似荒漠的脆弱性生态景观。

（2）我国南方岩溶区自身环境孕育和存在着土地石漠化自然过程，人类不合理的经济活动对土地石漠化起到了加速、加剧作用。地质历史时期的石漠化是以自然石漠化过程为主的发展过程，随着人为活动范围和强度的加大，在自然石漠化过程上叠加了人为石漠化过程，加速、加剧了石漠化的发展。

（3）土地石漠化是由植被退化演替过程、土壤侵蚀过程、地表水流失过程、碳酸盐岩溶蚀侵蚀过程、土地生物生产力退化过程组合而成的地表生态过程，是土地生态系统退化、岩溶生态系统发育，形成石质荒漠景观的土地退化过程。

（4）人为因素对石漠化的作用逐渐超过了自然因素的作用，在一些岩溶区成为石漠化的主导因素。

第3章　岩溶地区生态脆弱性特征与评价研究

3.1　岩溶石漠化地区生态脆弱性表现特征

岩溶既包括可溶性岩石的溶解，又指具有高效的溶蚀、以大气降水为主的地下排泄、脆弱生态环境等特征的地区[56]。岩溶生态环境系统作为一种特殊物质、能量、结构和功能体系构成的多相多层次复杂界面体系，显示出生态敏感性高、环境容量低、抗干扰能力弱、空间转移能力强等一系列生态脆弱性的特征。由于其特殊的地质环境和脆弱的生态系统，全球环境学家已把“岩溶”作为世界性的难题给予极大的关注[57]。其脆弱性主要表现在：

（1）地形复杂。地表一般崎岖破碎，坡陡平地少，成土母质中缺乏非可溶性物质，缓慢的成土速度和强烈的溶蚀作用导致土层浅薄，肥力先天不足。

（2）岩溶植被少。森林覆盖率低，生态系统抗干扰能力低，岩溶的旱生性、岩生性和喜钙性使植被生长困难。

（3）岩溶区降水丰富。我国西南石漠化地区天然降水丰富，但是由于其广泛发育的地表和地下的双重空间结构，地下洞隙纵横交织，保水功能差，地表水漏失严重，岩溶水上涌成涝，非旱即涝。

（4）人口压力重。人口密度大，土地资源短缺，人类毁林开垦使森林资源减少，水土流失严重，影响了经济发展，在恢复经济中又进一步破坏了生态环境。

岩溶土壤质量变劣是石漠化的本质，重点表现在土壤物质流失，土壤的物理、化学和生物性质退化，以及土壤发生层次的变化[58]。土壤退化研究强调土壤系统的结构和功能的退化，退化生态系统恢复与重建，强调生物系统的结构与功能。

3.2　岩溶地区生态脆弱性驱动因子

生态脆弱性是生态系统在特定的时空上相对于干扰因素而具有的敏感反应和恢复能力，在同样的人类活动影响或外力作用下，各生态系统产生环境问题的概率大小。它主要通过生态环境的改变速率、生态系统抵抗外界的干扰能力及生态系统的稳定性和敏感性来体现。特殊的水文地质背景，加上人类不合理的经济活动使本来脆弱的生态地质环境更加恶化。因此，岩溶区的生态环境脆弱性首先是一个地质生态问题，其脆弱性是结构型脆弱性和胁迫型脆弱性协同作用的结果[59]。

3.2.1 脆弱性内在驱动因子

岩溶生态脆弱性内在驱动因子通常包括气候因子、地形因子、土壤因子和植被因子等。

1. 气候因子

气候条件是岩溶生态脆弱性作用进行的重要因素之一。温暖湿润的气候为岩溶发育提供了良好的条件。湘西北大部分地区年平均气温在15℃以上，≥10℃积温在5000～8000℃。年平均日照时数一般为1100～1550h，往南高达1800～2000h。绝大部分地区年降水量为1100～1400mm，最高达1800～2000mm，而且降水的70％～80％集中在每年的5～8月，形成水热同期的分布特点。在温暖湿润气候条件下，地表植被覆盖较好，植物茂盛生长，植物根系分泌大量的有机酸和丰富的枯枝落叶，为土壤微生物的生长提供良好的营养，土壤微生物活动强烈，枯枝落叶在微生物作用下分解，迅速产生大量的有机酸和CO_2，充足的雨水为CO_2和有机酸提供了丰富的溶解介质。同时充沛而集中的降雨为水土流失提供了强大的动能。通常情况下，一个地区土壤流失量主要是一年内少数几次降雨强度和数量较大的降雨造成的，当充沛的降雨和极大的降雨强度与陡坡地共同作用时，水土流失量呈现成倍增长；显然，如果足够的降雨量及降雨强度连续发生在以碳酸盐为基岩的地区，地表贫薄的土层极容易被侵蚀而导致基岩裸露，导致生态脆弱性。

2. 地形因子

岩溶区特殊的地质、水文条件使地面切割强烈，地面起伏大，地表破碎，从而奠定了岩溶生态脆弱性与敏感性的环境背景。岩溶山区大多为高原斜坡，坡度陡峭，地质地貌复杂多样，岩溶地区耕地以坡地为主（70％为坡地，其中25°以上的坡地占1/4）[60]。由水动力和土壤侵蚀学理论可知：在相同条件下，土壤水分入渗量与坡度余弦成正比，径流速度与坡度正弦成正比。对岩溶地区山间或坝地地区，其地形相对平缓的地方，地表径流流速缓慢，多数山间平坝成为地表径流的汇集区，地表径流冲刷力不大，成壤的溶蚀残余物也较多，流失量少，土层较深厚。反之，地形坡度大，径流流速快，成壤溶蚀残余物少，流失量也大，土层较浅薄，极易造成石漠化，严重破坏生态环境，使土地生产力衰减，而且严重影响农、林、牧业生产，甚至危及人类生存。

地形对生态的影响表现在物质的输入、输出区差异上。山坡中上部及山顶、山脊等正地形部位，在雨水侵蚀下，成为完全的物质输出区；坡中部既承接了山坡上部的冲积物，又不断向下流失，至于中部的物质积累与流失的程度取决于坡度的大小及地表径流的冲刷：坡度较缓，地表径流冲刷力不强时，一般处于积累状态；山坡下部通常坡度较缓，成为中、上部冲积物的承接地区，是水分、养分、土壤的输入区，也是岩溶地区土层深厚、农业生产条件相对较好的地区。由于岩溶区地表地形变化较大，促进了正地形部位的物质输出，使正地形部位石漠化加速。总之，岩溶石漠化的形成主要是流水侵蚀引起水土流失的结果，在重力作用下，坡度为地表径流的形成和冲刷提供了加速度：坡度越大，地表径流形成越快，速度越快，冲刷力越强，石漠化速度越快。

3. 土壤因子

土壤是影响岩溶生态脆弱的主导生态因子之一，土壤退化（Soil degradation）是指由于人类活动干扰及恶劣的自然环境条件作用或两者共同作用下造成的土壤生态系统结构破坏，调节功能衰退，土壤生物多样性减少，土壤生产力下降及土地荒漠化、干旱化、板结化、酸化、盐碱化、养分亏缺与失衡等一系列土壤生态环境恶化的过程和现象，土壤退化实质上是土壤生态系统遭受破坏或各亚系统之间不协调发展的产物。各亚系统的破坏均可能导致土壤生态系统的退化，只有当各亚系统协调发展时，才能建立良性循环的土壤生态系统。

岩溶区地表基质主要由可溶性矿物和少量酸性不溶物组成的石灰岩、白云岩等碳酸盐岩类[61]。因碳酸盐岩中可溶性矿物占90%以上，而酸性不溶物仅占不到10%，这些不溶物经风化和溶蚀后堆积形成残积土，所以土壤的物质来源少，成土非常缓慢，形成1cm厚的土层，快者需40000年以上，慢者需85000年[62]，非岩溶区较岩溶区快10～80倍[63]，每年的风化残留物为1.27～4.6mm。土壤多分布于岩溶洼地，也只有几米厚，且厚度分配不均。根据流经广西主要岩溶地区河流的悬移质估算的土壤侵蚀模数为56～129t/（km^2·年），即土壤侵蚀量是岩石风化成土量的几十至几百倍。

土壤退化是一个连续动态的过程，是指在一定的时间、一定的空间范围内，由于自然因素或人为因素及两者的叠加作用导致土壤的物理结构破坏，化学营养流失及生物学功能减弱的过程，表现为土壤中的物质循环、能量流动和信息传递等功能无法正常进行，土壤的调节功能降低，土地生产力下降及土壤干旱化、板结化、酸化、盐碱化、养分亏缺与失衡等一系列土壤生态环境恶化的过程和现象。随着岩溶地区地表植被的破坏，从森林—灌木林—灌丛—草地—裸荒地演替过程中，地处南方湿润多雨时期的岩溶土壤，在雨期发生强烈的水土流失，致使土壤在原地保存的数量较少，大量土壤的流失致使岩石裸露，呈现出石质荒漠化的景观，表现出生态脆弱性。岩溶区土壤变化归纳为：

（1）土壤微生物各主要生理类群均呈下降的趋势。岩溶生态环境退化后，土壤微生物总数下降，主要微生物类群（优势类群）所占比重亦有所变化，土壤微生物各主要生理类群数量明显减少，土壤酶活性、土壤呼吸作用强度减弱，土壤生化作用强度也有降低趋势，导致土壤供肥能力降低。

（2）土壤的土体构造发生变化，向土壤剖面层次不明显方向发展，土层浅薄，基岩裸露，且化学淋溶作用强烈，上层土体中小于0.01mm物理黏粒容易发生垂直下移积累，造成岩溶地区土体上松与下紧，形成一个物理性状不同的界面；表层土壤颗粒沙化，地表土壤物质颗粒组成中细粒减少，粗大颗粒逐渐占据优势，在植被破坏严重的地区，地表甚至被大量石砾覆盖；严重石漠化地区土壤组成越来越粗，土壤具有典型的粗骨性土壤的特征。

（3）岩溶石漠化过程中随着植物群落退化度的提高，土壤有机质含量急剧下降，植物可利用的养分含量减少，提高了石漠化对生态环境影响的潜能；随着植被覆盖率下降、土地垦殖率增加，引起土壤质量明显退化，加剧了石漠化发生的强度和速度。

（4）双层地表形态结构，除土层受自然侵蚀外，碳酸盐岩风化产物或地表原有的风化壳物质容易转入近地表的岩溶裂隙。或者土壤通过落水洞流失于地下系统，从根本上制约了地表残余物质的长时间积累和风化壳的持续发展，使区域土层长期处于负增长状态，地表土壤的厚度降低，使土被不连续，岩石裸露，出现类似荒漠化的生态脆弱性景观。

（5）土壤成分受成土母质的影响，岩溶区土壤中酸性不溶解物含量低，一般呈弱碱性，这样易引起植物所必需的铁、硼、铜、锰和锌微量元素的短缺，不利于能改善植物营养结构的细菌如根瘤菌、褐色固氮菌、氨化菌等大多数生长在中性环境中的细菌的生长。土壤中的主要成分 CaO 和 MgO 的含量在 90% 以上，其次是 SiO_2、Al_2O_3 和 Fe_2O_3 等，而有机质、全氮、全磷、碱解氮、有效磷、缓效钾和速效钾处于中低水平，且有机质主要集中在土体表层，故一旦表层土流失，土壤肥力迅速下降，变得更加贫瘠。

4. 植被因子

岩溶区特殊的水文地质特征，加上工程对土壤植被的破坏，使该区植被具有石生性、旱生性、喜钙性的特点，这就决定了植被系统自身的脆弱性。岩溶区的水土保持和生态系统稳定起关键和主导作用的生态因子是森林植被。尤其是高大乔木可利用其发达的根系从地下河中吸取水分和营养，保持了地表水与地下水间的动态联系，从而弥补因岩溶区地表水缺乏而不利于植被生长的不足，起到了“生物泵”的作用。同时，高大乔木也可以保护下层灌木和草本的生长，构成完整的食物链，进而丰富岩溶区的物种多样性，加强了生态系统的稳定性和内部因子间的协调性。严酷的石灰岩山地条件下，岩溶区的树木胸径、树高的生长速率慢，但生长量稳定、波动较小，以及种间、个体间生长过程差异较大；适生树种少，群落结构简单，顺向演替难，逆向演替易，使本地区植被覆盖率低，尤其是森林植被缺乏森林调节地表径流的功能降低。植被类型的改变也引起了土地状况的改变，土壤营养组分流失，植被结构简化，草本、灌丛及落叶木本的比重增加，生物多样性的变化，生物生产力的变动和逆向演替，发生了生态环境退化的问题。据调查，岩溶区乔木高度与非岩溶区相差 5 倍，胸径相差 10 倍；通常石灰岩样地上马尾松等主要树种胸径年均增长量为 0.2～0.3cm，最快可达 0.52cm，最慢为 0.08cm，视树种和土地条件而异[64]。

3.2.2　脆弱性外在驱动因子

岩溶生态环境系统的脆弱性与人类活动紧密相连，人类活动是生态环境脆弱性的主要外在驱动因子。当人为干扰活动对岩溶系统所产生的扰动超出了系统调节阈值时，系统自我调节功能丧失，引起整个系统的崩溃，导致石漠化，引起生态脆弱性。人为干扰是脆弱性产生和加速的必要条件，是其形成的直接原因，石漠化不是原生的，它是人为活动的次生产物。人为干扰活动方式主要有人口压力、资源的过度开采、贫困和工程建设等。

1. 人口压力

岩溶地区的人口密度大，人口的增加造成人地关系失衡、农业生态系统退化、土地质量变异，超过生态环境的承载能力。新增的那部分人口必然会增加对环境的索取，导致环境质量的进一步下降，并周而复始，形成恶性循环[65]。

2. 资源的过度开采

乱砍滥伐、过度放牧导致森林覆盖率急剧下降，许多地区的森林覆盖率由中华人民共和国成立初期的 30%～50%降到目前的 10%～20%，有的地方甚至只有 5%[66]。森林覆盖率的下降导致严重的水土流失和土地质量严重退化，特别是森林被大面积破坏，使高大乔木的“生物泵”的作用消失，水分不能上行运动，只能进行下行的单向移动，造成地表径流的侵蚀强度增加，致使陡坡地表植被短时间内消失，地表植被的丧失造成水土的严重流失而导致石漠化问题。

3. 贫困是岩溶生态破坏的重要因素

贫困是生态环境恶化的巨大驱动力。长期的贫困和封闭的社会环境形成了岩溶区落后的文化环境，加上生产方式落后，许多岩溶区仍采用粗放的农业生产模式；经济发展水平低、农村经济明显滞后、贫困面大、贫困程度深，为了求得生存和发展，人们在当地土地资源和矿产资源开发上原始粗放，毁林开荒，滥开矿产，加速了资源环境的破坏，生态环境进一步恶化，普遍出现“越穷越垦，越垦越穷”的恶化循环局面。由于人口急剧增加，生产力落后，农业技术粗放，栽培品种单一，人地矛盾十分尖锐，现有土地生产力不能维持基本生存，当地居民以扩大种植面积的方式向土地要粮食，由此进行的毁林开荒现象较为普遍，且耕种过程中完全依赖土地的原始地力，不投入肥料，形成恶性循环。习近平总书记强调，“生态文明建设是关系中华民族永续发展的根本大计”。党的十八大以来，以习近平同志为核心的党中央高度重视脱贫攻坚工作，举全党全社会之力，深入推进脱贫攻坚，取得了重大决定性成就。深度贫困的岩溶区地区脱贫攻坚步伐加快，将有力地保护这些地区的生态环境，生态环境越来越好。

4. 工程建设项目未采取水土保持措施

随着山区建设和移民开发的发展，交通矿业、建筑、水电等部门在开采、基建过程中，忽视必要的水土保持措施，随意弃置废土、废石、矿渣和尾砂，造成新的水土流失。特别是露天开采过程中，表土被剥蚀，地表植被与土被遭受严重破坏，形成土地荒芜、岩石裸露、乱石遍地的矿业荒漠化土地，造成生态破坏。

3.3 岩溶土壤质量评价

3.3.1 土壤质量定义及功能

土壤质量（Soil quality）早在 20 世纪 70 年代初就出现在土壤学文献中。但是，人们对土壤质量的概念，仍未形成统一的看法。目前国际上比较通用的土壤质量概念[67] 是 Doran 和 Parkin 从生产力、环境质量和动物健康 3 个角度对土壤质量的定义——“土壤在生态系统中保持生物生产力、维持环境功能及土壤功能能否最优发挥”，并将土壤功能概括为：①土壤中有机物质的再循环以释放养分，合成新的有机物质；②拦蓄土壤表层流失和渗漏的雨水；③维持栖息地土壤孔隙大小、表层和水汽相对压力的多样性；④保持栖息地的稳定性，抗风蚀、水蚀的能力和缓冲气温、湿度的急剧变化和抗有毒物质的能力；⑤养分和水分的储存与缓慢释放；⑥能量在地表的分配。

土壤是人类赖以生存和发展的物质基础，土壤质量由土壤的物理性状、化学性状和生物学性状 3 个方面组成，它们是相互影响、相互制约的。土壤物理性状、化学性状一直被认为是土壤质量的主要指标，但近年来发现，土壤生物学性状对农作措施及外界环境条件变化的反应比一般的理化性状更快、更灵敏[68]。现在，土壤微生物已被认为是土壤质量变化的一个敏感性指标[69]，而土壤生物活性是了解土壤生物学过程的一个关键，任何土壤生物活性的改变可能会影响到作物生产力的高低及整个生态系统功能的发挥[70]。

综合上述，土壤质量是土壤在一定的生态系统内提供生命必需养分和生产生物物质的能力，容纳、降解、净化污染物质和维护生态平衡的能力，影响和促进植物、动物和人类生命安全和健康的能力的综合量度[71]。土壤质量是现代土壤学研究的核心。

3.3.2 土壤质量评价原则

由于土壤质量包含土壤各方面的功能、属性，是土壤的许多物理、化学和生物学性质，以及形成这些性质的一些重要过程的综合体现，因而对土壤质量评价体系仍无统一的标准，但对土壤质量评价的基本原则取得了较为一致的认识：

（1）有效性原则。选取的指标能正确反映出土壤的基本功能，是土壤中决定物理、化学及生物学过程的主要特性，对表征土壤功能是有效的。

（2）敏感性原则。选取的土壤质量指标对土壤利用方式、人为扰动过程、土壤侵蚀强度及程度的变化有足够敏感的反映。

（3）实用性原则。选取的土壤质量指标要易于定量测定，简便实用。

（4）通用性。影响土壤质量的因素很多，必须立足于综合的、系统的观点。

在土壤质量评价中需要根据不同的土壤、不同评价目的，按照上述原则对这些指标进行取舍、组合。目前土壤评价指标包括：土壤质地、土层和根系深度、土壤密度和渗透率、田间持水量、土壤持水特征、土壤含水量、土壤分散性、有机C和N，矿化态的N、P、K、电导率、植物生长状况、土壤动物、土壤微生物等。

3.3.3 土壤质量的评价方法

国内外提出的土壤质量评价方法主要有以下几种：

（1）土壤相对质量法：通过引入相对土壤质量指数来评价土壤质量的变化。这种方法首先是假设研究区有一种理想土壤，其各项评价指标均能完全满足植物生长的需要，以这种土壤的质量指数为标准，其他土壤的质量指数与之相比，得出土壤的相对质量指数（RSQI），从而定量地表示所评价土壤的质量与理想土壤质量之间的差距[72]，从一种土壤的RSQI值就可以明显而直观地看出这种土壤的质量状况，RSQI的变化量可以表示土壤质量的升降程度，从而可以定量地评价土壤质量的变化。

（2）土壤质量综合评分法：Coran等（1994）提出土壤质量的综合评分法，将土壤质量评价细分为对6个特定的土壤质量元素的评价，这6个土壤质量元素分别为作物产量、抗侵蚀能力、地下水质量、地表水质量、大气质量和食物质量，根据不同地区的特定农田系统、地理位置和气候条件，建立数学表达式，说明土壤功能与土壤性质的关系，通过对土壤性质的最小数据集来评价土壤质量。

（3）土壤质量动力学法：Larson（1994）提出土壤质量的动力学方法，从数量和动力学特征上对土壤质量进行定量。某一土壤的质量可看作是它相对于标准（最优）状态的当前状态，土壤质量（Q）可由土壤性质（q）的函数来表示。根据土壤性质测定的难易程度、重视性高低及对土壤质量关键变量的反映程度来选择最小数据集。该方法适用于描述土壤系统的动态性，特别适合于土壤可持续管理。

（4）多变量指标克立格法（multiple variable indicator transform，MVIT）：可以利用多变量指标克立格法来评价土壤质量[73]。这种方法可以将无数量限制的单个土壤质量指标综合成一个总体的土壤质量指数，这一过程被称为多变量指标转换，根据特定的标准将测定值转换为土壤质量指数。各个指标的标准代表土壤质量最优的范围或阈值。该方法的优点是可以把管理措施、经济和环境限制因子引入分析过程，其评价范围可从农场到地区水平，评价的空间尺度弹性大。

3.3.4 生态环境的土壤养分变异效应

生态系统营养充足，植被生长茂盛，植被覆盖率高，植物物种多样，能大大改善当地局部小气候，同时提高了土壤肥力，有机质含量高，土壤发育良好，土被覆盖率高，岩石裸露率低，水土流失少，具有很好的保水保土作用。土壤-植物生态系统中的土壤养分被植物吸收，为植物提供营养，而植物又以枯枝落叶的形式把养分归还给土壤，没有或仅有少部分养分流失。氮素在此生态系统中保持着健康有序的循环与平衡，生态环境效应显著。周政贤等研究发现土壤氮素对生态环境的效应从根本上由其在该生态系统的循环、流失所决定，与生物吸收系数和生物归还系数呈正向反馈关系，而与养分流失系数呈逆向反馈关系。

通过探讨土壤氮素在该生态系统的循环、流失状况来评价土壤生态环境效应，生态环境效应指数则用 E_P 表示，计算公式为

$$E_P = \frac{A+B}{100C} \tag{3-1}$$

式中，A 表示生物吸收系数；B 表示生物归还系数；C 表示养分流失系数。

E_P 评价土壤养分所产生的生态环境效应的等级划分（周政贤等）见表 3-1。

表 3-1 生态环境效应的等级

序号	E_P	等级
1	$E_P>10$	极好
2	$5<E_P\leqslant 10$	好
3	$1<E_P\leqslant 5$	一般
4	$0<E_P\leqslant 1$	差
5	$E_P=0$	极差

土壤养分直接制约着整个土壤-植物生态系统的健康状况，并能反映该生态系统养分（这里主要指氮素养分）的循环、流失等现象，因此具有不同的生态环境效应。按照周政贤的试验方法，在湘西北地区的张家界岩溶强度石漠化地区、龙山县岩溶中度石漠化地区、泸溪县岩溶轻度石漠化地区和凤凰县非石漠化地区分别选择能够代表当地石漠

化和生态环境特征的常见的土壤-植物生态系统为研究对象，分别采集土壤表层样品、植株混合样品、植物残落物样品和地表水体样品，进行室内分析。供试土壤样品基本情况见表3-2。

表3-2 湘西北石漠化土壤养分供试土壤样品基本情况

地点	石漠化程度	岩石裸露（%）	植被＋土被（%）	植物种类（5m×5m）	样品种类	样本数量	备注
张家界	强度	＞66	＜34	1	植株	0	无植被
					植物残落物	0	无残落物
					土壤表层	3	石灰土、半连续土体、裸土
					地表水	1	有机质含量为21.00g/kg
龙山	中度	25～35	65～75	3	植株	3	滇杨、柏树（稀疏、退耕还林）
					植物残落物	0	无残落物
					土壤表层	3	石灰土、连续土体 有机质含量为57.67g/kg
					地表水	1	混合水样
泸溪	轻度	＜15	85～90	5	植株	3	马尾松等
					植物残落物	3	枯枝落叶层较薄
					土壤表层	3	石灰土、连续土体 有机质含量为78.32g/kg
					地表水	1	混合水样
凤凰	无	0	100	8	植株	3	杨梅、桑科（茂密）
					植物残落物	3	枯枝落叶层较厚
					土壤表层	3	石灰土、连续土体 有机质含量为81.13g/kg
					地表水	1	混合水样

岩溶石漠化地区土壤-植物生态系统养分（氮素）循环及流失情况见表3-3。

表3-3 岩溶石漠化地区土壤-植物生态系统养分（氮素）循环及流失情况

区域位置	项目（样本数量）	含氮量（g/kg）		
		全氮	铵态氮	硝态氮
凤凰（无石漠化）	植物（3）	4.05	—	—
	植物残落物（3）	3.61	—	—
	土壤表层（3）	2.93	—	—
	水体（1）	—	5.71×10^{-5}	6.23×10^{-3}
	生物吸收系数A（%）	138.23		
	生物归还系数B（%）	123.21		
	养分流失系数C（%）	0.24		

续表

区域位置	项目（样本数量）	含氮量（g/kg）		
		全氮	铵态氮	硝态氮
泸溪（轻度石漠化）	植物（3）	3.34	—	—
	植物残落物（3）	1.68	—	—
	土壤表层（3）	3.21	—	—
	水体（1）	—	8.67×10^{-5}	1.32×10^{-2}
	生物吸收系数 A（%）	104.05		
	生物归还系数 B（%）	52.34		
	养分流失系数 C（%）	0.52		
龙山（中度石漠化）	植物（3）	1.98	—	—
	植物残落物（0）	0.06	—	—
	土壤表层（3）	1.71	—	—
	水体（1）	—	8.96×10^{-5}	3.62×10^{-2}
	生物吸收系数 A（%）	115.79		
	生物归还系数 B（%）	3.51		
	养分流失系数 C（%）	1.28		
张家界（强度石漠化，裸土）	植物（0）	0.00	—	
	植物残落物（0）	0.00	—	
	土壤表层（3）	1.26	—	
	水体（1）	—	9.75×10^{-5}	4.57×10^{-2}
	生物吸收系数 A（%）	0.00		
	生物归还系数 B（%）	0.00		
	养分流失系数 C（%）	5.56		

根据表3-2和表3-3可以发现，岩溶非石漠化地区和不同程度石漠化地区土壤养分（氮素）所产生的生态环境效应是不同的。

1. 凤凰非石漠化矿区岩溶土壤氮素的生态环境效应

根据生态环境效应指数计算公式，其生态环境效应指数为

$$E_{\mathrm{P}}=\frac{A+B}{100C}=\frac{138.23+123.21}{24}=10.89$$

$E_{\mathrm{P}}>10$，所以土壤养分（氮素）所产生的生态环境效应极好，表现为植被生长茂盛，植被覆盖率高，植物物种多样；同时土壤有机质含量高，土壤发育良好，土被覆盖率高，无岩石裸露，水土流失少，具有很好的保水保土作用，生态环境原生性较强。

2. 泸溪轻度石漠化矿区生态环境效应

根据计算公式，生态环境效应指数为

$$E_{\mathrm{P}}=\frac{A+B}{100C}=\frac{104.05+52.34}{52}=3.01$$

$1<E_{\mathrm{P}}<5$，所以土壤养分（氮素）所产生的生态环境效应一般，表现为植被覆盖率

降低，植物物种减少，植被开始出现逆向演替。受气候等条件影响，土壤有机质含量较高，土壤发育尚可，岩石裸露率较低，但存在一定的水土流失，开始出现石漠化景观。

3. 龙山中度石漠化矿区生态环境效应

$$E_P=\frac{A+B}{100C}=\frac{115.79+3.51}{128}=0.93$$

$0<E_P<1$，说明土壤养分（氮素）所产生的生态环境效应差，表现为植被覆盖率继续降低，植被稀疏，植物物种单一，植被退化，土壤有机质含量低，水土流失加重，土壤退化，石漠化景观明显。

4. 张家界那豆石漠化矿区生态环境效应

$$E_P=\frac{A+B}{100C}=\frac{0.00+0.00}{556}=0.00$$

$E_P=0$，说明土壤氮素所产生的生态环境效应极差，表现为无植被，土壤有机质含量极低，水土流失严重，土壤退化严重，生态系统退化，表现为极强的石漠化景观。

综上所述，随着岩溶石漠化由无到强的发展，土壤-植物生态系统中的生物吸收系数和生物归还系数急剧下降，而养分流失系数剧烈增加，生态环境效应指数剧减。因此，土壤氮素所产生的生态环境效应急剧减少，生态环境严重恶化，极大地威胁了生态环境安全。

3.4 岩溶区土壤水分对环境效应的风险预测

3.4.1 生态系统土壤水分作用机理

土壤水分是影响植物生态发育的生态因子之一。岩溶区具有双层水文结构，使该地区的地下水文网十分发达，而缺乏系统的地表水文网，出现地表严重缺水、地下水特别丰富的局面。在雨季时，因缺乏系统的地表水文网，不能泄洪，发生涝灾；旱季时，地面降水全部转入地下，使地表缺水，发生旱灾。土壤中的水分有利于各种营养物质的溶解移动，有利于土壤中的有机物的分解、合成及磷酸盐的水解和矿化，还有利于调节土壤温度，但水分过多或太少都会对动植物不利。因此，岩溶区特殊的水文二层结构决定了岩溶区生态环境的脆弱性。

土壤水普遍存在于陆地表面的土壤中，具有分布的广泛性和连续性，以及使其植物得以充分利用的独特特征。它是土壤层内经常参与陆地水分交换的水量，特别是根系带中能被植物利用并可恢复的水量，表现为土壤水分不断补给与消耗的动态水量。土壤层内的非饱和水体，广泛分布于陆地表层，是大气水、地表水、土壤水、地下水、植物水相互转化的中枢，又是植物生长的必要水源。土壤水通过大气降水进行补充，地球水循环中的一个重要环节是通过地面的蒸发及植物的蒸腾进入大气，不断得到降雨入渗和其他形式的水分补给，也经常被植物蒸腾利用和蒸发消耗，具有更新快而又不断补给及排泄的动态特征。

土壤水随时都在发生变化，形成一个动态平衡系统（图3-1）。根据土壤水的赋存形态，土壤水可分为吸湿水、薄膜水、毛管水和重力水。吸湿水和薄膜水难以被植物吸收，且数量不大；重力水在土壤中不可能长期滞留，它通过蒸发消耗，或下渗补给地下水，或转化为毛管水等；毛管水是土壤水的主要成分，是植物吸收利用的主要水源。

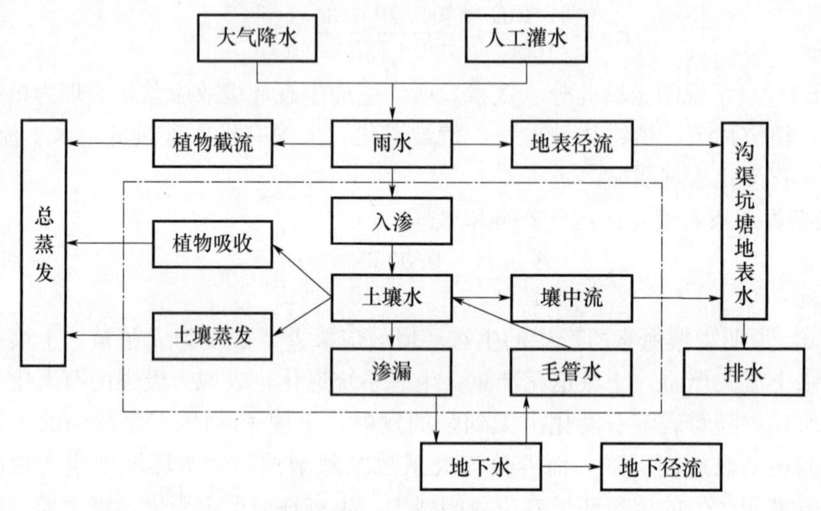

图 3-1　土壤水循环图解

液态水一般对植物根系吸收作用有十分重要意义。根据土壤颗粒对水分吸持能力的强弱，可以将土壤中对生物生长有作用的水分区分为物理束缚水和自由水两大类型(图 3-2 和图 3-3)。

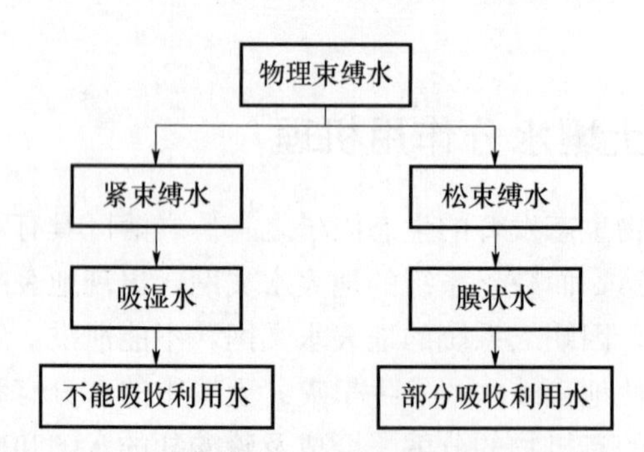

图 3-2　物理束缚水的分类与作用

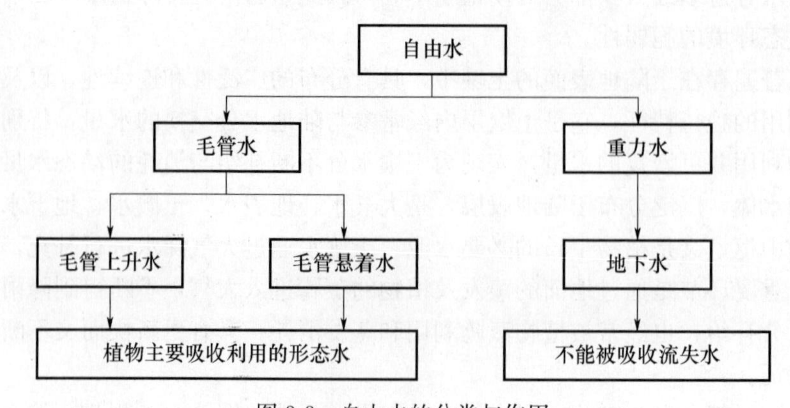

图 3-3　自由水的分类与作用

3.4.2　土壤水的水库效应及参数计算

1. 水库效应

在岩溶生态系统中，水是最具活力而又最复杂的动力因子。作为土壤水循环重要载体的土壤，主要利用颗粒间的空隙对水分进行储存、运输和转移。土壤储蓄天然降水，满足作物生长对水分的需求，与地面水库的蓄水作用十分相似，因此把深厚土层看作是一种生态“土壤水库”。土壤水库是整个非饱和带土层的蓄水空间，土壤所能储存的水量，相当于土壤水库的库容，它是土壤水库调控和利用的基础，其大小与土壤类型、结构、质地、空隙特性相关。大气降水进入土壤水库后，土壤水库贮存的水分主要是毛细管水。水库的调度靠土壤的蒸发、入渗和作物的吸收利用及蒸腾来实现，作物根系层的深度作为土壤水库的深度，其总库容由有效库容、重力库容和死库容组成。

岩溶地区特有的双层地表形态结构，以及岩溶地区土层浅薄、土质不连续，使天然降雨等水源经各种下渗通道进入各种孔隙、溶隙而转换成地下水；通过溶蚀通道和地下裂隙管道，使其储存、运移范围沿可溶性岩石分布。地表含水层取决于地被覆盖和基岩的孔隙裂隙密度和类型；地下储水层则受裂隙系统、管道系统控制，严格受隔水层和潜水面深度影响。地质因素也决定了岩溶水的分布运动和储存；西南地区陆壳间歇性隆升、刚性的碳酸盐岩的变形和裂隙发育，以及碳酸盐岩本身的溶解性质，使岩溶水循环形成一种特殊的格局。大气降水很难在地表存留，经陡坡、岩石裂隙和落水洞转入地下暗河；或者流动在深邃的峡谷之中，形成土上水下分层的分离格局，难以被植被利用[74]。因此岩溶地区土壤水库的库容及有效库容的大小直接影响地表植物的类型及生存方式，是岩溶地区农业生产及生态环境建设最主要的阻碍因素之一。

2. 参数计算

土壤水库的调蓄能力可用 3 个基本土壤水分常数即饱和含水量、田间持水量和萎缩含水量来计算。饱和含水量反映土壤最大蓄水能力，田间持水量可视为正常蓄水能力，萎缩含水量相当于死库容。田间持水量与萎缩含水量的差值为有效水分，是土壤有效蓄水能力，相当于土壤水库的有效库容。有效库容即为土壤水资源存储、调蓄的空间[75]。

（1）重力水库容 W_G，指饱和含水率 $\theta_S(z)$ 与田间持水率 $\theta_F(z)$ 之间的容积，其计算式为

$$W_G=\int_0^H A\mid\theta_S(z)-\theta_F(z)\mid \mathrm{d}z \tag{3-2}$$

式中，H 是潜水埋深；A 是计算区域面积；$\theta_S(z)$ 是饱和含水率；$\theta_F(z)$ 是田间持水率。

（2）有效库容 W_E，指作物在生育期可以利用的那部分库容，通常指田间持水率 $\theta_F(z)$ 和凋萎系数 $\theta W_F(z)$ 之间的土壤水分，其计算式为

$$W_E=\int_0^H A\mid\theta_F(z)-\theta W_F(z)\mid \mathrm{d}z \tag{3-3}$$

式中，$\theta W_F(z)$ 为萎缩含水率。

(3) 死库容 W_k，指作物生长期不能利用的土壤水容积，通常指凋萎系数以下的土壤水库容，其计算式为

$$W_k = \int_0^H A\theta W_F(z)\mathrm{d}z \tag{3-4}$$

(4) 总库容 W_S，指潜水面至地表面的土壤总空隙度，包括重力水库容、有效库容和死库容，计算式为

$$W_S = W_G + W_F + W_k \tag{3-5}$$

$$W_S = \int_0^H A\theta_S(z)\mathrm{d}z \tag{3-6}$$

对岩溶山区而言，水是岩溶区环境的命脉，土坡水分有其时空变化规律：一方面土壤水分随季节变化而变化，另一方面土壤水分随土壤深度和水平位置的变化发生相应变化。降水是影响土壤含水率的重要因素，气温、太阳辐射等其他气象因子对土壤含水量也有一定影响。

3.4.3 岩溶地下水运移风险预测研究

露天岩体剥离后，由于氧化-还原环境的改变，施工场地边坡岩体发生一系列的物理和化学变化，赋存于岩体内的物质经雨水淋溶后会渗入地下对土壤和地下水构成污染[76-77]。梁冰等描述污染物运移的数学模型包括水流方程和溶质运移方程，以水流平面模型为基础建立污染运移的风险评价模型[78]。

1. 地下水流控制方程

一般地下水平衡方程可用笛卡儿张量表示：

$$\frac{\partial}{\partial x_i}\left(K_{ij}\frac{\partial S_s}{\partial x_i}\right) = S_s\frac{\partial h}{\partial t} + q_s \qquad (i,\ j=1,\ 2) \tag{3-7}$$

式中，K_{ij} 为多孔介质渗透系数（m/d）；h 为地下水头（m）；S_s 为储水系数，无量纲；t 为时间（d）；q_s 为单位体积流量（正值流入，负值流出）（d^{-1}）；x_i 为坐标轴方向（m）。

2. 溶质运移控制方程

研究表明在低达西渗流情况下，均匀水质模型更符合溶质在含水介质中的运移规律，因此溶质运移方程引入均匀水质模型，即将液相分为一个可动的“动态”区域和一个不可动的“停滞”区域[79]。渗透性高的区域为可动区，该区物质转输以对流为主；而渗透性低的区域为不可动区，该区物质传输以扩散为主。溶质的吸附与解析符合线性等温吸附，假设在瞬时实现。其控制方程如下：

$$\theta_m R_m\frac{\partial C_m}{\partial t} + \theta_{im}R_{im}\frac{\partial C_{im}}{\partial t} = \frac{\partial}{\partial x_i}\left(\theta_m D_{ij}\frac{\partial C_m}{\partial x_j}\right) - \frac{\partial}{\partial x_i}(\theta_m V_i C_m) + q_s C_s - q'_s C_m \tag{3-8}$$

$$\theta_{im}R_{im}\frac{\partial C_{im}}{\partial t} = \zeta(C_m - C_{im}) \tag{3-9}$$

$$\theta_{im} = \theta - \theta_m \tag{3-10}$$

$$R_m = 1 + f\rho_b K_d/\theta_m \tag{3-11}$$

$$R_{im}=1+(1-f)\rho_b K_d/\theta_m \tag{3-12}$$

$$q'_s=\partial\theta/\partial t \tag{3-13}$$

式中，R_m 为可动区阻滞因子，无量纲；R_{im} 为不可动区的阻滞因子，无量纲；f 为与可动液项接触的介质吸附系数，无量纲；K_d 为分配系数，无量纲；q'_s 为储水系数瞬态变化率（L/d）；θ 为含水率，无量纲；θ_m 为可动区饱和介质孔隙含水率，无量纲；θ_{im} 为不可动区介质孔隙含水率，无量纲；C_m 为可动区溶质组分浓度（mg/L）；C_{im} 为不可动区溶质组分浓度（mg/L）；D_{ij} 为动力弥散系数（m^2/d）；V_i 为渗流速度（m/d）；ρ_b 为含水层密度（kg/m^3）；C_s 为源汇项浓度（mg/L）；ζ 为可动区与不可动区一阶质量交换率。

$$D_{ij}=(D_m+\alpha_T|V|)\delta_{ij}+(\alpha_L-\alpha_T)\frac{V_iV_j}{|V|} \tag{3-14}$$

式中，$\delta_{ij}=\begin{cases}1(i=j)\\0(i\neq j)\end{cases}$；$\alpha_L$ 为纵向弥散度（m）；α_T 为横向弥散度（m）；D_{ij} 为有效分子扩散系数（m^2/d）；$|V|$ 为渗流速度模量（m/d）；$|V|=\sqrt{V_x^2+V_y^2+V_z^2}$；$V_i=-\frac{K_{ij}}{n}\frac{\partial h}{\partial x_i}$。

3. 定解条件的确定

式（3-9）～式（3-14）构成了地下水水流与溶质运移的耦合方程，给予一定的初始条件和边界条件就可构成完整的溶质运移模型。水分运移的定解条件[80]：

初始条件：
$$h(x,y,t)|_{t=0}=h_0 \tag{3-15}$$

边界条件：
$$h(x,y,t)|_{\Gamma_1}=h_1\quad(t\geqslant 0) \tag{3-16}$$

$$-\frac{\partial h(x,y,t)}{\partial n}\bigg|_{\Gamma_2}=q\quad(t\geqslant 0) \tag{3-17}$$

污染物运移定解条件：

初始条件：
$$C(x,y,t)|_{t=0}=C_0(x,y) \tag{3-18}$$

边界条件：
$$C(x,y,t)|_{\Gamma_1}=C(x,y,t)\quad(t\geqslant 0) \tag{3-19}$$

$$\theta D_{ij}\frac{\partial C}{\partial x}\bigg|_{\Gamma_2}=f_i(x,y,t)\quad(t\geqslant 0) \tag{3-20}$$

式中，h_0 为初始水头（L）；h_1 为边界水头（L）；Γ_1 为 Dirichlet 边界；Γ_2 为 Neumann 边界上的浓度梯度。

3.5　本章小结

岩溶区的生态环境脆弱性首先是一个地质生态问题，其脆弱性是结构型脆弱性和胁迫型脆弱性协同作用的结果，表现为自然条件与人类干扰活动的重叠。岩溶生态环境系统作为一种特殊物质、能量、结构和功能体系构成的多相多层次复杂界面体系，显示出生态敏感度高、环境容量低、抗干扰能力弱、空间转移能力强等一系列生态脆弱性的特征。本章在研究了岩溶生态脆弱性驱动因子的基础上，对张家界岩溶区土壤质量、土壤水进行评价，定量计算了张家界建设区土壤养分变异对生态环境效应影响。本章在分析土壤水分的生态系统作用机理时，运用了水库效应模型及原生植被破坏后土壤水污染物运移风险预测模型。

第4章　工程建设对岩溶地区生态环境影响研究及评价

工程建设对生态环境影响一般表现为建设期场地平整、表土剥离、土石开挖、运输及排弃，将破坏地表植被，加剧区域水土流失，改变土地利用类型，造成土地利用结构和功能的变化，对生态环境产生很大的负面影响。岩溶石漠化地区工程建设对生态环境的影响更加深远，使岩溶石漠化地区本来脆弱的生态环境更加恶化，直接影响建设地点、矿区和区域经济的可持续发展。

4.1　岩溶地区矿山地质环境评估

4.1.1　矿山地质环境评估意义

矿山地质环境（Mine Geological Environment）是指曾经开采、正在开采或准备开采的矿山及其邻近地区的岩石圈表层与大气圈、水圈、生物圈组分之间不断进行物质交换和能量流动的一个相对独立的环境系统[81]。目前矿产资源开发导致了一系列矿山环境地质问题，为开展矿山环境保护与治理工作奠定基础，促进矿业经济的可持续发展[82]。为此，按国土资源部的统一部署，中国地质调查局2002年启动了以省为单元的全国矿山地质环境调查与评估项目。调查发现，所有矿业活动都对矿区地质环境造成影响，而以严重影响和较严重影响为主。其中严重影响的矿山多达8457个，影响区域面积约为5300万hm^2。在划分出的86个矿产资源主要开发区域中，对地质环境造成严重影响的区域就有14个，面积约为520万hm^2。矿产资源开发对城区及周边地质环境造成一定影响的矿业城市有231个，其中严重影响的有30个。

矿山地质环境评价调查的结果，必然要对矿山地质环境质量优劣或矿山环境地质问题严重程度给出评定等级，这是政府实施矿山地质环境监管、矿山地质环境防治规划的主要依据，因而矿山地质环境评价在矿山环境地质研究中具有重要的地位[83]。

4.1.2　Bayes判别分析数学模型

目前，用于矿山地质环境评价的方法很多，如模糊综合评判法、层次分析法、专家打分法等都已经在实践中得到应用和验证。由于我国地域辽阔，各地区矿山地质环境问题的差异性，未能形成一套系统、科学、可操作性强的矿山地质环境评价方法和理论，加之矿山地质环境的影响因素众多，各种因素对矿山地质环境影响的贡献较难确定[84-85]。英国统计学家Pearson提出的判别分析方法，是根据历史上已掌握的每个事物类别若干样本的数据信息，建立判别准则，对新得到的样本进行判别归类的一种统计方法。已经有部分研究人员对这种判别分析方法在岩土工程领域内进行了深入研究，取得了很多研究成果[86-87]。在对新的矿山地质环境进行评估时，就可以借助历史上的样本信息建立判别准则进行评估，因此可以考虑把判别分析方法引用到该问题的研究中。在此利用 Bayes 判别分析方法对矿山地质环境进行评估。

Bayes 判别的思想来源于 Bayes 统计。设 $\boldsymbol{G}=(X_1, X_2, \cdots, X_p)^{\mathrm{T}}$ 是 p 元总体（考察 p 个指标），并且有 k 个 p 元总体：$G_1, G_2, \cdots, G_k$ $(k \geqslant 2)$。在正态总体的情况下，假设各总体均值向量相等，并且设 $G_j \sim N_p(\mu_j, \sum)$，$j=1, 2, \cdots, k$（$\mu_j$ 为均值向量，$\sum$ 为协方差矩阵），可以得到如下判别函数：

$$W_j(\boldsymbol{X})=\boldsymbol{a}_j^{\mathrm{T}}\boldsymbol{X}+b_j \tag{4-1}$$

式中，$\boldsymbol{a}_j=\sum^{-1}\mu_j$，$b_j=-\frac{1}{2}\mu_j^{\mathrm{T}}\sum^{-1}\mu_j+\ln p_j$，$j=1, 2, \cdots, k$。

广义平方距离函数

$$d_j^2(\boldsymbol{X})=(\boldsymbol{X}-\mu_j)^{\mathrm{T}}\sum^{-1}(\boldsymbol{X}-\mu_j)-2\ln p_j \quad (j=1, 2, \cdots, k) \tag{4-2}$$

后验概率

$$P(G_j \mid \boldsymbol{X})=\frac{\exp\left(-\frac{1}{2}d_j^2(\boldsymbol{X})\right)}{\sum_{i=1}^{k}\exp\left(-\frac{1}{2}d_i^2(\boldsymbol{X})\right)} \quad (j=1, 2, \cdots, k) \tag{4-3}$$

得到最优划分

$$\begin{aligned}R_j=&\{\boldsymbol{X}: W_j(\boldsymbol{X})=\max_{1\leqslant i\leqslant k}W_i(\boldsymbol{X})\}=\{\boldsymbol{X}: P(G_j \mid \boldsymbol{X})\\&=\max_{1\leqslant i\leqslant k}P(G_i \mid \boldsymbol{X})\}, j=1, 2, \cdots, k\end{aligned} \tag{4-4}$$

一般情况下，$\mu_1, \mu_2, \cdots, \mu_k$ 及 $\sum$ 未知，此时可以充分利用历史上的训练样本信息，分别以 $\overline{X}^{(1)}, \overline{X}^{(2)}, \cdots, \overline{X}^{(k)}$ 及 S 估计。

设 $X_1^{(j)}, X_2^{(j)}, \cdots, X_{n_j}^{(j)}$ 是来自总体 G_j 的训练样本（$j=1, 2, \cdots, k$）。记作

$$\overline{X}^{(j)}=\frac{1}{n_j}\sum_{j=1}^{n_j}X_i^{(j)} \quad (j=1, 2, \cdots, k)$$

$$S_j=\frac{1}{n_j-1}\sum_{j=1}^{n_j}(X_i^{(i)}-\overline{X}^{(i)})(X_i^{(j)}-\overline{X}^{(j)})^{\mathrm{T}} \quad (j=1, 2, \cdots, k)$$

则 $\overline{X}^{(j)}$ 是 μ_j 的无偏估计，$\sum$ 的一个无偏估计为

$$S=\frac{(n_1-1)S_1+(n_2-1)S_2+\cdots+(n_k-1)S_k}{n_1+n_2+\cdots+n_k-k}$$

式中

$$S_j=\frac{1}{n_j-1}\sum_{i=1}^{n_j}(X_i^{(j)}-\overline{X}^{(j)})(X_i^{(j)}-\overline{X}^{(j)})^{\mathrm{T}}, j=1, 2, \cdots, k \tag{4-5}$$

对先验概率 $p_1, p_2, \cdots, p_k$ 的确定，通常情况下可以按训练样本的容量 n_j（$j=1, 2, \cdots, k$）的比率选取，即

$$p_j=\frac{n_j}{n_1+n_2+\cdots+n_k}=\frac{n_j}{\sum_{j=1}^{k}n_j} \tag{4-6}$$

4.1.3　Bayes 判别法应用

1. 矿山地质环境影响指标分析

沃溪矿区地质环境的影响主要由区域地质环境、矿山地质环境现状、矿产资源规划和矿山地质环境恢复四大要素构成，各因素又受众多次一级因子的影响，是一个多层次、多级别、包含多因素的复杂系统。根据有关研究，建立沃溪矿区地质环境的评价系统如图 4-1 所示。矿山地质环境质量影响划分为严重区、较严重区和一般区。分别对上述 13 个指标进行量化，对应严重区的指标量化为 0.9，对应较严重区的指标量化为 0.5，对应一般区的指标量化为 0.1，具体评价指标见表 4-1。

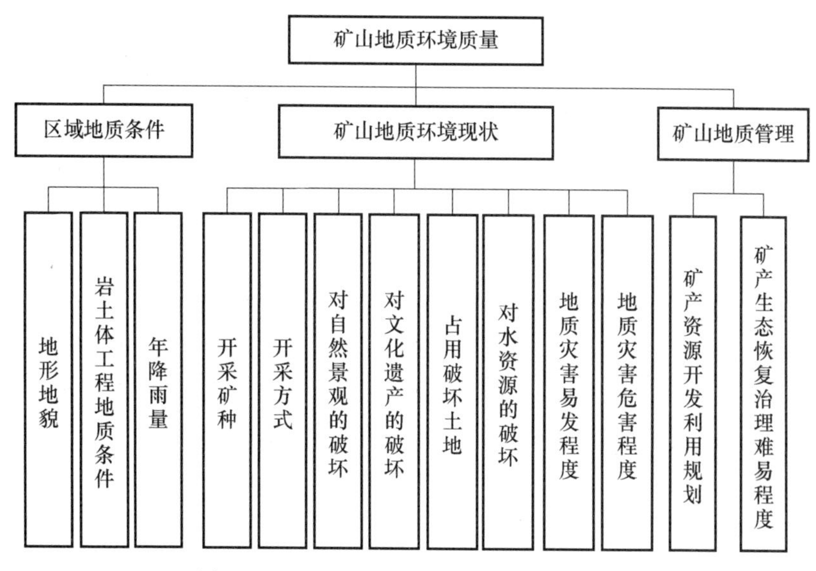

图 4-1　矿山地质环境影响评价因素示意图

表 4-1　矿山地质环境影响评价指标一览表

评价因素及因子		评价等级		
		严重区	较严重区	一般区
地质环境条件	地形地貌	地貌类型主要为低山区，地形起伏大，相对高差大	地貌类型主要为丘陵、岗地，地形起伏变化较大，相对高差较大	地貌类型主要为平原区，地形起伏平缓，相对高差小
	岩土体工程地质条件	矿床围岩结构破碎，岩石多为半坚硬薄层松散岩体，松散层较厚	矿床围岩岩石多为半坚硬块状碎屑岩体，松散层较薄	松散层厚
	年降雨量（mm）	>1000	900～1000	<900

续表

评价因素及因子		评价等级		
		严重区	较严重区	一般区
矿山地质环境现状	开采矿种	金属、能源矿	非金属矿山（不含砂黏土类矿山）	砂石、黏土类矿山
	开采方式	井下开采	井下、露天开采	露天开采
	对自然景观的破坏	严重	较严重	一般
	对文化、地质遗迹的破坏	严重	较严重	一般
	占用破坏土地	严重	较严重	一般
	对水资源的破坏	严重	较严重	一般
	地质灾害易发程度	高易发	中易发	低易发
	地质灾害危害程度	严重	较严重	一般
矿产资源开发利用规划		禁采区	限采区	鼓励开采区
矿山生态恢复治理难易程度		难（需投入较大的工程、花费大量经费，治理周期长）	中等（通过投入一定的治理工程，能使生态环境得到好转）	较易（通过简单的工程进行生态环境治理）
指标量化赋值		0.9	0.5	0.1

2. 采集数据

以上述13个具体指标作为输入因素，分别以 $X_1 \sim X_{13}$ 表示，即地形地貌（X_1）、岩土体工程地质条件（X_2）、年降雨量（X_3）、开采矿种（X_4）、开采方式（X_5）、对自然景观的破坏（X_6）、对文化和地质遗迹的破坏（X_7）、占用破坏土地（X_8）、对水资源的破坏（X_9）、地质灾害易发程度（X_{10}）、地质灾害危害程度（X_{11}）、矿产资源开发利用规划（X_{12}）、矿山生态恢复治理难易程度（X_{13}）。以环境评估3个等级作为3个总体，即输出结果为严重区（G_1）、较严重区（G_2）、一般区（G_3），中间层为判别函数，构建矿山环境评估的Bayes判别分析模型，并以参考文献中提供的大量数据作为样本数据，其中55个作为学习样本，另外10个作为预测样本（表4-2和表4-3）。3个总体的先验概率分别以各自样本容量所占比率确定，即 $p_1=6/17$，$p_2=10/17$，$p_3=1/17$。

表4-2　矿山地质环境学习样本

序号	判别因素													实际分类	判别分类
	X_1	X_2	X_3	X_4	X_5	X_6	X_7	X_8	X_9	X_{10}	X_{11}	X_{12}	X_{13}		
1	0.1	0.1	0.1	0.9	0.9	0.1	0.1	0.9	0.9	0.9	0.9	0.5	0.9	严重区	严重区
2	0.9	0.1	0.5	0.5	0.5	0.9	0.9	0.9	0.1	0.9	0.5	0.9	0.9	严重区	严重区
3	0.9	0.1	0.5	0.5	0.1	0.9	0.9	0.5	0.1	0.9	0.5	0.9	0.5	严重区	严重区
4	0.5	0.1	0.9	0.9	0.5	0.5	0.5	0.5	0.9	0.5	0.9	0.9	0.5	严重区	严重区
5	0.9	0.1	0.9	0.5	0.5	0.5	0.1	0.5	0.1	0.9	0.9	0.9	0.9	严重区	严重区
6	0.5	0.1	0.9	0.5	0.1	0.5	0.5	0.5	0.1	0.9	0.9	0.9	0.9	严重区	严重区
7	0.5	0.1	0.5	0.5	0.5	0.1	0.1	0.1	0.1	0.1	0.1	0.1	0.5	较严重区	较严重区

续表

序号	判别因素													实际分类	判别分类
	X_1	X_2	X_3	X_4	X_5	X_6	X_7	X_8	X_9	X_{10}	X_{11}	X_{12}	X_{13}		
8	0.5	0.1	0.5	0.5	0.1	0.1	0.1	0.5	0.1	0.5	0.5	0.9	0.5	较严重区	较严重区
9	0.1	0.5	0.5	0.1	0.1	0.1	0.1	0.1	0.1	0.1	0.1	0.9	0.1	较严重区	较严重区
10	0.1	0.1	0.5	0.5	0.5	0.1	0.1	0.1	0.1	0.1	0.1	0.1	0.5	较严重区	较严重区
11	0.5	0.5	0.5	0.5	0.1	0.5	0.1	0.5	0.1	0.1	0.1	0.9	0.5	较严重区	较严重区
12	0.5	0.1	0.9	0.5	0.1	0.9	0.1	0.5	0.1	0.1	0.1	0.9	0.5	较严重区	较严重区
13	0.9	0.1	0.9	0.9	0.5	0.1	0.1	0.5	0.1	0.1	0.5	0.1	0.5	较严重区	较严重区
14	0.9	0.1	0.9	0.5	0.1	0.9	0.5	0.5	0.1	0.5	0.1	0.9	0.1	较严重区	较严重区
15	0.9	0.1	0.9	0.5	0.1	0.9	0.5	0.5	0.1	0.5	0.1	0.9	0.5	较严重区	较严重区
16	0.9	0.1	0.9	0.5	0.1	0.9	0.1	0.5	0.1	0.1	0.1	0.1	0.5	较严重区	较严重区
17	0.1	0.9	0.9	0.1	0.1	0.1	0.1	0.1	0.1	0.1	0.1	0.1	0.1	一般区	一般区
18	0.9	0.9	0.9	0.1	0.1	0.1	0.5	0.1	0.1	0.1	0.1	0.1	0.1	严重区	严重区
19	0.5	0.1	0.9	0.5	0.1	0.9	0.1	0.5	0.1	0.1	0.1	0.9	0.5	较严重区	较严重区
20	0.9	0.1	0.1	0.9	0.1	0.1	0.1	0.5	0.1	0.1	0.5	0.1	0.5	较严重区	较严重区
21	0.1	0.9	0.1	0.9	0.9	0.1	0.1	0.9	0.9	0.5	0.9	0.5	0.9	严重区	严重区
22	0.9	0.1	0.5	0.1	0.5	0.9	0.9	0.5	0.1	0.5	0.5	0.9	0.9	严重区	严重区
23	0.9	0.1	0.5	0.1	0.1	0.9	0.9	0.5	0.1	0.9	0.5	0.9	0.9	严重区	严重区
24	0.1	0.9	0.9	0.1	0.1	0.9	0.1	0.5	0.1	0.5	0.1	0.9	0.5	较严重区	较严重区
25	0.9	0.1	05	0.9	0.5	0.1	0.9	0.5	0.1	0.1	0.5	0.1	0.5	较严重区	较严重区
26	0.9	0.9	0.1	0.5	0.1	0.5	0.9	0.5	0.1	0.9	0.1	0.5	0.1	较严重区	较严重区
27	0.1	0.9	0.9	0.5	0.1	0.5	0.5	0.9	0.1	0.5	0.9	0.1	0.5	较严重区	较严重区
28	0.9	0.1	0.9	0.5	0.1	0.9	0.1	0.5	0.1	0.1	0.1	0.1	0.5	较严重区	较严重区
29	0.9	0.9	0.1	0.1	0.1	0.1	0.1	0.5	0.1	0.1	0.1	0.5	0.1	一般区	一般区
30	0.9	0.1	0.5	0.9	0.1	0.1	0.1	0.5	0.1	0.1	0.1	0.9	0.5	较严重区	较严重区
31	0.1	0.5	0.1	0.1	0.1	0.1	0.1	0.1	0.1	0.1	0.1	0.9	0.9	一般区	一般区
32	0.9	0.1	0.5	0.5	0.1	0.9	0.1	0.5	0.5	0.1	0.9	0.1	0.5	较严重区	较严重区
33	0.9	0.1	0.9	0.5	0.5	0.5	0.1	0.5	0.1	0.9	0.9	0.9	0.9	严重区	严重区
34	0.5	0.1	0.9	0.5	0.1	0.5	0.5	0.5	0.1	0.9	0.9	0.9	0.9	严重区	严重区
35	0.1	0.1	0.5	0.5	0.9	0.1	0.1	0.1	0.1	0.5	0.1	0.1	0.5	较严重区	较严重区
36	0.5	0.1	0.5	0.5	0.1	0.1	0.9	0.5	0.1	0.5	0.5	0.1	0.5	较严重区	较严重区
37	0.1	0.5	0.5	0.1	0.9	0.1	0.1	0.1	0.5	0.1	0.1	0.9	0.1	较严重区	较严重区
38	0.5	0.1	0.9	0.5	0.5	0.5	0.1	0.5	0.1	0.1	0.9	0.1	0.9	严重区	严重区
39	0.5	0.1	0.1	0.5	0.1	0.5	0.5	0.5	0.1	0.9	0.1	0.9	0.9	严重区	严重区
40	0.5	0.1	0.9	0.9	0.1	0.1	0.1	0.9	0.9	0.5	0.9	0.5	0.9	严重区	严重区
41	0.9	0.1	0.5	0.5	0.9	0.9	0.9	0.9	0.1	0.9	0.5	0.9	0.5	严重区	严重区
42	0.9	0.1	0.1	0.5	0.1	0.9	0.9	0.5	0.1	0.9	0.9	0.9	0.5	严重区	严重区

续表

序号	判别因素													实际分类	判别分类
	X_1	X_2	X_3	X_4	X_5	X_6	X_7	X_8	X_9	X_{10}	X_{11}	X_{12}	X_{13}		
43	0.1	0.5	0.9	0.5	0.9	0.5	0.5	0.5	0.9	0.5	0.9	0.9	0.5	严重区	严重区
44	0.5	0.5	0.1	0.1	0.1	0.1	0.1	0.9	0.1	0.1	0.1	0.5	0.9	一般区	一般区
45	0.1	0.1	0.1	0.5	0.1	0.1	0.9	0.1	0.1	0.1	0.1	0.1	0.9	一般区	一般区
46	0.1	0.1	0.9	0.5	0.1	0.9	0.1	0.5	0.1	0.1	0.5	0.1	0.5	较严重区	较严重区
47	0.1	0.9	0.1	0.1	0.9	0.1	0.1	0.5	0.1	0.1	0.1	0.5	0.1	一般区	一般区
48	0.5	0.1	0.5	0.9	0.1	0.1	0.1	0.5	0.1	0.5	0.1	0.9	0.1	较严重区	较严重区
49	0.1	0.5	0.1	0.1	0.1	0.1	0.1	0.9	0.1	0.1	0.1	0.1	0.9	一般区	一般区
50	0.5	0.1	0.5	0.9	0.1	0.9	0.1	0.5	0.1	0.1	0.9	0.1	0.5	较严重区	较严重区
51	0.9	0.1	0.9	0.5	0.5	0.5	0.9	0.5	0.1	0.5	0.9	0.9	0.9	严重区	严重区
52	0.1	0.5	0.9	0.5	0.1	0.5	0.5	0.5	0.1	0.9	0.5	0.9	0.9	严重区	严重区
53	0.1	0.1	0.5	0.5	0.9	0.1	0.5	0.1	0.1	0.5	0.5	0.1	0.5	较严重区	较严重区
54	0.5	0.1	0.1	0.5	0.1	0.1	0.9	0.5	0.1	0.5	0.5	0.1	0.5	较严重区	较严重区
55	0.5	0.5	0.5	0.1	0.9	0.1	0.1	0.1	0.5	0.1	0.1	0.9	0.1	较严重区	较严重区

表 4-3　矿山地质环境预测样本

序号	判别因素													实际分类	判别分类
	X_1	X_2	X_3	X_4	X_5	X_6	X_7	X_8	X_9	X_{10}	X_{11}	X_{12}	X_{13}		
1	0.9	0.1	0.9	0.5	0.5	0.9	0.5	0.5	0.1	0.5	0.5	0.9	0.5	严重区	严重区
2	0.6	0.1	0.9	0.5	0.1	0.1	0.1	0.5	0.1	0.1	0.1	0.9	0.5	较严重区	较严重区
3	0.9	0.1	0.9	0.5	0.1	0.9	0.9	0.5	0.1	0.1	0.1	0.9	0.5	较严重区	较严重区
4	0.1	0.1	0.9	0.5	0.1	0.9	0.5	0.5	0.1	0.1	0.5	0.5	0.1	较严重区	较严重区
5	0.1	0.9	0.1	0.1	0.9	0.1	0.1	0.5	0.1	0.5	0.1	0.1	0.1	一般区	一般区
6	0.1	0.5	0.5	0.9	0.1	0.1	0.1	0.5	0.1	0.5	0.1	0.9	0.1	较严重区	较严重区
7	0.1	0.5	0.1	0.5	0.1	0.1	0.1	0.1	0.1	0.5	0.1	0.1	0.9	一般区	一般区
8	0.1	0.5	0.1	0.1	0.9	0.1	0.1	0.1	0.5	0.1	0.9	0.9	0.1	较严重区	较严重区
9	0.5	0.9	0.1	0.5	0.5	0.5	0.1	0.5	0.1	0.5	0.9	0.1	0.9	严重区	严重区
10	0.1	0.9	0.1	0.5	0.1	0.5	0.5	0.5	0.5	0.9	0.1	0.9	0.9	严重区	严重区

3. 模型检验及预测

利用上述 55 个拟合样本进行训练，得到的 Bayes 判别函数如下：

$$W_1(\boldsymbol{X}) = -2291.00 - 702.45X_1 + 2178.00X_2 - 2219.00X_3 - 953.65X_4 + 2382.00X_5 + 4119.00X_6 + 1400.00X_7 - 2505.00X_8 - 670.60X_9 - 373.80X_{10} + 6708X_{11} - 482.21X_{12} + 198.46X_{13}$$

$$W_2(\boldsymbol{X}) = -66.09 - 76.70X_1 + 289.71X_2 - 713.81X_3 - 30.39X_4 + 244.37X_5 + 392.89X_6 + 140.56X_7 - 265.25X_8 - 66.06X_9 + 15.44X_{10} + 603.85X_{11} - 42.59X_{12} + 48.92X_{13}$$

$$W_3(\boldsymbol{X}) = -219.42 - 152.66X_1 + 557.18X_2 - 246.99X_3 - 99.80X_4 + 396.50X_5 + 649.42X_6 + 245.76X_7 - 401.07X_8 - 99.66X_9 + 65.16X_{10} + 1014.00X_{11} - 127.11X_{12} + 49.72X_{13}$$

把经过拟合后的 Bayes 模型，利用回代估计法进行误判率的估计。回判结果见表 4-2，从表中可以看出，输入结果完全符合期望输出，因此误判率为零。为了检验该模型的预测评估能力，把另外 3 个预测样本数据代入，判别结果见表 4-3，基本和实际情况相符，同时也与神经网络方法的判别结果基本一致，说明 Bayes 判别分析方法用于矿山地质环境的评估是可行的。

4.2 高速公路工程建设对岩溶石漠化地区生态环境影响

湘西自治州位于湖南省西北部、云贵高原东侧的武陵山区，与湖北省、贵州省、重庆市接壤，地理坐标在东经 109°10′～110°22.5′，北纬 27°44.5′～29°38′。湘西自治州，地处云贵高原北东侧与鄂西山地南西端之接合部，武陵山脉由北东向南西斜贯全境，地势南东低、北西高，属中国由西向东逐步降低第二阶梯之东缘。西部与云贵高原相连，北部与鄂西山地交颈，东南以雪峰山为屏障，武陵山脉蜿蜒于境内。地势由西北向东南倾斜，平均海拔 800～200m，西北边境龙山县的大灵山海拔 1736.5m，为州内最高点；泸溪县上堡乡大龙溪出口河床海拔 97.1m，为州内最低点。西南石灰岩分布极广，岩溶发育充分，多溶洞、伏流；西北石英砂岩密布，因地壳作用形成小片峰，以花垣排吾乡周围最为典型。东西部为低山丘陵区，平均海拔 200～500m，溪河纵横其间，两岸多冲积平原。地貌形态的总体轮廓是一个以山地为主，兼有丘陵和小平原，并向北西凸出的弧形山区地貌，是我国典型的岩溶石漠化地区。石漠化是指以流水侵蚀作用为主的包括多种地表物质组成的以类似荒漠化景观为标志的土地退化过程。南方地区的石漠化由于植被破坏而引起水土流失导致的石质荒漠，屠玉麟认为，石质荒漠化是指在岩溶的自然背景下，受人为活动干扰破坏土壤严重侵蚀、基岩大面积裸露、生产力下降的土地退化过程。罗中康认为岩溶地区的森林植被一旦遭受破坏，不仅难以恢复，而且一定造成大量的水土流失、土层变薄、土地退化、基岩出露，形成奇特的石质荒漠化景观。

最近几年湘西州基础设施建设启动国家扩内需项目 996 个，91 个州重点项目完成投资 72 亿元。吉茶、吉怀、张花 3 条高速和龙永、迁河、下沱等 9 条骨干公路的建设，凤大高速、泸溪千吨级码头开工建设，县乡公路改造完成路基 391km、路面 397km，以及吉恩高速、黔张常铁路、铜仁至凤凰机场扩建等工程的相继开工建设。这些给湘西州本来脆弱的生态环境带来深远的影响，加剧了石漠化的进程，因此该地区的生态安全的研究已经成为当务之急。本研究采用 PCA 主成分多元分析的方法，在缺失大量信息条件下，既可缩减数据，便于研究，又可揭示因子的综合作用及其结果。同时，梯度分析还可揭示数据变化所反映的生态变化的实质，对其进行理论分析，有助于揭示湘西州工程建设对石漠化的形成过程及生态环境的安全影响。

4.2.1 高速公路建设中环境影响分析

岩溶地区山区高速公路由于线形和连续性的特征，需要穿越可能遇到的一切生态系统，而山区地形、地貌复杂，生态环境脆弱，对人类开发活动敏感，公路建设会对山区生态系统或自然资源产生严重影响。山区高速公路建设对生态环境的影响包括对生态环境产生的廊道与分割效应、占用土地资源、引起水土流失、改变水文条件、砍伐森林植被、污染水质等。在强调生态环境保护的情况下，只有增强综合决策意识，改进设计思路，科学环保设计，精心组织施工，采取避让和补偿措施，建立健全法规，强化交通管理，才能做到山区高速公路建设与生态环境协调发展。高速公路施工期施工驻地、搅拌场地等施工临时占地将造成地表植被破坏，其恢复需要一定的时间，路基土石方工程的开挖、填筑及施工时桥涵挖基与灌注桩施工对生态景观环境将带来影响；占用耕地及筑路材料的开采、运输，以及施工爆破、机器振动、汽车的噪声、废水、废气的排放造成该生态区域内的动物生活环境的改变。公路工程项目的修建势必消耗资源、改变地形地貌和原有的自然景观，建设和运营过程还可能产生各种污染，这些综合因素严重影响着沿线的自然环境，破坏了原有的生态平衡。如何在实现本身固有功能的同时，减少建设性破坏，照顾生态的平衡与和谐，创造优美的环境，是高速公路建设与运营管理者亟待研究解决的一个重要课题。

1. 公路建设对自然环境的影响

（1）破坏地表植被。公路建设是一条线，对地面扰动面较大，破坏类型有多种，其中对植被的破坏主要体现在：①公路路基工程施工时需对公路征地范围内的原地面进行填筑或开挖，从而造成地表植被的破坏；②施工便道、材料堆场及其他临时用地因施工作业的影响，地表植被遭受破坏；③公路在施工过程中大量取土、石或弃土、弃渣，使原有地表植被遭受破坏；④施工期间建筑材料运输、机械碾压及施工人员踩踏等造成公路建设区域地表植被遭受破坏。

（2）引起水土流失。地表植被在遭受破坏后，地表坡度、坡长会改变，土壤表层将裸露，从而使其抗侵蚀能力降低，诱发水土流失。公路施工过程中会产生大量取土或弃土、弃渣，受地形及运输条件的限制，这些弃土、弃渣可能被就近处置，形成松散的岩土构造。若不采取有效的防治措施，会引起新的水土流失，进一步破坏生态环境，并可能影响到后期公路的安全运营。另外，在公路施工过程中，施工区域内的临时便道、临时土石堆场及其他临时用地，由于缺少必要的水土保持措施，一遇暴雨或大风将不可避免地产生水土流失，并对周围环境造成不利影响。

（3）破坏生态系统。公路施工产生的强光照射、噪声等会干扰动植物的正常生活规律，程度严重时可能会导致植物的死亡及动物生理紊乱而影响其种群繁衍。施工扬尘可能使果木庄稼蒙尘，花不受粉，穗不结实，致使农业减产。河道开挖引起水体混浊，破坏两栖动物生态环境，破坏湿生植物群落。另外，桩基工程产生的漏油及泥浆水也会影响到水体水质，噪声和振动干扰水生动物，影响洄游性鱼类正常洄游。对生物来说，尤其是对地面的动物，公路施工会导致自然生态环境的人为分割，使生态环境岛屿化，不利于生物多样性的保护。

（4）污染自然环境。在公路施工期间，各种作业机械和运输车辆产生施工噪声，不仅直接影响操作人员的健康，而且对周围居民正常的工作、学习和生活产生干扰。水泥、石灰、矿粉等堆置和撒落会破坏土壤的结构及土壤微生物的理化环境，从而降低土壤肥力。另外，公路施工需要开展大量的土石方作业，造成施工现场尘土飞扬。在气候干燥地区或在干旱季节施工，施工现场的二次扬尘会严重污染大气环境，严重影响附近居民的生活质量，带来健康威胁。由于各种机械工具的使用，从施工初期的建筑材料运输、路基施工，到修筑路面等各个环节，噪声贯穿了整个施工过程，施工噪声源与一般的固定噪声源及流动噪声源有所不同，施工机械往往都是暴露在室外的，而且它们会在某段时间内在一定的小范围移动，这与固定噪声源相比增加了这段时间内的噪声污染范围，但与流动噪声源相比施工噪声污染还是在局部范围内的。高等级公路施工对水环境的污染物主要是施工排放的生产废水和施工人员的生活污水。公路施工中砂石加工与冲洗、混凝土浇筑与养护、表层装修与冲洗等都产生一定量的废水，会造成一些基坑积水，污染水环境。砂石料生产系统废水，对一般大型砂石料加工系统冲洗废水监测，其废水量约为加工砂石方量的 3 倍，是一个较大的水污染源。砂石料废水的主要污染物为悬浮物，悬浮物的浓度与砂石的淤泥类机械组成有关，其冲洗废水浓度可达 500mg/L 以上，如处理不当，会造成地表水污染，并加剧河道淤积。混凝土的养护废水 pH 值一般达到 9～12，但用水量少，蒸发吸收快，一般不会形成较大的地面径流进入地表水体，对环境影响较小。施工机械设备冲洗和施工车辆冲洗中的主要污染物为石油类和悬浮物，应防止含油废水污染地表水和地下水。

（5）固体废弃物污染高速公路建设过程中，会产生大量的砂、石、灰等废渣。除部分回收利用外，有相当一部分被废弃。在弃碴过程中，施工单位受经济利益驱动，再加上建设业主重视工程质量、进度，而环保意识较差，往往会出现乱倒、乱弃废渣的问题。公路施工过程中产生的固体废弃物主要为施工垃圾和生活垃圾，主要有以下几个来源：

①进场前的清场废物：主要是施工场地内杂草、灌木等植物残体，土壤表层熟土等。

②路基开挖弃土：路基开挖产生的余土，除部分回填外，其余部分应用车辆运输至余土收纳场，而不得随意堆放处置，否则将造成水土流失和环境污染。

③建筑废物：其数量比较多，主要包括施工中的水泥、木材、包装材料等废弃物。

④生活垃圾：平均每人每天 1kg 左右。如随意排放垃圾和废弃物，将严重影响环境卫生和施工人员的健康。

2. 高速公路建设弃土场存在的问题及处治措施

湘西地区气候条件、地质地貌类型复杂，生态环境十分脆弱。该地区山区公路建设，由于受地形地貌的限制，土石方的纵向调配十分困难，不可避免地会产生大量弃土（石），必然要设置大量的弃土场来满足弃土处置的需要。弃土场是山区公路建设过程中经常出现的具有破坏性的场外附属工程，其对环境造成的破坏在多年的公路建设中得到了验证。同时由弃土场引发的耕地占用、水土流失、地质灾害等问题对环境、经济及人民群众的生产生活都带来了相当不利的影响。

（1）技术方面存在的问题。

①公路建设项目水土保持方案中弃土场水土流失预测缺乏科学观测数据支撑。由于

缺少对弃土场水土流失的系统定位观测研究，导致在进行公路建设项目水土保持方案中弃土场土壤侵蚀量预测时，主要预测参数的确定缺乏科学依据，尤其是施工期的土壤侵蚀模数，预测时多根据方案编制人的经验估算，且不考虑采取人工恢复措施对土壤侵蚀模数的影响，致使弃土场预测土壤侵蚀量与实际土壤侵蚀量相差较大，无法准确地核算公路建设项目实际造成的土壤侵蚀量和对环境的危害。

②山区公路弃土场设计与施工的主要标准与参数缺乏系统研究与规范，弃土场施工质量控制无章可循。山区公路弃土场拦挡、截排水工程设计标准与参数简单地参照路基工程，主要设计参数如拦挡工程形式、容量、断面尺寸、稳定性分析，以及防洪标准的确定方法和计算公式缺乏系统研究与统一规范，导致公路弃土场施工中经常出现容量不足、拦挡与截排水工程防洪标准低、弃土场稳定性差等问题，往往容易诱发滑坡、泥石流等严重地质灾害。而在弃土场施工中，行业内尚未研究确立具体的弃土场施工控制标准，导致弃土场施工监控缺乏依据，实际施工处于无序状态。

③弃土场后期恢复设计与施工随意性较大，质量检验评定标准无统一规定。

当前山区公路弃土场后期恢复模式包括植被恢复、复耕及再利用等，但恢复设计时往往不考虑土场表层土的理化性质、肥力状况及所处自然环境特点，恢复目标的选择随意性较大，缺乏相应的土壤保持、防渗保水、土壤改良及覆土厚度等土地整治工程设计，往往导致弃土场不恢复或恢复效果较差，严重影响了路域水土保持和生态环境质量，加之无统一的质量检验评定标准，山区公路弃土场施工质量综合评定缺乏依据，不利于山区公路弃土场施工质量的有效控制。

(2) 管理方面存在的问题。

①弃土场选址图上作业现象普遍，现场调查及设计深度不够。由于弃土场不是公路主体工程的组成部分，目前尚未有专门的设计规范，仅在《公路路基设计规范》(JTG D 30—2015) 和《公路路基施工技术规范》(JTG/T 3610—2019) 中有若干条原则性的选址规定，同时也未出台弃土场施工方面的标准与规范。由于没有相关标准、规范的指导，加之出于费用的考虑，大多数设计院在进行山区公路弃土场选址设计时多采取图上作业的方式，一般不进行现场调查，往往导致弃土场在施工过程变更多，水土流失严重。交通运输部公路科学研究院多年来完成的 30 多条高速公路竣工环保验收调查资料表明，山区公路施工实际弃渣量及弃土场的设置数量、占地面积均远大于初步设计甚至施工图设计中的设计量，且弃土场的实际位置通常与施工图设计阶段的位置大相径庭，随地乱挖乱弃的现象十分严重。从多条公路施工图设计情况来看，现行弃土场防护、排水及恢复设计往往采用 1～2 张通用图代表全线所有的弃土场，对部分位于特殊地质条件下的弃土场的针对性不强，施工后往往出现工程措施不足、设计标准不符合要求、恢复措施不适应现场条件等情况。部分弃土场选在村庄等集中居民点的上部或来水量较大的山涧沟道，易引发滑坡、泥石流等重大地质灾害，从而对生态环境和人民生命财产安全造成威胁。

②施工期土石方标段间调配难以实现，乱堆乱弃现象严重。施工期现场调查结果表明，由于各施工单位施工进度、承包商缺乏沟通机制及合同中无相关约定等原因，大多数山区公路建设中不同承包商、各施工标段之间的土石方纵向调配难以实现，基本上各标段自行解决本标段内土石方平衡问题，导致实际弃渣量大大增加。由于施工监控力度

不够，缺乏针对弃土场施工的有效管理措施，施工单位出于节省费用的目的，往往通过同地方政府及老百姓签订协议的方式就近选择弃土场，并将后期恢复责任转移给地方政府或老百姓，导致山区公路施工过程中弃渣乱堆乱弃现象严重，就近弃渣、顺坡弃渣、弃而不管现象非常普遍。

③施工完毕恢复工作不到位，水土流失、景观影响严重。交通运输部公路科学研究院多年来完成的30多条高速公路竣工环保验收调查资料表明，施工后期弃土场的恢复工作往往得不到应有的重视，未采取工程防护或植被恢复措施的弃土场占很大比重。弃土场的破坏作用包括短期破坏和长期破坏。其中短期破坏即弃土场对自然环境直接的、毁灭性的破坏，而长期破坏则是弃土场水土流失造成的多年累积损失。公路建设项目竣工环保验收实践表明，弃土场是山区公路建设中水土流失最为严重的部位，也是施工期临时占用土地面积最多的，弃土场的后期恢复问题已经成为制约公路顺利通过竣工环保验收的突出问题之一。

4.2.2　山区高速公路边坡设计与生态环境影响

公路建设对社会和经济的发展有着非常重要的作用，但它同时又是对环境产生严重影响的行业之一，特别是山区高速公路是以破坏生态环境为代价的一项现代化建设工程。在修建过程中形成大的挖填方，引起岩土体移动、变形和破坏，诱发各种地质灾害。据典型调查分析，公路在营运期间因各种地质灾害不仅带来了交通中断、维护困难，也严重影响了公路的运行效率。由于山区地形、地貌复杂，山区高速公路建设中开挖路堑、填筑路堤，会导致原生植被和动物栖息地破坏，水土流失，以及局部环境恶化等系列生态环境问题。山区高速公路建设与生态环境保护的矛盾日益突出，恢复和重建公路边坡及路侧两旁的自然生态植被尤为重要。以往由于对路基边坡防护方案的认识不足，边坡防护方案设计不合理，致使山区高速公路边坡在施工后出现失稳破坏、与周围景观不协调、严重破坏生态环境。如何选取路基边坡防护方案，使其既能满足公路工程技术标准，又能美化、保护生态环境，丰富高速公路景观就成为一项十分重要的研究课题。本节以常张高速公路为例，对山区高速公路路基边坡综合治理与生态环境保护之间的关系进行了研究，将路基边坡综合治理与防护方案作为山区高速公路建设与生态环境保护的一个对策提出。

1. 边坡施工对环境的影响

山区的地形、地质复杂，生态环境脆弱，修建高速公路时，出现了大量的深路堑与高路堤边坡，其边坡防护问题十分突出，而且公路边坡沿线分布的范围广，对自然环境的破坏面大。边坡对环境的影响主要表现在以下几个方面：

（1）在边坡施工过程中，因开挖使地表植被遭到破坏，原有表上与植被之间的平衡失调，表土抗蚀能力减弱，在雨滴和风蚀作用下极易流失，严重时造成滑坡、泥石流、山洪等危害。同时边坡处治工程常常改变周围环境的小气候。

（2）当一个边坡位于自然景区时，必然会给自然景观的和谐性带来影响，从而改变人们的视觉平衡，植物不仅对生态环境起着决定性的作用，而且也是自然景观美丽的皮肤。边坡的开挖和处治本身要占用自然空间，这就等于撕掉自然景观的一块皮肤。在环境生态价值减少的同时，也会给自然景观带来严重的损害。

（3）边坡开挖与处治形成的取土场地、材料堆放场地等，也会破坏自然植被，影响自然景观，扰乱生态环境。

（4）高速公路建设形成的边坡处治可能会造成占用土地、砍伐森林、拆迁建筑物、破坏自然风貌和人文景观等一系列社会环境问题。如果在综合治理与防护的同时，注意保护环境和创造环境，采用适当的绿化防护方法来进行，则会使公路具有安全、舒适、美观、与环境协调等特点，也将产生可观的经济效益、社会效益、生态效益。

2. 山区边坡综合防护方案选择原则

山区边坡综合治理方案选择的目的是综合考虑地形、土质、材料来源等情况，合理布局。因地制宜地选择实用、合理、经济、美观的防护加固措施，确保山区高速公路的稳定和行车安全，同时达到与周围环境的协调，保持生态环境的相对平衡，美化高速公路的效果。边坡防护方案的选择应根据经济、社会、生态、环境景观等进行综合考虑，遵循以下选择原则：

（1）安全性原则。边坡防护方案首先应贯彻安全原则，保证所选边坡防护方案安全可靠，在此基础上，再从经济、实用的原则出发，保护沿线的生态环境、自然和人文景观。

（2）恢复自然生态原则。山区高填深挖对生态环境的影响是直接性的，边坡防护方案要帮助恢复自然生态，尽量减少对山体的破坏，以减少水土流失，使公路建设对生态环境的影响降到最低。

（3）景观与绿化设计原则。所选的边坡防护方案应注重景观与绿化设计，边坡防护方案应在稳定的基础上美化道路景观，改善沿路的实际景观，保证行车视野开阔，为驾驶员和乘客提供一个良好的行车环境。

（4）顺应性与协调性原则。边坡防护方案应与自然环境相协调，应避免不合理的边坡防护方案造成边坡变形、失稳等环境地质问题，从而减小对山区生态环境的破坏、对自然景观的影响。

3. 高边坡优化设计

在对边坡角进行优化时，传统的方法是采用极限平衡方法计算边坡的安全系数，通过计算一系列变化的边坡角对应安全系数来选择一个经济合理的边坡角。随着对边坡稳定性研究的深入和计算机技术的发展，数值方法成为边坡问题研究的有力工具，越来越多的研究人员使用数值方法和数值模拟工具解决实际生产活动中遇到的问题。例如，蒙春玲利用有限元软件 ABAQUS 对陕西龙钢大西沟铁矿滑坡稳定性进行了研究，并对抗滑桩进行了优化设计；程国建利用 ABAQUS 对重庆南川梅溪坝顺层高边坡进行了稳定性分析，并给出了边坡加固措施及建议；赵克烈等利用 FLAC3D 对金堆城小北露天深凹边坡进行优化设计研究。本研究将利用 ABAQUS 对一系列边坡角变化的边坡进行稳定性计算，再将计算结果与极限平衡方法计算的结果进行对比来检验有限元方法计算结果是否正确，最后通过比较不同边坡角情况下的安全系数来确定一个合理的边坡角。

（1）ABAQUS 边坡稳定性分析原理。ABAQUS 是一个大型的有限元软件包，其解决问题的范围从相对简单的线性分析到许多复杂的非线性问题。ABAQUS 包括一个丰富的、可模拟任意几何形状的单元库，并拥有各种类型的材料模型库，可以模拟各种工程材料的性能，其中包括金属、橡胶、高分子材料、复合材料、钢筋混凝土、可压缩超弹性泡沫材料土壤和岩石等地质材料。作为通用的模拟工具，ABAQUS除了能解决大量结构的应力-应变问题外，也能解决岩土力学工程问题。

ABAQUS能自动选择相应载荷增量和收敛限度，不仅能够选择合适参数，而且能连续调节参数，以保证在分析过程中有效地得到精确解，用户可以通过准确的定义参数很好地控制数值计算结果。

（2）摩尔-库仑力学模型的基本原理。计算过程矿岩均采用摩尔-库仑（Mohr-Coulomb）屈服准则，该屈服准则的控制方程为

$$f_s=\sigma_1-\sigma_3\frac{1+\sin\varphi}{1-\sin\varphi}-2c\sqrt{\frac{1+\sin\varphi}{1-\sin\varphi}} \tag{4-7}$$

最大拉应力屈服准则函数为

$$f_t=\sigma_3-\sigma_t \tag{4-8}$$

式中，c为内黏聚力；φ为内摩擦角；σ_1、σ_3为最大主应力和最小主应力；σ_t为抗拉强度。

当$f_s>0$时，发生剪切屈服；当$f_t>0$时，发生拉伸屈服。

（3）强度折减法的基本原理。Duncan（1996）指出土坡的安全系数可以定义为使土坡刚好达到临界破坏状态时，对土体材料的抗剪强度进行折减的程度，即定义土坡安全系数是土体的实际抗剪强度与临界破坏时折减后的剪切强度的比值，具有强度储备系数的物理意义。

基于强度储备概念的安全系数F_s可定义为：当土体材料的抗剪强度参数c和φ分别用其临界抗剪强度参数c_c和φ_c所代替后，结构处于临界破坏状态。其中：

$$c_c=c/F_s,\ \varphi_c=\arctan(\tan\varphi/F_s) \tag{4-9}$$

再用有限元法求解式（4-9）所示的安全系数F_s时，通常需要求解一系列的具有下列强度参数c'和φ'的值：

$$c'=c/R,\ \varphi'=\arctan(\tan\varphi/R) \tag{4-10}$$

强度折减技术的要点是假设外荷载不变，利用式（4-10）来折减土体的强度指标c、φ，然后对土坡进行弹塑性有限元分析，通过不断地增加折减系数R，反复进行应力-应变分析，直至土坡达到临界破坏，此时的折减系数就是安全系数F_s。

（4）边坡破坏判据。边坡失稳的判据是弹塑性有限元强度折减法的关键问题，目前用于边坡失稳的判据主要有以下4类：①塑性区从坡脚贯通至坡顶；②折减后的土体强度参数使有限元计算在规定的迭代次数内不能收敛；③边坡坡面特征节点位移突变或强度折减技术与坡顶节点水平位移关系曲线的斜率超过某一固定值；④超过某一幅值的广义剪应变或等效塑性应变形成贯通带。边坡失去稳定，滑体滑出，滑体由稳定静止状态变为运动状态，同时产生很大的位移和塑性应变，且此位移和塑性应变不再是一个定值，而是处于无限塑性流动状态，这是边坡破坏的特征。在一般情况下较合适，且有限元数值计算不收敛时一定意味着塑性区贯通或位移发生突变，塑性区贯通只是边坡达到极限平衡的必要条件，而非充分条件，塑性区贯通后，需要进一步观察变形或位移的大小。有计算实例也表明有限元数值计算不收敛状态既可能发生塑性区贯通、超过某一幅值的等效塑性应变带贯通、坡面特征点位移突变或斜率达到某一固定值在坡面特征之前，也可能出现在之后，若是前者情况出现，则采用①③④等失稳判据就很难进行边坡

失稳判断，因此，迭代不收敛判据具有较强的适用性。ABAQUS 软件具有强大的后处理功能，对边坡稳定分析中的塑性应变，采用云图方式可以准确清晰地显示出塑性应变值的大小、塑性区位置及发展状况。因此，本研究将采用迭代不收敛判据并结合塑性区的贯通情况来进行边坡失稳判断。

4. 工程应用

（1）工程概况。常张高速公路东起常德檀树坪，沿线穿越常德市、桃源县、慈利县、张家界市，主线全长 160.68km，是中国重点干线泉州至毕节线的组成部分，是中国西部地区与东南沿海沟通的交通要道，总投资为 68.7 亿元。常张高速公路处于湖南西北部，是湘西、鄂西、渝东、黔东等地区的物资集散地，是湖南省会长沙通往国际知名旅游胜地张家界的最便捷通道，也是湖南连接云南、贵州及重庆与东部沿海地区上海、江苏、浙江及福建等省市的纽带。常张高速公路张家界段全长 87.165km，总投资约 38 亿元。该路段东起慈利至桃源交界处，经零溪、岩泊渡、溪口、黄家铺、阳湖坪等乡镇，止于永定区城南田家台，与永定大道相接。根据张家界段公路的勘察资料，此公路穿越不同地质地形地区，有平原微丘区，也有沟壑纵横、切割严重的山岭重丘区；地表多为黄土、粉沙仁；局部有玄武岩、石灰岩出露的岩溶地貌；春、夏季雨量集中，排水防护极为重要。常张高速公路路域穿山越岭，路基边坡破坏了原生态环境和生态景观，为了恢复路域环境，走可持续性发展道路，对裸露路基边坡要进行综合治理和防护。边坡总长度 1500m，岩石体分两层，累计厚度约 100m；地形为一个西北朝向且相对低平的冲积山谷，沿东北边界是玄武岩山脉，地形高差达 70m，海拔高程为 116m。地层主要为太古界火山岩、长英质火山岩、超基性岩、沉淀物、在本区域太古代地层一部分花岗岩贯入，大部分区域是新生代地层覆盖于基岩上，厚度为 0～6m。深部顶底岩层厚度大，成层稳定，岩石胶结紧密，透水性差，属强度较高的裂隙岩层，区内构造较复杂，是典型的岩溶土壤。

根据边坡的初步设计，为充分发挥大型设备效率和减少台阶开拓工程，台阶高度确定为 15m，靠顶时将两个台阶合并成一个 30m 高度的最终台阶，并段后平台宽度为 10m，每隔两个台阶设置一个宽度为 15m 的清扫平台；上盘台阶坡面角为 70°，下盘台阶坡面角为 65°，因为靠近地表部分出现风化，最上一个台阶坡面角放缓为 53°。

（2）方案的确定。边坡岩石体呈条带状分布，不同区域的地层状况不同，所以应分区对不同工况下的边坡稳定性进行分析考虑。但是本节考虑边坡岩石是典型上盘的剖面，对上盘分析时分别分析台阶坡面角分别由 70°～75°时边坡安全系数的变化来最终确定一个经济合理、安全可靠的最终边坡角。边坡坡顶标高为＋315m，底部标高为＋45m，边坡高达 270m，为高边坡。这一区域的边坡涉及的地层为 Mt Roe Basalt（ROE）和 Banded Iron Formation（BIF），按照这些参数建立起来的模型如图 4-2 所示。

（3）复杂地质体鲜明的特点是非均质性和各向异性。因而决定着岩体的物理力学性质的巨大差异性。岩体物理力学强度性质是控制岩体稳定性的重要内在因素，因此选取符合边坡岩体特性的强度指标值，是边坡稳定性分析结果可靠性的关键。最终选取的岩体力学参数见表 4-4。

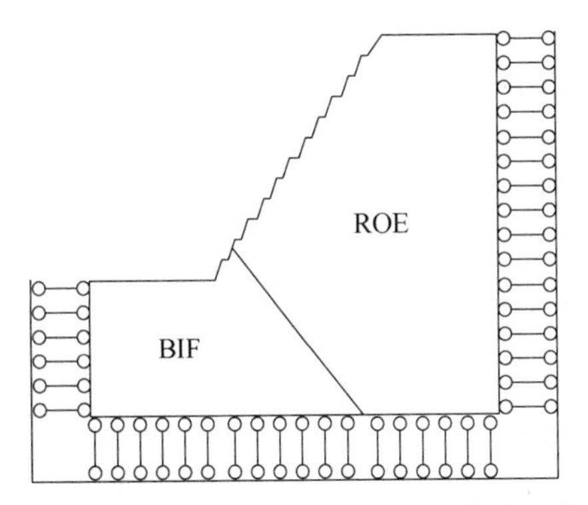

图 4-2　边坡数值模型（台阶坡面角为 70°）

表 4-4　边坡岩体力学参数

岩体区域	弹性模量（GPa）	泊松比	密度（kN/m³）	内聚力（kPa）	摩擦角（°）
ROE	32.6	0.297	28	433.8	44.3
UBIF	33.9	0.273	34	1129.2	48.8

（4）计算结果对比分析。在对选择的剖面进行力学分析时，利用平面应变模型假设垂直于计算剖面方向的变形为零。在分析过程中，单元采用 CPE3，即 3 节点完全积分平面应变单元。对边界条件，固定模型左右两侧的水平方向的位移，模型下部同时固定住水平位移和竖直位移，如图 4-3 所示。在进行模拟计算的过程中，需要设定一个场变量 FV_1，FV_1 代表强度折减法中的折减系数。

在分析过程中，选取最上一个台阶坡面顶点为监测点，绘制这一点的水平位移与场变量 FV_1 的关系，如图 4-3 所示。由图 4-3 可见，以数值计算不收敛作为边坡失稳的判据得到的安全系数为 1.291。

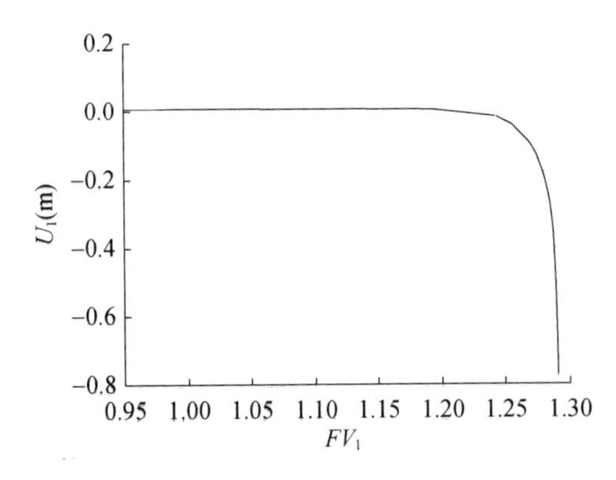

图 4-3　FV_1 与 U_1 的变化关系（台阶坡面角为 70°）

图 4-4 所示为台阶坡面角为 70°时在临界状态下的等效塑性应变等值云图，图中右侧表示标高尺。此时，坡内侧的塑性变形比较明显，已基本形成一条贯通带且有形成另外一条贯通带的趋势，等效塑性应变和位移都呈现了急剧增长趋势，而且有限元迭代计算出现不收敛情况，这表明边坡已到了失稳的临界状态。图 4-6 为台阶坡面角为

70°时在临界状态下的位移等值云图，此时坡内最大位移为 1.39m。对比图 4-4 和图 4-5，可以发现两图中都展示了边坡破坏时的滑倒区域，贯通的塑性区就是最可能的滑动面，塑性区外侧部分就是边坡内发生滑动的岩体，边坡破坏模式为圆弧形滑动。按照同样的方法，分别计算台阶坡面角分别为 70°～75°时边坡的安全系数，最终计算结果见表 4-5。

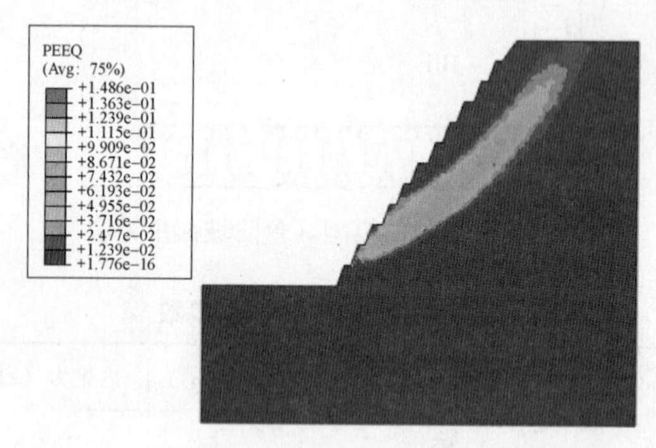

图 4-4　边坡临界破坏时塑性区云图（台阶坡面角为 70°）

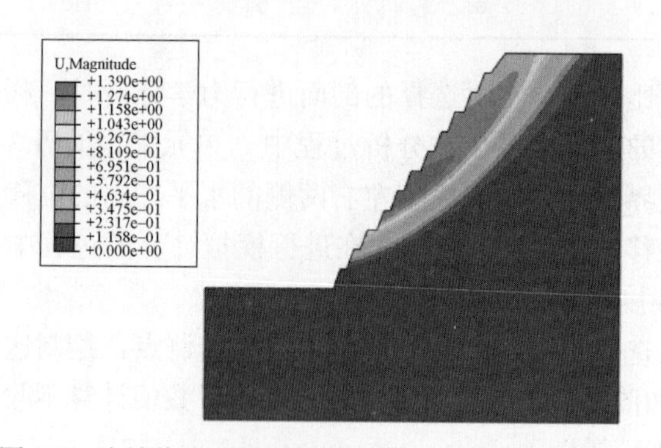

图 4-5　边坡临界破坏时位移云图（台阶坡面角为 70°）

表 4-5　露天矿边坡稳定性分析表

方案	最大台阶坡面角（°）	最终边坡角（°）	安全系数		相对误差（%）
			ABAQUS 计算结果	极限平衡法计算结果	
1	70	53.4	1.291	1.251	3.20
2	71	54.0	1.266	1.235	2.51
3	72	54.7	1.242	1.223	1.55
4	73	55.4	1.222	1.208	1.16
5	74	56.1	1.203	1.190	1.09
6	75	56.8	1.184	1.171	1.11

为了验证 ABAQUS 计算结果的正确性，表 4-5 同时给出了极限平衡法计算的安全系数。从表 4-5 中可以看出，采用极限平衡法计算出的边坡安全系数与 ABAQUS 方法计算出的结果基本吻合，极限平衡法的计算结果偏于保守。

由于边坡允许安全系数的取值依赖于边坡工程的性质、边坡研究的程度，且露天边坡是逐步形成的，最终边坡形成后保留时间短，这些因素决定边坡允许安全系数不必过大，但是露天高陡边坡失稳也会中断正常生产、设备受损，甚至会导致人员伤亡，因此也不能盲目降低边坡允许安全系数。根据边坡工程地质勘察与调查、边坡岩体力学性能试验以及同类矿山类比和计算，边坡安全稳定系数取 1.20。在同时考虑两种方法计算结果的情况下，为了保证矿山生产安全的同时使经济效益最大化，推荐最终台阶坡面角为 73°。

通过将 ABAQUS 计算结果与极限平衡法计算结果对比，两种方法的最大相对误差为 3.20%，这可以证明 ABAQUS 模拟结果是正确的，只是其计算的安全系数大于极限平衡法结果。选择边坡的安全系数为 1.20，在保证安全的情况下台阶坡面角提高为 73°，比原设计 70°提高了 3°，减少剥岩量，保护了原生态环境。

5. 基于极限平衡的最终边坡角稳定分析

(1) 边坡角破坏模式的判别。如图 4-6 所示，边坡存在两组优势节理面 J_1 和 J_2，且与坡面斜交，在振动应力影响下，可能出现小范围的楔体滑动。由于两节理面近乎平行，且与坡面斜交，当最终边坡角较大时，在爆破动应力、风化、暴雨等多重因素的影响下，节理易于发育贯通，在优势节理面组区域形成完整的不连续面，最终为平面的滑动创造了条件。对大型露天边坡，一旦出现平面滑动破坏，其造成的损失是难以估量的，因此有必要对该边坡进行平面滑动破坏分析。

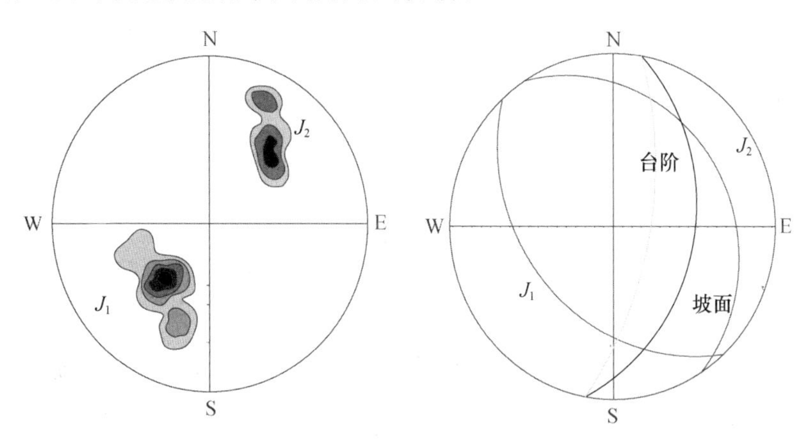

图 4-6　北区上盘边坡节理等密图和极射赤平投影图

(2) 有限元分析。根据前述分析结果，若边坡失稳，则最有可能发生平面破坏。此处借助有限元分析工具 ABAQUS 对边坡进行有限分析，找出潜在滑动面出现的位置范围。

选取上盘边坡典型的切面进行建模和有限元计算，边坡在开挖之后的位移等值图和出现塑性区如图 4-7 所示。通过有限元分析，初步判断有两组潜在的滑动面Ⅰ和Ⅱ。若边坡沿着Ⅰ滑动，则张裂缝出现的范围将在 4～6 个台阶之间，滑动角变化范围为 35°～40°；若边坡沿Ⅱ滑动，则滑动角为 30°～35°，张裂缝出现范围在第 5～7 个台阶之间。

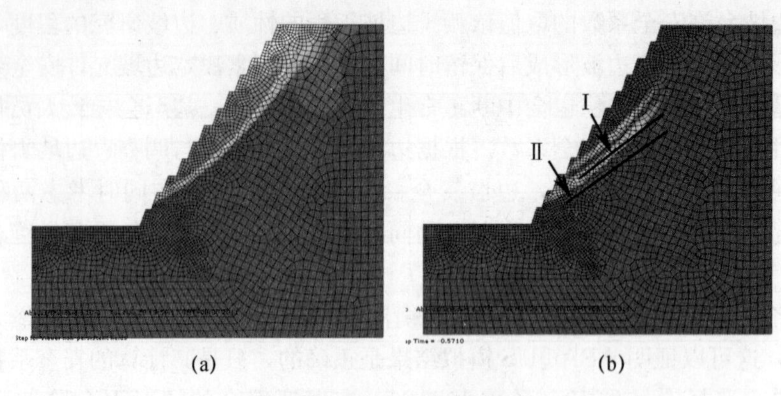

图 4-7　有限元分析结果

(a) 位移等值图；(b) 塑性区

(3) 极限平衡分析。

①模型的建立。对高陡的岩石边坡而言，破坏面大多呈平面状，如图 4-8 所示。由滑体极限平衡条件可得安全系数 F 的表达式：

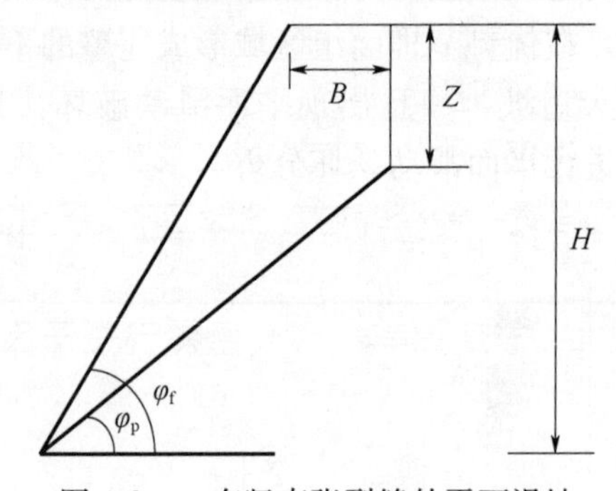

图 4-8　有竖直张裂缝的平面滑坡

$$F=\frac{CA+(W\cos\varphi_p-U-V\sin\varphi_p)\tan\varphi}{W\sin\varphi_p+V\cos\varphi_p} \tag{4-11}$$

式中，C 为滑动面黏聚力；φ 为滑动面内摩擦角；φ_p 为滑动面倾角；A 为滑动面长度；W 为滑动体自重；U 为滑动面上水压力产生的上举力；V 为张裂缝中水压产生的推力。

W 可通过滑动体的面积和密度算出，A、U、V 的计算公式如下：

$$A=(H-Z)\operatorname{cosec}\varphi_p \tag{4-12}$$

$$U=\frac{1}{2}\gamma_w Z_w (H-Z)\operatorname{cosec}\varphi_p \tag{4-13}$$

$$V=\frac{1}{2}\gamma_w Z_w^2 \tag{4-14}$$

式中，γ_w 为水的密度；Z_w 为张裂缝中的充水深度。

由于该地区每年 5～8 月有强降雨天气，按最不利原则选取参数，应假设张裂缝充满水，即 $Z_w=Z$。

②沿着滑动面Ⅰ滑动。通过有限元分析已经初步确定了潜在滑动面Ⅰ的位置，滑动面倾角 φ_p 的取值范围在 35°～40°，选定临界滑动面倾角 $\varphi_p=35°$。如图 4-9 所示，张裂

缝的出现范围将在4～6个台阶之间（台阶从上往下依次编号，共12个台阶），张裂缝的深度取决于所取的滑动面倾角值和其出现的位置。张裂缝出现的位置不仅影响其自身的深度，而且影响着滑动体的坡面角φ_f，例如，张裂缝出现在第4台阶上的坡线上时，$\varphi_f=56.2°$；当其出现在第5台阶上的坡线上时，$\varphi_f=56.5°$；出现在第6个台阶坡线上时，$\varphi_f=56.8°$。由于边坡的安全系数对坡面角的变化非常敏感，不能忽略滑动体坡面角的微小变化。

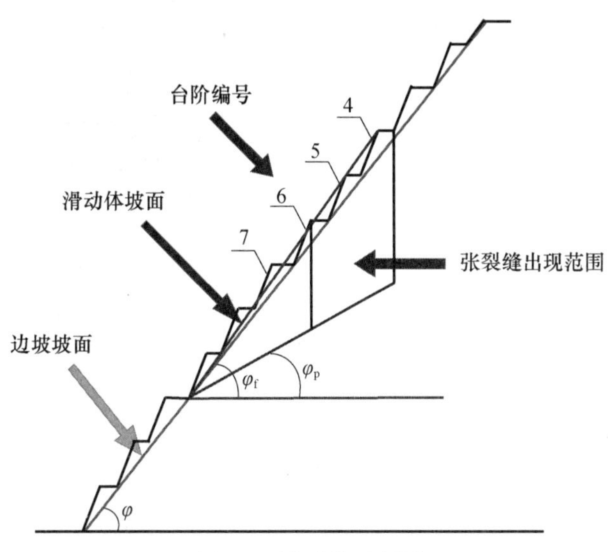

图4-9　滑动体示意图

此外，影响滑动体坡面角的因素还有最终边坡角φ。边坡坡面越陡，滑动体坡面角越大。滑动体的坡面倾角随着最终边坡角的增加而增加，φ每增加0.4°，φ_f就相应地增加0.5°。

综上所述，在其余因素确定的情况下，影响边坡稳定性的变量有：张裂缝出现位置；张裂缝距台阶坡线的距离B；最终边坡角φ的大小。本节采用控制变量法找出最危险滑动面。当张裂缝出现在第4个台阶、最终边坡角为53.5°时，计算选取的参数和计算结果见表4-6。

表4-6　张裂缝出现在第4个台阶时的稳定性计算结果（$\varphi=53.5°$）

B（m）	φ_f（°）	$Z_w\varphi$	c（kPa）	φ（°）	r（kN/m³）	F
10	56.2	88.62	140	25	2840	1.778
8	56.2	90.02	140	25	2840	1.765
6	56.2	91.42	140	25	2840	1.751
4	56.2	92.82	140	25	2840	1.735
2	56.2	94.22	140	25	2840	1.718
0	56.2	95.62	140	25	2840	1.701

注：r为单位体积的力。

由表4-6可知，当张裂缝的出现位置确定时，其距台阶坡线的距离B越小，安全系数也越小。因而，在此后的计算中，只需计算$B=0$的情况下的F值。$\varphi=52°$时，张裂缝在不同位置时的最小 F 值见表 4-7。

表 4-7　张裂缝在不同位置时的稳定性计算结果（$\varphi=52°$）

张裂缝位置	φ_f（°）	Z_w（m）	c（kPa）	φ（°）	r（kN/m³）	F
台阶 4	56.2	95.62	140	25	2840	1.701
台阶 5	56.5	80.48	140	25	2840	1.982
台阶 6	56.8	65.02	140	25	2840	2.406

表 4-7 及表 4-6 的数据说明，张裂缝最可能出现位置在台阶 4 的坡线上，且 $F=1.701>1.4$。这样，便可根据之前确定的 φ-φ_f 关系，通过改变 φ 的值，来求得不同 φ 值下的边坡稳定性系数，从找出在沿着面Ⅰ滑动这个假设前提下的最优边坡角，其计算结果见表 4-8。

表 4-8　不同最终边坡角度下边坡稳定性系数

φ（°）	稳定性系数 F	
	滑动面Ⅰ	滑动面Ⅱ
53.6	1.701	1.533
54.1	1.656	1.497
54.6	1.611	1.462
55.1	1.568	1.428
55.6	1.526	1.395
56.1	1.486	1.362
56.6	1.446	1.331
57.1	1.408	1.299
57.6	1.370	1.270
58.1	1.334	1.239
58.6	1.297	1.210

③沿着滑动面Ⅱ滑动。无论是沿着面Ⅰ滑动还是沿着面Ⅱ滑动，其分析和计算原理相同，只是张裂缝出现的位置和滑动面位置不同而已。此处略去繁杂的中间计算过程，直接给出不同最终边坡角度下边坡稳定性系数，见表 4-8。

④最终建议边坡角。根据表 4-8 绘制出 φ-F 关系曲线，以 $F=1.40$ 为临界值，确定合理的最终边坡角为 55.4°，如图 4-10 所示。

传统边坡设计方法建立在大量边坡稳定状态调查研究的基础之上，虽有工程实践为依据，但终究是直观定性的方法，所选定的边坡角不甚精确。采用数值模拟方法进行定量的边坡稳定性分析和边坡设计优化，可以在保证生产安全的前提下，尽可能提高边坡角，增加边坡稳定性以便保护生态环境。

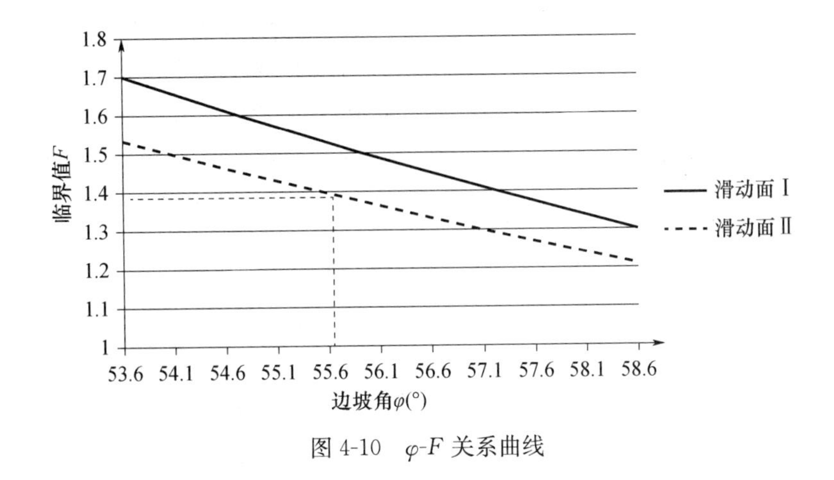

图 4-10　φ-F 关系曲线

4.3　基于 TOPSIS-FCA 的预应力锚索失效边坡稳定性风险评价

边坡岩土工程灾害越来越受到人们的重视，预应力锚索具有扰动小、施工快速高效等特点，因此被作为一种重要的加固方式而广泛应用于地下矿山巷道、露天边坡、基坑等工程中[88-89]。由于预应力锚索工作的环境和自身的工程质量等因素，在实际工程中经常会出现锚索失效的情况，并引发岩土失稳等一系列灾害问题，这会对国家造成巨大的经济损失和人员伤亡。在锚索失效风险评价方面，大多数人将重点放在了对岩土工程自身稳定性的研究上，然后利用距离判别法、粗集、可拓学等评价方法对岩土自身的稳定性进行评价[90-91]，而对预应力锚索自身失效风险评价的研究十分少。国内有学者利用物元分析对预应力锚索失效进行风险评估[92]，但并没有利用对失效风险等级标准的评价来分析指标与评价结果之间的关系，使其评价的效果较差。本节利用逼近于理想的技术（TOPSIS）首先对包括失效风险等级标准在内的预应力锚索失效风险进行评价[93]，通过比较待评价对象的相对接近度，得到相应的失效风险等级，并可对待评价对象的失效风险大小进行排序；然后利用灰色关联理论对影响预应力锚索失效的因素进行关联分析，得到各影响因素与预应力锚索失效风险间的关联性，同时利用形式概念分析找出评价时不可缺少的指标，完善对预应力锚索失效的风险评价[94]。

4.3.1　TOPSIS 的基本思想

TOPSIS 的基本思想[95] 是找出决策问题的理想解和负理想解，即最好和最差的两个解，然后对待评价方案进行计算，其中既与理想解的距离最近又与负理想解的距离最远的方案为最佳方案。

理想解是假定的最佳方案，一般要求理想解所对应的各属性值至少达到各待评价方案中的最好值；负理想解是假定最差方案，一般要求负理想解所对应的各属性值至少不优于各待评价方案中的最差值。

一般来说，待评价方案往往不止一个。为了对待评价方案的优劣性进行评价，可通过对各待评价方案与理想解及负理想解的距离进行比较，对待评价方案进行优劣排序。

设决策方案有 m 个目标 f_j（$j=1,2,\cdots,m$），n 个可行方案 x_i（$i=1,2,\cdots,n$），经规范化加权目标的理想解是 $\boldsymbol{Z}^*$，$\boldsymbol{Z}^*=(Z_1{}^*,\cdots,Z_m{}^*)^{\mathrm{T}}$；负理想解是 $\boldsymbol{Z}=(Z_1,\cdots,Z_m)^{\mathrm{T}}$。用欧几里得范数作为距离的测度，则待评价方案到理想解 $\boldsymbol{Z}^*$ 的距离 S_i^* 和到负理想解的距离 S_i^- 分别为

$$S_i^*=\sqrt{\sum_{j=1}^{m}(Z_{ij}-Z_j^*)^2}\quad(i=1,2,\cdots,n)\tag{4-15}$$

$$S_i^-=\sqrt{\sum_{j=1}^{m}(Z_{ij}-Z_j^-)^2}\quad(i=1,2,\cdots,n)\tag{4-16}$$

式中，Z_{ij} 为第 j 个目标对第 i 个待评价方案的规范化加权值。

那么，某一待评价方案对理想解的相对接近度为

$$C_i^*=\frac{S_i^-}{S_i^-+S_i^*}\quad(0\leqslant C_i{}^*\leqslant 1,\ i=1,2,\cdots,n)\tag{4-17}$$

很显然，若 x_i 是理想解，则相应的 $C_i{}^*=1$；若 x_i 是负理想解，则相应的 $C_i{}^*=0$。待评价方案 x_i 越靠近理想解，相对接近度 $C_i{}^*$ 的值越接近于 1。通过计算各待评价方案的相对接近度，即可对所有方案进行优劣排序。

4.3.2 理想点与形式概念分析的预应力锚索失效风险评价模型

1. 预应力锚索失效风险评价指标选取

影响预应力锚索失效的指标很多，参考有关预应力锚索失效因素的分析研究[96-98]，结合实际情况并考虑主要影响因素，选取外锚结构合理度、锚筋实际长度与设计长度之比、灌浆饱和度、锚索腐蚀程度、预应力损失率。除了以上锚索自身的工程质量，工程岩体质量也对锚固工程有较大影响，所以选取岩体单轴抗压强度作为影响因素之一。

根据相关评价标准，这 6 个参数指标等级标准见表 4-9。

表 4-9 单因素指标分级标准

级别	岩体单轴抗压强度（MPa）	外锚结构合理度（%）	锚筋实际长度与设计长度之比	灌浆饱和度（%）	锚索腐蚀程度（%）	预应力损失率（%）
Ⅰ	200～120	>90	>0.95	>95	<4	<20
Ⅱ	60～120	85～90	0.85～0.95	90～95	4～5	20～25
Ⅲ	30～60	80～85	0.8～0.85	85～90	5～6	25～30
Ⅳ	15～30	75～80	0.75～0.8	80～85	6～7	30～35
Ⅴ	<15	<75	<0.75	<80	>7	>35

表 4.9 中Ⅰ级表示预应力锚索“失效风险极小”，Ⅱ级表示“失效风险小”，Ⅲ级表示“失效风险中等”，Ⅳ级表示“失效风险较大”，Ⅴ级表示“失效风险大”。

2. 决策矩阵的规范化

由于不同指标的数值差异很大，为了便于计算，需将多目标问题的决策矩阵规范

化。规范化的决策矩阵为 $\mathbf{Z}'$，矩阵中的元素为 Z'_{ij}。

$$Z'_{ij}=\frac{f_{ij}}{\sqrt{\sum_{i=1}^{n}f_{ij}^{2}}}\quad (i=1,2,\cdots;n、j=1,2,\cdots,m) \tag{4-18}$$

式中，f_{ij} 为原决策矩阵中的元素。

为了对待评价方案进行风险分级，在计算时将单因素指标分类标准与待评价方案集合并成一个矩阵，同时也能够对待评价方案进行风险排序。

3. 确定指标权重

在风险评价中，各指标对失效风险等级的影响作用各不相同。为减少权重的主观性影响，可根据指标失效风险贡献率计算各指标的权值，权值公式如下：

$$w_i=\frac{a_i/\bar{b}_i}{\sum_{i=1}^{m}a_i/\bar{b}_i} \tag{4-19}$$

$$\bar{b}_i=\frac{\sum_{j=1}^{5}b_{ij}}{5} \tag{4-20}$$

式中，w_i 为第 i 种指标的权值；a_i 为第 i 种因素的实测平均值；$\bar{b}_i$ 为第 i 种因素各级标准的平均值；m 为指标个数。

4. 构造规范化的加权矩阵

通过将权重矩阵与规范化的矩阵相乘，建立规范化的加权矩阵 $\mathbf{Z}$，矩阵元素为 Z_{ij}。

$$Z_{ij}=w_i Z'_{ij}\quad (i=1,2,\cdots,n;j=1,2,\cdots,m) \tag{4-21}$$

5. 计算指标评价标准和待评价方案的相对接近度

根据单因素指标分类标准，确定方案的理想点与负理想点。利用式（4-19）～式（4-21）计算规范化的加权矩阵中各方案接近理想点的相对接近度。通过对比待评价方案与分类标准的相对接近度，对待评价方案的失效风险等级进行评价，并根据相对接近度的大小给它们排序。

6. 灰色关联分析

通过对待评价方案进行风险评价以后，得到了完整的评价决策矩阵。为了分析各指标对评价决策的重要性，利用灰色关联理论对其进行重要性的相关分析。

完整的评价决策矩阵中，各指标间的值差异较大，需对其进行无量纲化。指标中含有两类指标：一类是值越大，方案越好；另一类是值越小，方案越好。它们的计算公式如下：

$$值越大、方案越好的指标：p_{ij}=\frac{q_{ij}-\min_j(q_{ij})}{\max_j(q_{ij})-\min_j(q_{ij})} \tag{4-22}$$

$$值越小、方案越好的指标：p_{ij}=\frac{\max_j(q_{ij})-q_{ij}}{\max_j(q_{ij})-\min_j(q_{ij})} \tag{4-23}$$

7. 形式概念分析的核属性搜寻

形式概念分析又称概念格。一个形式背景 $K=(G,M,I)$ 由对象集合 G、属性集合 M 和两者之间的关系 I 组成。对一个形式背景的对象集 $A\in p(G)$，属性集 $B\in p(M)$，定义以下映射 f 和 g：

$f(A)=\{m \in M \mid \forall g \in A,\ \mathrm{gIm}\}$，$g(B)=\{g \in G \mid \forall m \in B,\ \mathrm{gIm}\}$

那么从形式背景中得到的每一个满足以上两个映射的二元组（A，B）为一个概念，A 称为概念（A，B）的外延，B 称为概念（A，B）的内涵。

对概念（A_1，B_1）和（A_2，B_2），若满足 $A_1 \subseteq A_2$ 或 $B_2 \subseteq B_1$，则称（A_1，B_1）为子概念或亚概念，（A_2，B_2）为父概念或超概念。由形式背景中所有超概念-亚概念的偏序关系所诱导出的格即为概念格[99-100]。

基于概念格的核属性搜索的基本思想是通过构建一个完整的概念格，求出其中的相融可辨概念及其亏属性，亏属性的最简形式为不可约简的最简化形式[101]，其中的单个属性集即为核属性。

若两个对象概念（A_1，B_1）、（A_2，B_2）共有一个父概念（A，B），且该父概念（A，B）的内涵中不包含决策属性，但 $V_D \cap B_1 \neq \varnothing \vee$ 、$V_D \cap B_2 \neq \varnothing$，则称该公共父概念（$A$，$B$）为概念（$A_1$，$B_1$）、（$A_2$，$B_2$）的相融可辨概念。其中 V_D 为决策属性集。

对概念（A，B），若原决策表中的条件属性 C_i 满足 $V_{C_i} \cap B_2 = \varnothing$，则满足此条件的所有条件属性 C_i 的集合称为概念（A，B）相对于初始决策表的亏属性。

基于 TOPSIS-FCA 的预应力锚索失效风险评价模型如图 4-11 所示。

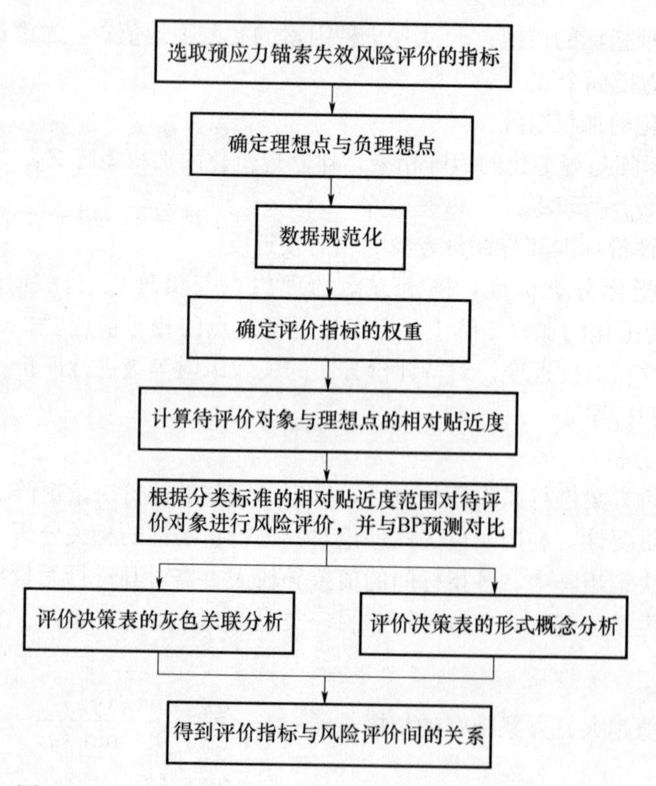

图 4-11 基于 TOPSIS-FCA 的预应力锚索失效风险评价模型

4.3.3 工程应用

某边坡使用预应力锚索对围岩进行初步支护。为了检查支护效果，保证围岩支护的安全，对预应力锚索失效风险进行评价。根据支护位置的表征样貌，对几处有代表性的位置进行无损采样检测，其参数见表4-10。

表4-10 待评价对象参数

级别	岩体单轴抗压强度（MPa）	外锚结构合理度	锚筋实际长度与设计长度之比	灌浆饱和度	锚索腐蚀程度	预应力损失率
1	96	0.92	0.87	0.935	0.0532	0.224
2	103	0.83	0.82	0.863	0.0463	0.316
3	86	0.93	0.87	0.926	0.0625	0.265
4	52	0.86	0.92	0.882	0.0438	0.243
5	78	0.95	0.88	0.946	0.0515	0.273
6	12	0.78	0.72	0.823	0.0558	0.283
7	26	0.86	0.93	0.873	0.0467	0.218
8	26	0.88	0.76	0.832	0.0482	0.238
9	92	0.88	0.83	0.882	0.0475	0.331
10	28	0.87	0.90	0.826	0.0462	0.242

1. 数据规范化

由于所选取参数的值具有较大差异性，利用式（4-21）对数据进行规范化。TOPSIS一般用于对待评价方案的排序，为了根据分级标准对待评价对象进行风险等级评价，将单因素指标分级标准与待评价对象同时规范化，并且可以很容易找到理想解与负理想解，其中理想解即为Ⅰ级中的最优值，负理想解为Ⅴ级中的最差值。经过规范化后的数据见表4-11。

表4-11 规范化后的数据

对象	岩体单轴抗压强度	外锚结构合理度	锚筋实际长度与设计长度之比	灌浆饱和度	锚索腐蚀程度	预应力损失率
理想点	0.615	0.296	0.300	0.291	0	0
Ⅰ	0.369	0.266	0.285	0.276	0.039	0.141
Ⅱ	0.184	0.251	0.255	0.262	0.049	0.176
Ⅲ	0.092	0.237	0.240	0.247	0.059	0.211
Ⅳ	0.046	0.222	0.225	0.233	0.069	0.246
Ⅴ	0	0	0	0	0.981	0.703
1	0.295	0.272	0.261	0.272	0.052	0.158
2	0.317	0.245	0.246	0.251	0.045	0.222
3	0.264	0.275	0.261	0.269	0.061	0.186
4	0.160	0.254	0.276	0.257	0.043	0.171
5	0.240	0.281	0.264	0.275	0.051	0.192
6	0.037	0.231	0.216	0.239	0.055	0.199
7	0.080	0.254	0.279	0.254	0.046	0.153
8	0.080	0.260	0.228	0.242	0.047	0.167

续表

对象	岩体单轴抗压强度	外锚结构合理度	锚筋实际长度与设计长度之比	灌浆饱和度	锚索腐蚀程度	预应力损失率
9	0.283	0.260	0.249	0.257	0.047	0.233
10	0.086	0.257	0.270	0.240	0.045	0.170

从表 4-11 可以看出，规范化后的理想解为（0.615，0.296，0.300，0.291，0，0），负理想解为（0，0，0，0，0.981，0.703）。

2. 确定指标权重

各指标对评价结果影响的大小不同，所以应该确定各指标的权重。对不同的地质环境，指标权重也不相同。为排除人为主观对权重的影响，应根据各指标的作用大小分别赋予不同的权重。根据实际环境中各指标对预应力锚索失效风险贡献率确定权重，利用式（4-22）和式（4-23）确定的各指标权重见表 4-12。

表 4-12　评价指标权重

指标	岩体单轴抗压强度	外锚结构合理度	锚筋实际长度与设计长度之比	灌浆饱和度	锚索腐蚀程度	预应力损失率
权重	0.177	0.205	0.195	0.198	0.066	0.157

由表 4-12 可以看出，在该区域内，外锚结构合理度权重最大，说明外锚结构合理度较其他指标的变化较大；锚索腐蚀程度权重最小，说明锚索腐蚀程度较其他指标的变化较小。

3. 计算相对接近度

结合指标权重，可以得到规范化加权目标的理想解 $\boldsymbol{Z}^{*}$ =（0.109，0.061，0.059，0.058，0，0），负理想解是 $\boldsymbol{Z}^{-}$ =（0，0，0，0，0.065，0.111）。通过式（4-21）对表 4-11 的数据进行加权计算，然后利用式（4-15）～式（4-17），得到每个对象与理想解、负理想解的距离，最后得到各对象接近理想点的相对接近度，见表 4-13。

表 4-13　预应力锚索失效风险 TOPSIS-FCA 模型评价结果

对象	岩体单轴抗压强度	外锚结构合理度	锚筋实际长度与设计长度之比	灌浆饱和度	锚索腐蚀程度	预应力损失率	S_i^*	S_i^-	C_i^*	评价
$\boldsymbol{Z}^*$	0.109	0.061	0.059	0.058	0	0	0	0.197	1	Ⅰ
Ⅰ	0.065	0.055	0.056	0.055	0.003	0.022	0.049	0.159	0.762	Ⅰ
Ⅱ	0.033	0.052	0.050	0.052	0.003	0.028	0.082	0.140	0.630	Ⅱ
Ⅲ	0.016	0.049	0.047	0.049	0.004	0.033	0.100	0.130	0.566	Ⅲ
Ⅳ	0.008	0.046	0.044	0.046	0.005	0.039	0.111	0.123	0.526	Ⅳ
Ⅴ	0	0	0	0	0.065	0.111	0.197	0	0	Ⅴ
1	0.052	0.056	0.051	0.054	0.003	0.025	0.063	0.150	0.706	Ⅱ
2	0.056	0.050	0.048	0.050	0.003	0.035	0.066	0.142	0.684	Ⅱ
3	0.047	0.056	0.051	0.053	0.004	0.029	0.069	0.146	0.677	Ⅱ

续表

对象	岩体单轴抗压强度	外锚结构合理度	锚筋实际长度与设计长度之比	灌浆饱和度	锚索腐蚀程度	预应力损失率	S_i^*	S_i^-	C_i^*	评价
4	0.028	0.052	0.054	0.051	0.003	0.027	0.086	0.141	0.622	Ⅱ
5	0.042	0.058	0.052	0.055	0.003	0.030	0.073	0.145	0.664	Ⅱ
6	0.007	0.047	0.042	0.048	0.004	0.031	0.110	0.128	0.539	Ⅳ
7	0.014	0.052	0.055	0.050	0.003	0.024	0.098	0.141	0.589	Ⅲ
8	0.014	0.053	0.045	0.048	0.003	0.026	0.100	0.135	0.575	Ⅲ
9	0.050	0.053	0.049	0.051	0.003	0.037	0.071	0.140	0.665	Ⅱ
10	0.015	0.053	0.053	0.048	0.003	0.027	0.098	0.138	0.584	Ⅲ

从表 4-13 中可以看出，理想解的相对接近度为 1，负理想解的相对接近度为 0。预应力锚索失效风险评价的相对接近度分类如下：

Ⅰ级失效风险：$0.762 \leqslant C_i^* \leqslant 1$。

Ⅱ级失效风险：$0.63 \leqslant C_i^* < 0.762$。

Ⅲ级失效风险：$0.566 \leqslant C_i^* < 0.63$。

Ⅳ级失效风险：$0.526 \leqslant C_i^* < 0.566$。

Ⅴ级失效风险：$0 \leqslant C_i^* < 0.526$。

根据以上相对接近度分类标准及各待评价对象的相对接近度，可对待评价对象进行风险评价，评价结果见表 4-14。

从表 4-13 中可以看出，对象 1、2、3、4、5、9 的评价结果为Ⅱ级，即“失效风险小”；对象 7、8、10 的评价结果为Ⅲ级，即“失效风险中等”；对象 6 的评价结果为Ⅳ级，即“失效风险较大”。

为了验证评价结果的可靠性，将 TOPSIS 与神经网络预测的结果进行对比。通过对表 4-11 中的前 6 条评价规则数据进行训练，然后对 6 条评价规则和 10 个待评价对象进行预测。16 个对象的 BP 预测结果及两者对比结果见图 4-12 及表 4-14。

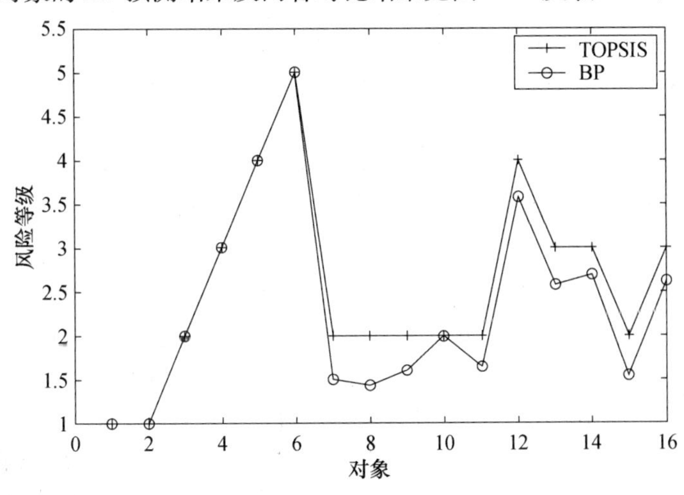

图 4-12　BP 神经网络预测结果

表 4-14　TOPSIS 与 BP 神经网络评价结果比较

对象	理想点	Ⅰ	Ⅱ	Ⅲ	Ⅳ	Ⅴ	1	2	3	4	5	6	7	8	9	10
TOPSIS 评价	Ⅰ	Ⅰ	Ⅱ	Ⅲ	Ⅳ	Ⅴ	Ⅱ	Ⅱ	Ⅱ	Ⅱ	Ⅱ	Ⅳ	Ⅲ	Ⅲ	Ⅱ	Ⅲ
神经网络预测	Ⅰ	Ⅰ	Ⅱ	Ⅲ	Ⅳ	Ⅴ	Ⅱ	Ⅱ	Ⅱ	Ⅱ	Ⅱ	Ⅳ	Ⅲ	Ⅲ	Ⅱ	Ⅲ

表 4-14 中的神经网络预测数据由图 4-12 中的预测数据向上取整得到。表 4-14 中两种方法的评价结果一致，说明通过 TOPSIS 对锚索失效风险等级评价是可行的。

4. 灰色关联与形式概念分析

（1）灰色关联分析。由于各指标对评价决策的重要性不同，应利用灰色关联理论对评价指标进行重要性分析。

将表 4-13 中的 10 个待评价对象的 6 项评价指标及评价结果的数据提取出来，但指标间的值差异较大，且指标数据对评价结果的影响分为越大越好和越小越好两类，用式（4-22）和式（4-23）对其进行无量纲化，见表 4-15。

表 4-15　无量纲化的预应力锚索参数

对象	岩体单轴抗压强度	外锚结构合理度	锚筋实际长度与设计长度之比	灌浆饱和度	锚索腐蚀程度	预应力损失率	评价
1	0.923	0.824	0.714	0.911	0.497	0.947	1.000
2	1.000	0.294	0.476	0.325	0.866	0.133	0.868
3	0.813	0.882	0.714	0.837	0.000	0.584	0.826
4	0.440	0.471	0.952	0.480	1.000	0.779	0.497
5	0.725	1.000	0.762	1.000	0.588	0.513	0.749
6	0.000	0.000	0.000	0.000	0.358	0.425	0.000
7	0.154	0.471	1.000	0.407	0.845	1.000	0.299
8	0.154	0.588	0.190	0.073	0.765	0.823	0.216
9	0.879	0.588	0.524	0.480	0.802	0.000	0.754
10	0.176	0.529	0.857	0.024	0.872	0.788	0.269

利用无量纲化后的数据进行关联度计算，计算后的指标关联度见表 4-16。

表 4-16　指标关联度

指标	岩体单轴抗压强度	外锚结构合理度	锚筋实际长度与设计长度之比	灌浆饱和度	锚索腐蚀程度	预应力损失率
关联度	0.832	0.672	0.632	0.723	0.521	0.468

从表 4-16 中可以看出，岩体单轴抗压强度的关联度值最大，且比锚索的工程质量指标的关联度值都大，说明工程岩体质量与预应力锚索失效风险的同步变化趋势最接近，也即工程岩体质量对预应力锚索失效风险影响最大；在锚索的工程质量指标中，该矿区的灌浆饱和度对预应力锚索失效风险影响最大，外锚结构合理度、锚筋实际长度与设计长度之比对风险评价也具有较大影响，而预应力损失率对风险评价影响较小，在今

后的支护工作中，应据此突出工作重点。

（2）决策表的形式概念分析。在对某件事物进行评价时，有些因素或许不是最重要却又是不可缺少的。为了找出各指标与评价结果之间的这种内在关系，利用概念格理论对决策矩阵进行分析。概念格在进行约简时，能够将指标与评价结果联系起来，而不仅仅是约简掉重复的信息。通过对决策矩阵进行指标约简，约简后得到的是核属性，即约简得到的是一个属性或几个约简结果的共有属性，也即所有的单个属性集，那么核属性指标为在对预应力锚索失效风险进行评价时必不可少的指标。

为了进行形式概念分析，首先将评价指标及评价结果用相应的分级语言代替具体的数值，见表 4-17。

表 4-17　预应力锚索知识表达系统

对象	岩体单轴抗压强度	外锚结构合理度	锚筋实际长度与设计长度之比	灌浆饱和度	锚索腐蚀程度	预应力损失率	评价等级
1	Ⅱ	Ⅰ	Ⅱ	Ⅱ	Ⅲ	Ⅱ	Ⅱ
2	Ⅱ	Ⅲ	Ⅲ	Ⅲ	Ⅱ	Ⅳ	Ⅱ
3	Ⅱ	Ⅰ	Ⅱ	Ⅱ	Ⅳ	Ⅲ	Ⅱ
4	Ⅲ	Ⅱ	Ⅱ	Ⅲ	Ⅱ	Ⅱ	Ⅱ
5	Ⅱ	Ⅰ	Ⅱ	Ⅱ	Ⅲ	Ⅲ	Ⅱ
6	Ⅴ	Ⅳ	Ⅴ	Ⅳ	Ⅲ	Ⅲ	Ⅳ
7	Ⅳ	Ⅱ	Ⅱ	Ⅲ	Ⅱ	Ⅱ	Ⅲ
8	Ⅳ	Ⅱ	Ⅳ	Ⅳ	Ⅱ	Ⅱ	Ⅲ
9	Ⅱ	Ⅱ	Ⅲ	Ⅲ	Ⅱ	Ⅳ	Ⅱ
10	Ⅳ	Ⅱ	Ⅱ	Ⅳ	Ⅱ	Ⅱ	Ⅲ

形式概念分析的对象是具体的形式背景，所以将表 4-17 转换为一个形式背景，见表 4-18。

表 4-18　形式背景

对象	a_2	a_3	a_4	a_5	b_1	b_2	…	g_2	g_3	g_4
1	×				×			×		
2	×							×		
3	×				×			×		
4		×				×		×		
5	×				×			×		
6				×						×
7			×			×			×	
8			×			×			×	

续表

对象	a_2	a_3	a_4	a_5	b_1	b_2	…	g_2	g_3	g_4
9	×					×		×		
10			×			×			×	

注：表中 a、b、c、d、e、f、g 分别代表岩石单轴抗压强度、外锚结构合理度、锚筋实际长度与设计长度之比、灌浆饱和度、锚索腐蚀程度、预应力损失率、风险评价等级。数字 1、2、3、4、5 分别代表等级Ⅰ、Ⅱ、Ⅲ、Ⅳ、Ⅴ，如 a_2 代表岩石单轴抗压强度为Ⅱ级，以此类推；“×”表示对象包含此内涵。

形式背景具有单值特征，它根据各属性的不同取值，转换为某一属性的某一取值，即为一种属性的形式背景。表 4-17 的岩石单轴抗压强度指标有Ⅱ、Ⅲ、Ⅳ、Ⅴ这 4 种取值，那么形式背景中就有 4 个该指标的属性。

利用 Lattice Miner 1.4 软件，由形式背景生成概念格的 Hasse 图，如图 4-13 所示。

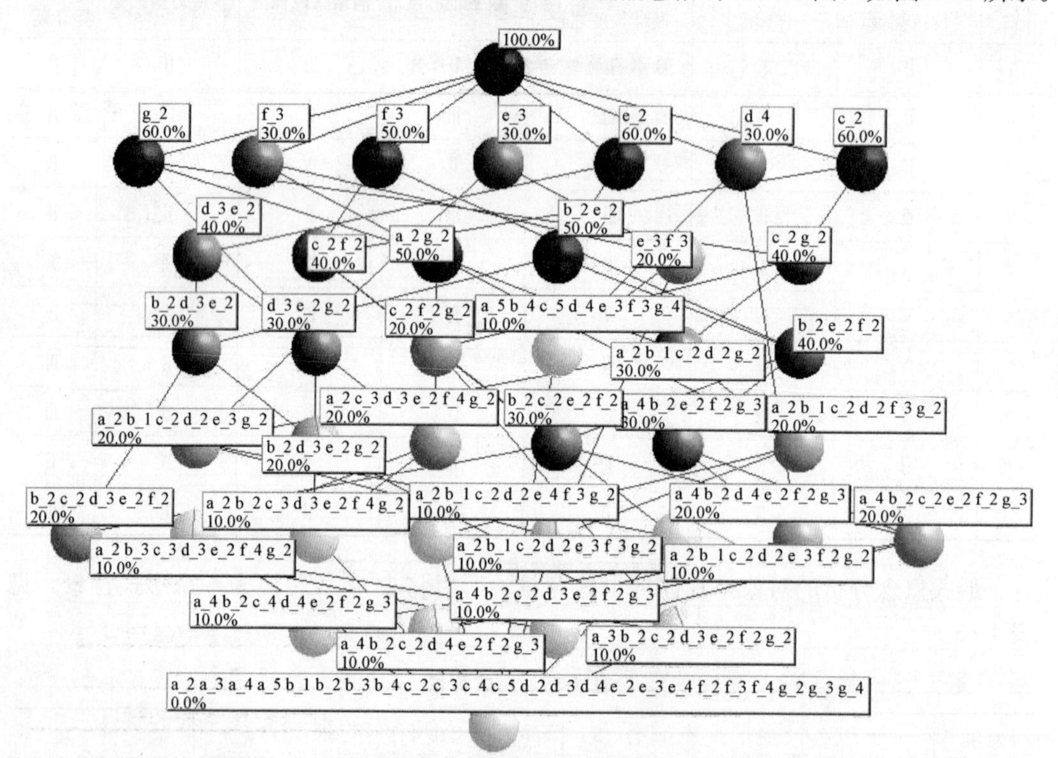

图 4-13 形式背景对应的概念格

Hasse 图中的每一个节点代表一个概念，节点间的连线为节点间的泛化-特化关系，每条节点连线上层的概念为下层概念的父概念。每个节点标签上的字母代表该节点所包含的属性，百分比及节点颜色深浅代表包含该属性的对象所占比重，例如第 3 行第 4 个节点代表拥有属性 b_2 和 e_2 的对象有 50%，即在表 9 中有 5 个待评价对象的外锚结构合理度和锚索腐蚀程度的等级为Ⅱ。

该 Hasse 图中一共有 39 个节点，即 39 个概念。通过观察父概念与子概念的关系即可以找到以下 12 个相融可辨概念：({1, 2, …, 10}, {∅})、({3, 5, 6}, {f_3})、({1, 5, 6}, {e_3})、({6, 8, 10}, {d_4})、({1, 3, 4, 5, 7, 10}, {c_2})、

({2, 4, 7, 9}, {d_3, e_2})、({1, 4, 7, 10}, {c_2, f_2})、({5, 6}, {e_3, f_3})、({4, 7, 9}, {b_2, d_3, e_2})、({4, 7, 8, 10}, {b_2, e_2, f_2})、({4, 7, 10}, {b_2, c_2, e_2, f_2})、({4, 7}, {b_2, c_2, d_3, e_2, f_2})。

由相融可辨概念可得到它的亏属性:

{a b c d e f, a b c d e, a b c d f, a b c e f, a b d e f, a b c f, a b d e, a b c d, a c f, a c d, a d, a}

亏属性集合中的每个元素都是不可同时约简的，并且当某一属性不可约简时，它的超集必不可约简，所以属性 a 即岩石单轴抗压强度是不可约简属性集合的最简化形式，且为核属性。

因此，在对预应力锚索失效风险评价时，岩体单轴抗压强度是不可缺少的指标。一般而言，工程岩体质量在很大程度上决定了支护方法，在对预应力锚索失效风险评价时，工程岩体质量仍然是支护效果评价的关键因素，支护失效的最终表现形式还是岩体的破坏，这与实际相符。

4.4 基于PCA法的工程建设对湘西岩溶地区生态安全影响评价研究

4.4.1 PCA主成分多元分析法的评价模型

PCA (Principal Component Analysis) 是一种掌握主要矛盾的多元统计方法，首先需要知道各维度间的相关性及各维度上的方差。协方差矩阵度量的是维度与维度之间的关系，而非样本与样本之间的关系。协方差矩阵的主对角线上的元素是各个维度上的方差，其他元素是两两维度间的协方差(相关性)。应使不同维度间的相关性尽可能小，也就是说让协方差矩阵中非对角线元素(矩阵对角化)都基本为零，对角化后得到的矩阵，其对角线上是协方差矩阵的特征值，通过对角化，剩余维度间的相关性已经减到最弱，因此对角化后的协方差矩阵，对角线上较小的新方差对应的就是那些该去掉的维度，PCA 的本质其实就是对角化协方差矩阵。

假设有一个样本集 X，里面有 N 个样本，每个样本的维度为 d，即

$$X=\{X_1, \cdots, X_N\} \quad X_i=(x_{i1}, \cdots, x_{id})\in \mathscr{R}^d, \ i=1, \cdots, N \tag{4-24}$$

将这些样本组织成样本矩阵的形式，即每行为一个样本，每列为一个维度，得到样本矩阵 $\boldsymbol{S}$:

$$\boldsymbol{S}\in \mathscr{R}^{N\times d} \tag{4-25}$$

先将样本进行中心化，保证每个维度的均值为零(让矩阵的每一列除以对应的均值即可)。很多算法都会先将样本中心化，以保证所有维度上的偏移都是以零为基点的。然后，计算样本矩阵的协方差矩阵。协方差矩阵按式(4-26)计算得到:

$$\boldsymbol{C}=\frac{\boldsymbol{S}^{\mathrm{T}}\boldsymbol{S}}{N-1} \quad (\boldsymbol{C}\in \mathscr{R}^{d\times d}) \tag{4-26}$$

将协方差矩阵 $\boldsymbol{C}$ 对角化，矩阵 $\boldsymbol{C}$ 是对称矩阵，对称矩阵对角化就是找到一个正交

矩阵 $\boldsymbol{P}$，满足：$\boldsymbol{P}^{\mathrm{T}}\boldsymbol{C}\boldsymbol{P}=\boldsymbol{\Lambda}$ 。具体操作：先对 $\boldsymbol{C}$ 进行特征值分解，得到的特征值矩阵（对角阵）即为 $\boldsymbol{\Lambda}$，得到特征向量矩阵并正交化即为 $\boldsymbol{P}$。显然，$\boldsymbol{P}$，$\boldsymbol{\Lambda}\in\mathscr{R}^{d\times d}$ 。取最大的 p（$p<d$）个特征值对应的维度，那么这个 p 个特征值组成了新的对角阵 $\boldsymbol{\Lambda}_1\in\mathscr{R}^{p\times p}$，对应的 p 个特征向量组成了新的特征向量矩阵 $\boldsymbol{P}_1\in\mathscr{R}^{d\times p}$ 。这个新的特征向量矩阵 $\boldsymbol{P}$ 就是投影矩阵，假设 $\boldsymbol{PCA}$ 降维后的样本矩阵为 $\boldsymbol{S}_1$，$\boldsymbol{S}_2$ 中的各个维度间的协方差基本为零，也就是说，$\boldsymbol{\Lambda}_1$ 的协方差矩阵应该为 $\boldsymbol{\Lambda}_1$，即满足

$$\frac{\boldsymbol{S}_1^{\mathrm{T}}\boldsymbol{S}_1}{N-1}=\boldsymbol{\Lambda}_1 \tag{4-27}$$

有

$$\boldsymbol{P}^{\mathrm{T}}\boldsymbol{C}\boldsymbol{P}=\boldsymbol{\Lambda}\Rightarrow\boldsymbol{P}_1^{\mathrm{T}}\boldsymbol{C}\boldsymbol{P}_1=\boldsymbol{\Lambda}_1 \tag{4-28}$$

代入可得

$$\frac{\boldsymbol{S}_1^{\mathrm{T}}\boldsymbol{S}_1}{N-1}=\boldsymbol{\Lambda}_1=\boldsymbol{P}_1^{\mathrm{T}}\boldsymbol{C}\boldsymbol{P}_1=\boldsymbol{P}_1^{\mathrm{T}}\left(\frac{\boldsymbol{S}^{\mathrm{T}}\boldsymbol{S}}{N-1}\right)\boldsymbol{P}_1=\frac{(\boldsymbol{S}\boldsymbol{P}_1)^{\mathrm{T}}(\boldsymbol{S}\boldsymbol{P}_1)}{N-1} \tag{4-29}$$

$$\Rightarrow\boldsymbol{S}_1=\boldsymbol{S}\boldsymbol{P}_1\quad(\boldsymbol{S}_1\in\mathscr{R}^{N\times p})$$

由于样本矩阵 $\boldsymbol{S}_{N\times d}$ 的每一行是一个样本，特征向量矩阵 $\boldsymbol{P}_{1(d\times p)}$ 的每一列是一个特征向量。右乘 $\boldsymbol{P}$ 相当于每个样本以 $\boldsymbol{P}$ 的特征向量为基进行线性变换，得到的新样本矩阵 $\boldsymbol{S}_1\in\mathscr{R}^{N\times p}$ 中每个样本的维数变为 p，完成了降维操作。$\boldsymbol{P}$ 中的特征向量就是低维空间新的坐标系，称之为“主成分”。同时，$\boldsymbol{S}_1$ 的协方差矩阵 $\boldsymbol{\Lambda}_1$ 为近对角阵，说明不同维度间已经基本独立。

4.4.2 PCA 评价指标体系的确定

影响石漠化形成及发育的因子分为自然因子和社会因子。自然因子有气候、地质、地貌、岩性、植被、枯落物等；社会因子包括工程建设、人口密度、农业耕作方式、资源利用方式、当地生活习惯等。森林植被是岩溶环境中水分良性循环的命脉。植物除了能促进碳酸盐岩的溶蚀和风化外，在土壤形成和维持岩溶环境水分良性循环方面有着至关重要的作用。在自然状态下，岩溶森林植被生长茂盛，虽然仍是大面积基岩裸露和土层浅薄，但是并没有干旱与洪涝交加的灾害。然而工程建设破坏了这种平衡，对石漠化的形成和发展有较大影响，主要包括土地资源、植物资源、水资源的破坏造成地区石漠化所产生的加剧，引起了严重的水土流失，导致土地退化，对植被的破坏，大面积的毁林毁草，自然系统中对石漠化起主要负面调节作用的植被子系统一旦退化，整个生态系统的功能也随之退化，向着石漠化方向发展。采用 PCA 法对岩溶的生态安全进行评价，首先就要根据石漠化地区的环境特点确定 PCA 的评价指标体系。

根据石漠化形成的动力学过程分析和工程建设对环境影响的动力学结果研究，在相同气候区内，可假设降水条件基本类同，因此，工程建设影响因子可确定在地质、地貌、土壤及植被几方面。本节在遵循因子选择的准确性、代表性、简单性（易获取性）3 个原则的前提下，初步选择了工程建设对石漠化有较大影响的 14 个因子，作为石漠化研究的基本指标，分别是岩性（x_1）、坡度（x_2）、坡位（x_3）、小生态环境种数

(x_4)、小生态环境组合(x_5)、裸岩率(x_6)、群落类型(x_7)、乔灌层盖度(x_8)、群落高度(x_9)、枯落物总量(x_{10})、群落生物量(x_{11})、石砾含量(x_{12})、土壤厚度(x_{13})和土壤总量(x_{14})。上述因子可分为 4 大类，即土壤类(含土壤厚度和土壤总量)、地质环境类(含小生态环境种数、小生态环境组合、裸岩率、石砾含量和岩性)、地形类(含坡度和坡位)和植被类(含群落高度、群落生物量、群落类型、枯落物总量和乔灌层盖度)。

4.4.3　实例分析

1. 主分量分析

选取凤大高速公路第三合同段 K16＋200—K16＋580 段 93 区的区域作为取样区(图 4-14)。本节根据野外设置的不同类型、阶段、程度的 64 个典型样地资料，以样地为实体，以上述 14 个指标为属性，进行主分量分析，主分量分析结果及因子负荷量见表 4-19。

图 4-14　K16＋200—K16＋580 段试验区取样区

表 4-19　14 个变量对前 5 个主分量的负荷量

变量名	P_1	P_2	P_3	P_4	P_5
岩性 x_1	−0.4905	0.1372	0.3076	0.5849	−0.4076
坡度 x_2	−0.0289	0.6037	−0.5591	−0.2420	0.2068
坡位 x_3	−0.0969	−0.3300	0.7170	0.0699	0.5377
小生态环境种数 x_4	0.4642	−0.8124	−0.0058	0.0560	−0.1425
小生态环境组合 x_5	−0.4726	0.7540	0.2111	0.1258	0.0677
裸岩率 x_6	0.3140	−0.8815	−0.0769	−0.0111	0.0026
群落类型 x_7	−0.9082	−0.3357	0.0516	−0.1208	−0.0431
乔灌层盖度 x_8	0.6826	0.4473	−0.1084	0.2751	0.2053
群落高度 x_9	0.9119	0.2488	0.0913	0.1348	0.0685
枯落物总量 x_{10}	0.7572	0.3330	−0.0990	0.2287	−0.2190
群落生物量 x_{11}	0.8396	0.2397	0.1883	0.1304	0.1281

续表

变量名	P_1	P_2	P_3	P_4	P_5
石砾含量 x_{12}	−0.5304	0.6402	0.0464	0.0235	0.1290
土壤厚度 x_{13}	0.5949	0.0524	0.4625	−0.5620	−0.2242
土壤总量 x_{14}	0.1007	0.8038	0.3449	−0.3238	−0.2588
方差贡献	4.8343	4.0996	1.3749	1.0236	0.7699
贡献率（%）	34.53	29.28	9.82	7.31	5.50
累计贡献率（%）	34.53	63.81	73.63	80.94	86.44

由表4-19可知，第1主成分 P_1 中，群落高度、群落类型、群落生物量、枯落物总量、乔灌层盖度的负荷量最大，它们都是植被子系统的属性因子，反映了植被因子对石漠化的影响最大，它的方差贡献率达34.53%；第2主成分 P_2 中，因子负荷量最大的是裸岩率、小生态环境种数、土壤总量、小生态环境组合、石砾含量，均为土壤地质子系统的属性因子，反映了它们与石漠化的特征息息相关，它的方差贡献率达29.28%；第3主成分 P_3 中，坡度和坡位的负荷量较大，它们是地形地貌因子；第4主成分 P_4 中，岩性和土壤厚度负荷量最大，基本反映了地质因子。第1、2主成分，即植被因子和环境因子贡献率最大，累计达63.81%，可见，植被因子与环境因子的变化对石漠化有较大影响。因此，工程建设破坏区域的植被和环境，加剧了该地区的石漠化程度。

2. 梯度分析

对 P_1 和 P_2 主成分因子进行梯度分析，其梯度PCA排序图如图4-15～图4-20所示。

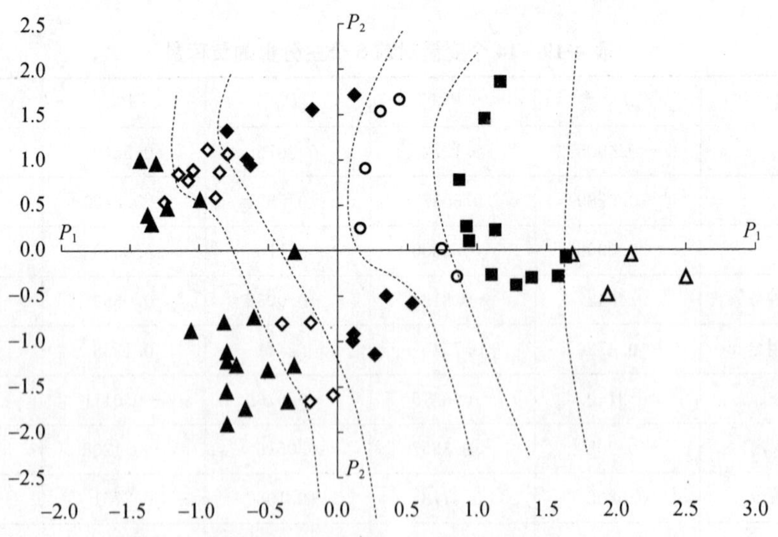

图4-15　梯度分析——群落类型在PCA排序图上的分布

▲—灌草草坡群落；◇—灌丛群落；◆—灌木群落；○—乔灌过渡群落；

■—次生乔林群落；△—顶极乔林群落

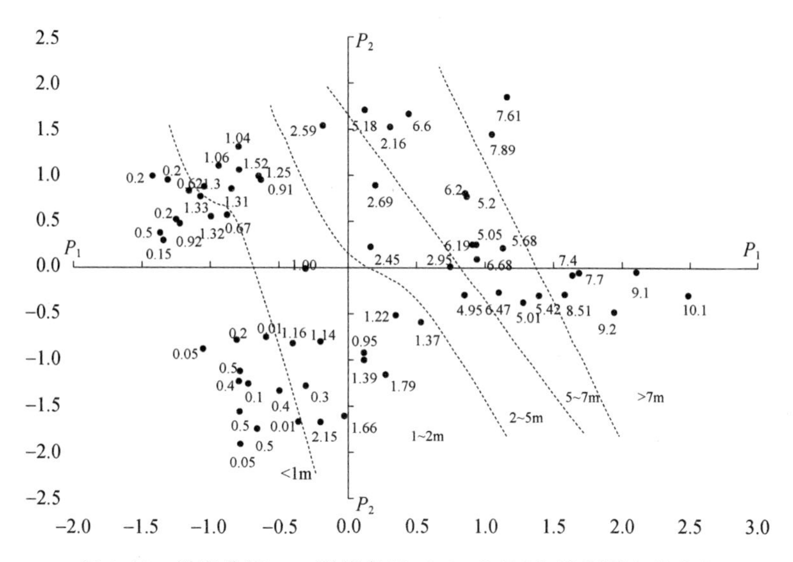

图 4-16　梯度分析——群落高度（m）在 PCA 排序图上的分布

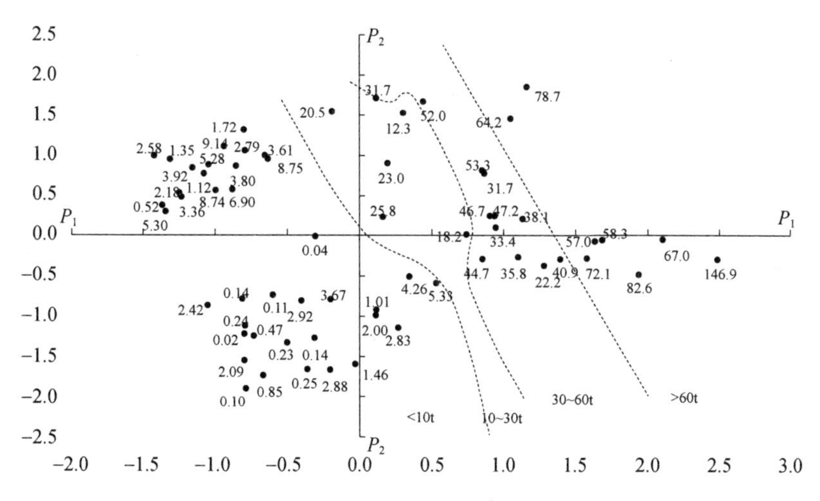

图 4-17　梯度分析——群落生物量（t/hm²）在 PCA 排序图上的分布

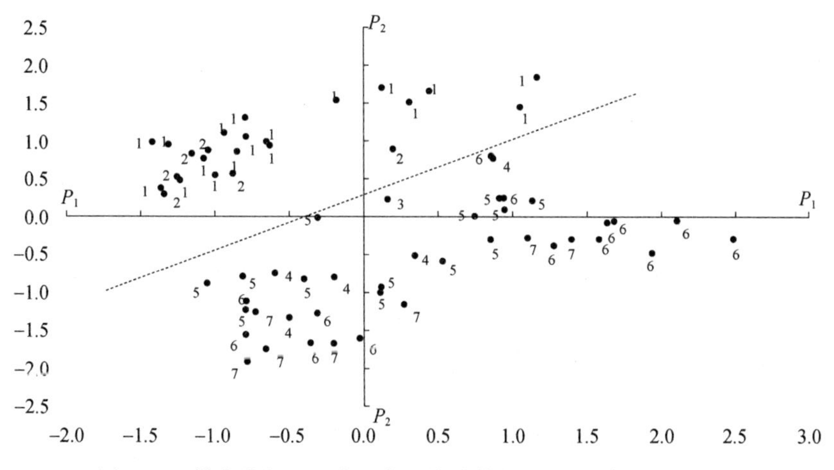

图 4-18　梯度分析——小生态环境种数在 PCA 排序图上的分布

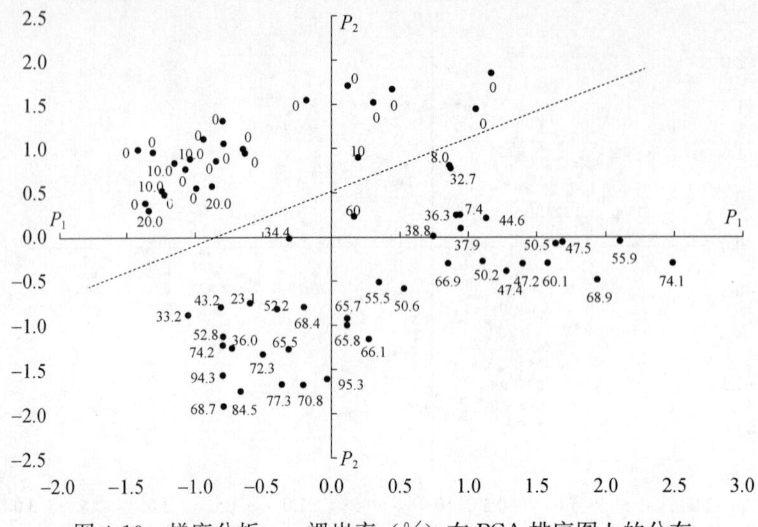

图 4-19　梯度分析——裸岩率（%）在 PCA 排序图上的分布

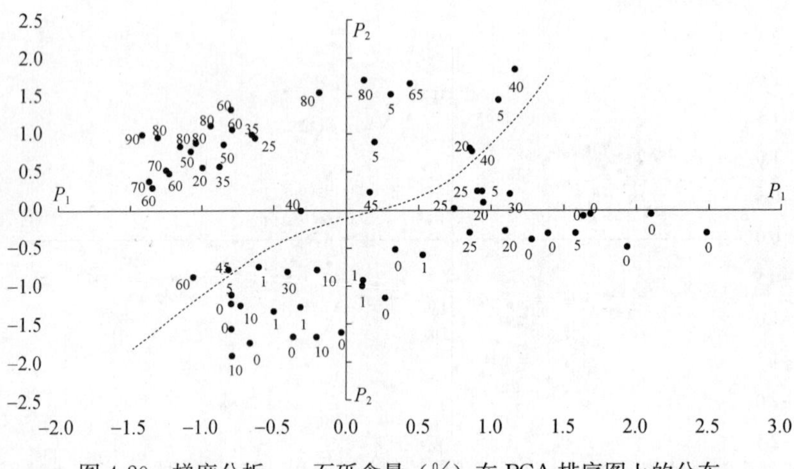

图 4-20　梯度分析——石砾含量（%）在 PCA 排序图上的分布

梯度分析（图 4-15～图 4-20）表明，P_1—P_2 平面上植被子系统各属性因子的分布有明显的规律性，在 P_1 轴上自右向左依次排列为顶极乔林、次生乔林、乔灌过渡群落、灌木群落、灌丛群落和灌草草坡群落，其群落高度、乔灌层盖度、枯落物总量和群落生物量等也显示同样的分布规律，表明 P_1 轴表征了石漠化形成的不同阶段和时间序列。基于 P_1 轴的方差贡献率最大，表明石漠化形成过程中植被子系统及其属性的变化是最重要的本质特征。换言之，石漠化过程也就是植物群落退化、高度和盖度降低、枯落物数量和群落生物量减少的过程。若分别以各样地群落高度 x_9、群落类型 x_7、群落生物量 x_{11}、枯落物总量 x_{10} 和乔盖层盖度 x_8 为自变量，各样地在排序轴 P_1 的坐标值为因变量，进行单因素相关分析，其线性回归参数及相关系数见表 4-20，它们达到了极显著程度的相关。多元线性回归的数学表达式为

$$y=-0.3489990-0.1232488x_7+0.03596561x_8+0.2028592x_9+0.06875136x_{10}+0.0007762x_{11}$$

复相关系数 $R=0.9246$，统计分析达到极显著相关，进一步证明了 P_1 轴表征了石漠化的形成过程和相关属性的变化规律。

表 4-20　P_1、P_2 轴坐标值与相关因子的一元回归分析

因变量	自变量	a	b	r	F 值	显著水平
P_1	群落高度 x_9	−0.8725935	0.3114146	0.9119	306.19	0.01
	群落类型 x_7	1.575824	−0.5336123	0.8890	233.68	0.01
	群落生物量 x_{11}	−0.6041071	0.02954182	0.8396	148.06	0.01
	枯落物总量 x_{10}	−0.6104661	0.3812435	0.7572	83.31	0.01
	乔盖层盖度 x_8	−1.109280	2.071002	0.6826	54.10	0.01
P_2	裸岩率 x_6	1.045632	−0.02955627	0.8815	216.17	0.01
	小生态环境种数 x_4	1.416758	−0.3612452	0.8124	120.33	0.01
	土壤总量 x_{14}	−1.551919	0.2233429	0.8038	113.20	0.01
	小生态环境组合 x_5	−1.419482	0.3210135	0.7540	81.71	0.01
	石砾含量 x_{12}	−0.6150162	0.02222531	0.6402	43.06	0.01

梯度分析（图 4-15～图 4-20）还表明，P_1—P_2 平面上，小生态环境种数的分布也有明显规律，即在 P_2 轴的上部小生态环境种数少（1、2 种），P_2 轴的下部小生态环境种数多（3～7 种），相应的裸岩率、石砾含量和土壤总量等也有类似的规律，它们都沿 P_2 轴呈增加或减少的趋势。而小生态环境种数的多少，裸岩率的高低等属性常与碳酸盐岩的类型有关，表明不同碳酸盐岩上形成的石漠化类型的分异，P_2 轴恰恰反映了这种类型的分异。P_2 轴的方差贡献率达 29.28%，表明石漠化的类型分异是很重要的一个特征和属性。若分别以各样地小生态环境种数 x_4、裸岩率 x_6、土壤总量 x_{14}、小生态环境组合 x_5、石砾含量 x_{12} 为自变量，各样地在排序轴 P_2 的坐标值为因变量，进行单因素相关分析，其线性回归的参数及相关系数见表 4-20，它们达到了极显著程度的相关。多元线性回归的数学表达式为

$$y=0.018068-0.125134x_4+0.010688x_5-0.010265x_6+0.002062x_{12}+0.105275x_{14}$$

复相关系数 $R=0.9274$，统计分析表明显著相关，进一步证明了 P_2 轴表征了类型的差异及其相关特征的变化规律。

PCA 分析结果揭示了石漠化形成过程的因子综合作用和主导作用，也揭示了导致类型不同的因子及其组合，为区域石漠化程度评定研究奠定了基础。

确定了工程建设对石漠化有较大影响的 4 类因子，再确定 14 个小因子 x_1～x_{14}，作为石漠化研究的基本指标，进行了 PCA 主成分多元分析，得出了工程建设对湘西区域生态环境影响指标因子相关特征的变化规律。当复相关系数 $R=0.9246$ 时，统计分析达到极显著相关，证明了 P_1（x_7～x_{11}）轴表征了石漠化的形成过程和相关属性的变化规律，当复相关系数 $R=0.9274$ 时，统计分析表明显著相关，进一步证明了 P_2（x_6，x_4，x_{14}，x_5，x_{12}）轴表征了类型的差异及其相关特征的变化规律。

基于 PCA 主成分多元分析法的工程建设对环境安全影响评价，能够在大量信息损失条件下进行，而且在很大程度上简化评价指标的冗余性和确保评价结果的精确度，结果具有一定的理论指导和参考意义，能够在环境安全评价和其他行业推广使用。

4.5 基于无偏灰色模型的生态环境安全事故预测

生态环境系统是一个复杂的系统，生态环境安全事故的发生是多致因因素综合作用的结果。其中有部分影响因素不确定，属于典型的灰色系统。采用灰色 GM（1，1）模型对生态环境安全事故进行预测，可以避免由于历史数据少、缺失或者不准确而造成的预测精度降低的问题。江成玉、舒金兵等人均采用GM（1，1）模型来进行煤矿安全事故预测，杨瑞波、陈建宏构建残差修正的 GM（1，1）预测模型，吕品则采用灰色马尔科夫模型。吉培荣、黄巍松等证明了传统 GM（1，1）预测模型是有偏差的指数模型，提出了无偏灰色模型，消除了传统灰色预测模型本身所固有的偏差，实质上是一种无偏的指数模型。构建无偏灰色预测模型来进行模拟预测，比传统 GM（1，1）模型预测精度高。其预测结果为生态环境安全法律法规的制定、安全管理以合理规划安全生产目标提供更精确的科学依据。

4.5.1 传统 GM（1，1）模型

1. GM（1，1）预测模型的建立

依据研究对象的统计数据建立原始时间序列：

$$X^{(0)}=\{x^{(0)}(1),x^{(0)}(2),x^{(0)}(3),\cdots,x^{(0)}(n)\} \tag{4-30}$$

式中，$x^{(0)}(k)\geqslant 0$，$k=1,2,\cdots,n$。

$X^{(1)}$ 为 $X^{(0)}$ 的 1-AGO 序列，则

$$X^{(1)}=\{x^{(1)}(1),x^{(1)}(2),x^{(1)}(3),\cdots,x^{(1)}(n)\} \tag{4-31}$$

式中，$k=2,3,\cdots,n$。

$Z^{(1)}$ 为 $X^{(1)}$ 的紧邻均值生成序列，则

$$Z^{(1)}=\{z^{(1)}(1),z^{(1)}(2),z^{(1)}(3),\cdots,z^{(1)}(n)\} \tag{4-32}$$

式中，$z^{(1)}(k)=0.5\times(x^{(1)}(k)+x^{(1)}(k-1))$，$k=2,3,\cdots,n$。

若 $\hat{\boldsymbol{a}}=(a,b)^{\mathrm{T}}$ 为参数列，且

$$\boldsymbol{Y}=\begin{bmatrix}x^{(0)}(2)\\x^{(0)}(3)\\\vdots\\x^{(0)}(n)\end{bmatrix},\boldsymbol{B}=\begin{bmatrix}-z^{(1)}(2)&1\\-z^{(1)}(3)&1\\\vdots&\vdots\\-z^{(1)}(n)&1\end{bmatrix}$$

则 GM（1，1）模型 $x^{(0)}(k)+az^{(1)}k=b$ 的最小二乘估计参数列满足

$$\hat{\boldsymbol{a}}=(\boldsymbol{B}^{\mathrm{T}}\boldsymbol{B})^{-1}\boldsymbol{B}^{\mathrm{T}}\boldsymbol{Y},(a,b)^{\mathrm{T}}=(\boldsymbol{B}^{\mathrm{T}}\boldsymbol{B})^{-1}\boldsymbol{B}^{\mathrm{T}}\boldsymbol{Y} \tag{4-33}$$

那么 GM（1，1）模型的白化方程 $\frac{\mathrm{d}x^{(1)}}{\mathrm{d}t}+ax^{(1)}=b$ 的解也称为时间响应函数，为

$$x^{(1)}(t)=\left(x^{(0)}(1)-\frac{b}{a}\right)\mathrm{e}^{-at}+\frac{b}{a} \tag{4-34}$$

GM（1，1）模型 $x^{(0)}(k)+az^{(1)}k=b$ 的时间响应序列为

$$\hat{x}^{(1)}(k+1)=\left(x^{(0)}(1)-\frac{b}{a}\right)e^{-ak}+\frac{b}{a}\quad(k=1,2,\cdots,n)\tag{4-35}$$

则还原值 $\hat{x}^{(0)}(k+1)=a^{(1)}\hat{x}^{(1)}(k+1)=\hat{x}^{(1)}(k+1)-\hat{x}^{(1)}(k)$

$$=(1-e^{a})\left(x^{(0)}(1)-\frac{b}{a}\right)e^{-ak}\quad(k=1,2,\cdots,n)\tag{4-36}$$

2. 预测模型的后验差检验

建立模型后，需对其精度等级进行检验，以确定所选用模型的可靠性，本节采用后验差检验。$x^{(0)}(k)$ 与其预测值 $\hat{x}^{(0)}(k)$ 之差为 $\varepsilon(k)$，即残差为 $\varepsilon(k)=x^{(0)}(k)-\hat{x}^{(0)}(k)$，$k=1,2,\cdots,n$。

残差均值 $\bar{\varepsilon}$ 和方差 S_1^2 分别为

$$\bar{\varepsilon}=\frac{1}{n}\sum_{k=1}^{n}\varepsilon(k)\tag{4-37}$$

$$S_1^2=\frac{1}{n}\sum_{k=1}^{n}(\varepsilon(k)-\bar{\varepsilon})^2\tag{4-38}$$

原始数据的均值 $\bar{x}$ 和方差 S_2^2 分别为

$$\bar{x}=\frac{1}{n}\sum_{k=1}^{n}x^{(0)}(k)\tag{4-39}$$

$$S_2^2=\frac{1}{n}\sum_{k=1}^{n}(x^{(0)}(k)-\bar{x})^2\tag{4-40}$$

设 $C=S_1/S_2$，称为后验差比值，指标 C 越小越好。C 越小，表示 S_2 越大而 S_1 越小。S_2 大表明原始数据方差大，离散度大；S_1 小则表明残差方差小，离散度小。而 C 小表明尽管原始数据很离散，但模型所得计算值与实际值之差并不太离散。

$P=P\{|\varepsilon(k)-\bar{\varepsilon}|<0.6745S_1\}$ 称为小频率误差。P 越大越好，P 越大表明残差与残差平均值之差小于给定值 $0.6745S_1$ 的点较多（以百分比记之）。

采用 C 与 P 两个指标可以综合评定预测模型的精度，其具体指标见表 4-21。

表 4-21　精度检验等级指标

预测精度等级	P	C
好	>0.95	<0.35
合格	>0.8	<0.40
勉强	>0.7	<0.45
不合格	$\leqslant 0.7$	$\geqslant 0.45$

4.5.2　无偏灰色模型

1. 无偏灰色模型的构建

建立如下三种无偏 GM（1，1）模型：

$$[x^{(1)}(k)-x^{(1)}(k-1)]+a[\lambda_1 x^{(1)}(k-1)+(1-\lambda_1)x^{(1)}(k)]=b\tag{4-41}$$

式中，$\lambda_1=\dfrac{1}{a}-\dfrac{1}{e^a-1}$。

$$\lambda_2[x^{(1)}(k)-x^{(1)}(k-1)]+\frac{a}{2}[x^{(1)}(k-1)+x^{(1)}(k)]=b \tag{4-42}$$

式中，$\lambda_2=\dfrac{a(1+e^{-a})}{2(1-e^{-a})}$。

$$\lambda_3[x^{(1)}(k)-x^{(1)}(k-1)]+ax^{(1)}(k)=b \tag{4-43}$$

式中，$\lambda_3=\dfrac{a}{e^a-1}$。

这 3 种无偏 GM（1，1）模型都可以得到如下时间响应式：

$$x^{(1)}(k)=e^{-a}x^{(1)}(k-1)+\frac{b}{a}(1-e^{-a}) \quad (k=2,3,\cdots,n) \tag{4-44}$$

令 $\beta_1=e^{-a}$，$\beta_2=\dfrac{b}{a}(1-e^{-a})$，式（4-43）可以表示为

$$x^{(1)}(k)=\beta_1x^{(1)}(k-1)+\beta_2 \quad (k=2,3,\cdots,n) \tag{4-45}$$

式（4-44）就是无偏灰色模型，若 $\hat{\boldsymbol{\beta}}=(\beta_1,\beta_2)^{\mathrm T}$ 为无偏灰色模型的参数向量，则无偏灰色模型的最小二乘原估计为

$$\hat{\boldsymbol{\beta}}=(\boldsymbol{B}^{\mathrm T}\boldsymbol{B})^{-1}\boldsymbol{B}^{\mathrm T}\boldsymbol{Y}$$

$$\boldsymbol{Y}=\begin{bmatrix}x^{(0)}(2)\\x^{(0)}(3)\\\vdots\\x^{(0)}(n)\end{bmatrix},\boldsymbol{B}=\begin{bmatrix}x^{(1)}(1) & 1\\x^{(1)}(2) & 1\\\vdots & \vdots\\x^{(1)}(n-1) & 1\end{bmatrix}$$

2. 无偏灰色模型的求解

为了避免由差分方程向微分方程的跳跃而导致误差，党耀国、刘思峰等通过递推的方法直接解出无偏灰色模型的预测公式[11]。设 $\boldsymbol{B}$、$\boldsymbol{Y}$、$\hat{\boldsymbol{\beta}}$ 如上所述，$\hat{\boldsymbol{\beta}}=(\boldsymbol{B}^{\mathrm T}\boldsymbol{B})^{-1}\boldsymbol{B}^{\mathrm T}\boldsymbol{Y}$，取初始值 $\hat{x}^{(1)}(1)=x^{(1)}(1)$，则无偏灰色模型的解为

$$\hat{x}^{(1)}(k)=\begin{cases}\beta_1^{k-1}x^{(1)}(1)+\dfrac{1-\beta_1^{k-1}}{1-\beta_1}\cdot\beta_2 & (\beta_1\neq 1)\\ x^{(1)}(1)+k\beta_2 & (\beta_1=1)\end{cases} \tag{4-46}$$

$$\hat{x}^{(0)}(k)=\begin{cases}(\beta_1-1)\beta_1^{k-2}x^{(1)}(1)+\beta_2\cdot\beta_1^{k-2} & (\beta_1\neq 1)\\ \beta_2 & (\beta_1=1)\end{cases} \tag{4-47}$$

式中，$k=2,3,4,\cdots,n$。

预测的结果同样也需要按照前面介绍的预测模型的后验差检验的方法对所建模型的精度等级进行检验，同时确定无偏灰色模型的可靠性。

3. 无偏灰色模型在生态环境安全预测中的应用

结合我国统计局和国家环境部门近几年公布的数据，整理出的我国 2012—2017 年生态环境安全事故发生率数据，见表 4-22。下面分别用传统 GM（1，1）模型及无偏灰色模型进行模拟，并对相应的结果进行分析比较。

表 4-22　2005—2010 年生态环境安全发生率

年份	2012	2013	2014	2015	2016	2017
发生率（%）	2.836	2.04	1.485	1.182	0.892	0.749

（1）传统 GM（1，1）模型预测。

①根据表 4-22 建立原始数据序列 $X^{(0)}=\{2.836, 2.04, 1.485, 1.182, 0.892, 0.749\}$。

②$X^{(0)}$ 的 1-AGO 序列 $X^{(1)}=\{2.836, 4.876, 6.361, 7.543, 8.435, 9.184\}$。

③$X^{(1)}$ 的紧邻均值序列 $Z^{(1)}=\{3.856, 5.619, 6.952, 7.989, 8.810\}$。

于是

$$\boldsymbol{Y}=\begin{bmatrix}x^{(0)}(2)\\x^{(0)}(3)\\x^{(0)}(4)\\x^{(0)}(5)\\x^{(0)}(6)\end{bmatrix}=\begin{bmatrix}2.04\\1.485\\1.182\\0.892\\0.749\end{bmatrix}\quad \boldsymbol{B}=\begin{bmatrix}-z^{(1)}(2)&1\\-z^{(1)}(3)&1\\-z^{(1)}(4)&1\\-z^{(1)}(5)&1\\-z^{(1)}(6)&1\end{bmatrix}=\begin{bmatrix}-3.856&1\\-5.619&1\\-6.952&1\\-7.989&1\\-8.810&1\end{bmatrix}$$

④对参数列 $\hat{\boldsymbol{a}}=(a, b)^{\mathrm{T}}$ 进行最小二乘估计，得到 $\hat{\boldsymbol{a}}=(\boldsymbol{B}^{\mathrm{T}}\boldsymbol{B})^{-1}\boldsymbol{B}^{\mathrm{T}}\boldsymbol{Y}=\begin{bmatrix}0.261\\3.007\end{bmatrix}$。

⑤确定模型 $\frac{\mathrm{d}x^{(1)}}{\mathrm{d}t}+0.244x^{(1)}=4.681$ 的时间响应式：

$$\hat{x}^{(1)}(k+1)=\left(x^{(0)}(1)-\frac{b}{a}\right)\mathrm{e}^{-ak}+\frac{b}{a}=-8.6851\mathrm{e}^{-0.244k}+11.5211$$

⑥求出 $X^{(1)}$ 的模拟值：

$$\hat{X}^{(1)}=\{2.836, 4.830, 6.365, 7.547, 8.457, 9.158\}$$

⑦还原出 $X^{(0)}$ 的模拟值，$\hat{X}^{(0)}=\{2.836, 1.994, 1.535, 1.182, 0.910, 0.700\}$。

（2）无偏灰色模型预测。

原始数据序列 $X^{(0)}$ 和 $X^{(0)}$ 的 1-AGO 序列 $X^{(1)}$ 与以上求解相同。

$$\boldsymbol{B}=\begin{bmatrix}x^{(1)}(1)&1\\x^{(1)}(2)&1\\x^{(1)}(3)&1\\x^{(1)}(4)&1\\x^{(1)}(5)&1\end{bmatrix}=\begin{bmatrix}2.836&1\\2.04&1\\1.485&1\\1.182&1\\0.892&1\end{bmatrix},\boldsymbol{Y}=\begin{bmatrix}x^{(1)}(2)\\x^{(1)}(3)\\x^{(1)}(4)\\x^{(1)}(5)\\x^{(1)}(6)\end{bmatrix}=\begin{bmatrix}x^{(1)}(2)\\x^{(1)}(3)\\x^{(1)}(4)\\x^{(1)}(5)\\x^{(1)}(6)\end{bmatrix}$$

无偏灰色模型的最小二乘原估计为 $\hat{\boldsymbol{\beta}}=(\beta_1, \beta_2)^{\mathrm{T}}=(\boldsymbol{B}^{\mathrm{T}}\boldsymbol{B})^{-1}\boldsymbol{B}^{\mathrm{T}}\boldsymbol{Y}=\begin{bmatrix}0.768\\2.662\end{bmatrix}$。

可见 $\beta_1\neq 1$，当 $k=2, 3, \cdots, n$ 时，有 $\hat{x}^{(0)}(k)=(\beta_1-1)\beta_1^{k-2}x^{(1)}(1)+\beta_2\cdot\beta_1^{k-2}=2.005\times 0.768^{k-2}$，那么 $\hat{X}^{(0)}=\{2.836, 2.005, 1.539, 1.182, 0.907, 0.700\}$。

（3）预测结果比较分析。

采用 GM（1，1）模型以及无偏灰色模型进行生态环境安全预测的结果见表 4-23。

表 4-23　两种模型的模拟预测值与实际值的比较

年份	实际值（%）	传统 GM（1，1）模型				无偏灰色模型			
		预测值（%）	残差	绝对误差	相对误差	预测值（%）	残差	绝对误差	相对误差
2006	2.04	1.994	−0.046	0.046	0.022549	2.005	−0.035	0.035	0.022549
2007	1.485	1.535	0.05	0.05	0.03367	1.539	0.054	0.054	0.03367
2008	1.182	1.182	0	0	0	1.182	0	0	0
2009	0.892	0.91	0.018	0.018	0.020179	0.907	0.015	0.015	0.020179
2010	0.749	0.7	−0.049	0.049	0.065421	0.7	−0.049	0.049	0.065421

根据表 4-23 中的结果，可以求出两种模型的模拟平均绝对误差、平均相对误差、P 值和 C 值，对比计算分析结果见表 4-24。

表 4-24　两种模型的模拟误差分析

预测模型	平均绝对误差	平均相对误差	P	C	预测精度等级
传统 GM（1，1）模型	0.0326	2.84%	1	0.0823	一级
无偏灰色模型	0.0306	2.71%	1	0.0998	一级

由表 4-24 可以看出，采用 GM（1，1）模型和无偏灰色模型进行生态环境安全发生率预测，其预测精度等级均为一级，满足精度要求。无偏灰色模型消除了传统 GM（1，1）模型本身固有的偏差，平均绝对误差为 0.0306，平均相对误差为 2.71%，均低于传统 GM（1，1）模型。采用无偏灰色模型对 2018 年和 2019 年的生态环境安全发生率进行预测，根据式（4-46），有 $\hat{x}^{(0)}(7) = 2.005 \times 0.768^5 = 0.536$，$\hat{x}^{(0)}(8) = 2.005 \times 0.768^6 = 0.411$。

可见，预测的 2018 年和 2019 年的生态环境安全发生率将达到 0.536 和 0.411。很显然我国近年来生态环境安全事故逐年整体下降。

4.6　突发性环境事件应急联动系统构建

突发性环境事件指由于违反环境保护法律法规的经济、社会活动与行为，及因意外因素的影响或不可抗拒的自然灾害等致使环境受到污染的事件，以及其他突发公共事件次生、衍生的环境事件。突发性环境事件主要分为 3 类：突发环境污染事件、生物物种安全环境事件和核与辐射事件。其中突发环境污染事件包括重点流域、敏感水域水环境污染事件，重点城市光化学烟雾污染事件，危险化学品、废弃化学品污染事件，海上石油勘探开发溢油事件与突发船舶污染事件等。

针对当前日益严峻的环境形势，本节提出了突发性环境事件应急联动系统。从字面角度看我们会发现系统突出了 3 个特点："急"——适用于突发、紧急事件的处理，要突出快速反应能力；"联"——多方协同参与事件的处置，突出互联互通能力；"动"——统一指挥、统一部署、统一行动，突出现场的处置能力。该系统主要是采用计算机技术，通过自动监控系统和信息采集系统对数据进行采集并加工，对各种分离的信息与通信资源进行完整的系统集成，将各种突发性环境应急系统和紧急援助单位纳入一套智能化信息处理与通信方案之中，进行统一的指挥调度，对突发性环境事件做出快速、有序和高效的反应。

4.6.1　系统结构与开发工具

1. 系统结构

根据环境工程、系统工程、信息工程等理论和方法，充分运用计算机网络技术、通信技术及空间信息技术，在充分了解用户需求的前提下，笔者结合实际提出了目前适合大部分突发性环境事件的应急联动系统的体系结构，如图 4-21 所示。

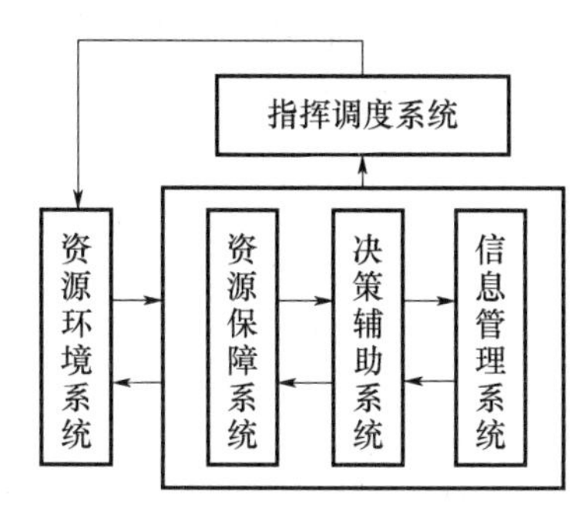

图 4-21　突发性环境事件应急联动系统的体系结构

2. 系统开发工具

从总体上讲，突发性环境事件应急联动系统的建设，采用浏览器/服务器（B/S）和客户/服务器（C/S）联合开发，以 B/S 为主。该系统采用模块化设计，具有很强的开发性、灵活性、可维护性、交互性、易操作性和二次开发能力。把 SQL Server、MapInfo、MapBasic 和 Delphi 完美地结合在一起，形成 C/S 系统，采用 C/S 方式提供空间数据库的复杂编辑，开发语言为 Delphi 6.0＋MapBasic，主要是为 B/S 方式的子系统提供数据来源；把 SQL Server、MapInfo、MapBasic、Java Servlet 和 ASP. NET 完美地结合在一起，形成 B/S 系统，采用 B/S 方式提供基于地理信息的网上数据库的调用、查询、统计、非空间数据库的编辑功能和空间数据库的简单编辑功能，例如危险源周边敏感单位查询。

4.6.2　突发性环境事件应急联动系统的构建

突发性环境事件应急联动系统的建设目标就是通过明确各应急子系统之间的关系及其相互信息需求，经信息共享将现有资源有机地整合起来，从而打破各子系统各自封闭的状态，从整体上发挥出更大的作用，实现一个运营高效化、决策快速化、服务公众化、信息网络化的现代化、集成化的突发性环境事件应急联动系统。

1. 突发性环境事件应急联动系统组织体系

突发性环境事件应急联动系统主要由政府决策中心、突发性环境事件应急联动系统公共服务平台、应急联动业务应用中心、环境管理信息系统和应急预案管理系统构成。组织体系如图 4-22 所示。

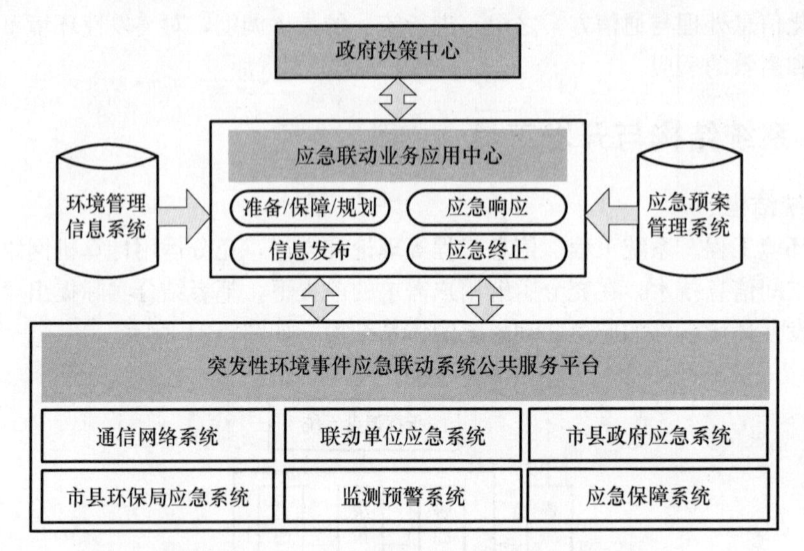

图 4-22　突发性环境事件应急联动系统组织体系

2. 突发性环境事件应急联动系统功能描述

(1) 政府决策中心。突发性环境事件常常涉及不同的部门、不同的区域，这就需要有一个高效的指挥体制来进行快速决策和调动资源，以适应快速反应的需要。各级人民政府是本行政区域内应急管理领导机构，应负责本行政区域内突发性环境事件的应急管理工作。为统一指挥、领导全市/县突发性环境事件的应急管理工作，应设市/县政府应急管理办公室，作为突发性环境事件应急管理委员会的常设机构。该机构履行值守应急、信息汇总和综合协调职责，发挥运转枢纽作用；负责接收和办理向市政府报送的紧急事项，并根据市/县政府的要求向省政府报送紧急事项；承办市政府应急管理专题会议；督促落实市/县政府有关决定事项和市/县政府领导批示、指示精神；指导全市/县突发性环境事件应急体系、应急信息平台建设；组织编制、修订突发性环境事件应急预案，组织审核专项应急预案，协调较大、重大、特别重大突发性环境事件的预防、预警、应急演练、应急处置、调查评估、信息发布、应急保障和宣传培训等工作。

(2) 应急联动业务应用中心。应急联动业务应用中心是应对突发性环境事件的“大脑”，负责整个应对工作的指挥和协调，平时处于半休眠状态——监测状态，一旦突发性环境事件发生，根据其规模和严重程度，决定其功能的激活程度。该中心整合环境管理信息系统、环境应急预案管理系统、突发性环境事件应急联动系统公共服务平台及政府决策中心等资源，进行报警→接警→处警→执行与反馈→监控与记录→报表与统计等环节。

(3) 环境管理信息系统。根据行政区域内危险源、化学危险品、社会环境信息调查所获得的信息，进行数据库的设计、开发。数据库平台采用 Microsoft SQL Server。数据库主要涉及基于 GIS 空间数据库、环保业务数据库和统计查询分析 3 个部分，如图 4-23 所示。

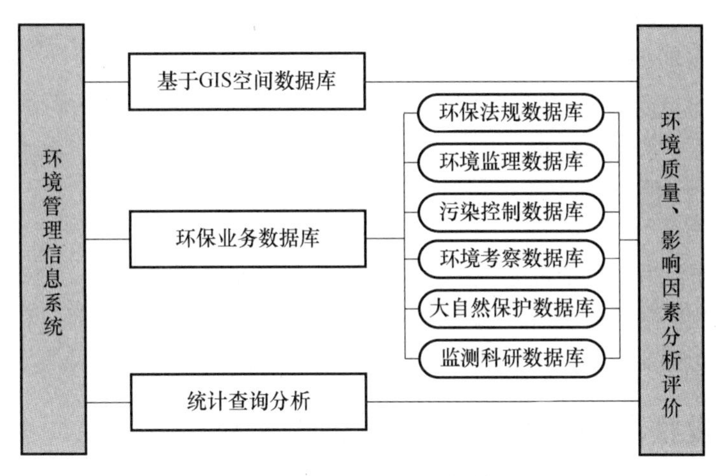

图4-23 环境管理信息系统结构图

（4）应急预案管理系统。应急预案管理系统主要针对事态严重、影响面广、损失重大、难以在仓促间做出良好决策的突发性环境事件。预案管理方式即将原主管部门颁发的应急预案转换为计算机语言和通信语言，预先储存在应急预案服务器中，在需要的时候，可将突发事件相关的行动预案建议给领导，由具有相应权限的高级领导启动预案，降低临场应急的决策风险，实现全程高效、科学的自动指挥调度。

（5）突发性环境事件应急联动系统公共服务平台。在基础数据源的支持下，采用成熟、先进的应用技术，抽象应急业务，构建面向应用的应急服务平台。服务平台主要由地理信息（GIS）共享服务平台和电子政务（E-GOV）共享服务平台组成。包括：通信网络系统，联动单位应急系统，市县政府应急系统，市县环保局应急系统，监测预警系统，应急保障系统。通过该服务平台，可实现整个系统的统一监控管理、协同办公、知识管理、资源管理、预案管理、GIS/GPS功能、集成通信功能，并通过数据交换平台实现异构系统、分布式系统的数据共享交换。

4.6.3 突发性环境事件应急联动系统关键技术

突发性环境事件应急联动系统是一个集成了计算机、有线通信、无线通信、网络、软件、数据库等技术和产品的大型复杂系统，涉及计算机技术、网络技术、有线/无线通信技术、GIS技术、图像监控技术、数据库技术、异构数据交换与共享技术、计算机辅助调度技术等多种关键技术。

1. 集群通信技术

突发性环境事件应急联动系统首先是一个专网应急通信系统，是一个有线/无线综合通信及指挥调度平台。其主要特点是覆盖范围大、分组调度指挥灵活、呼叫建立快速、共享信道资源等。集群通信系统最大优势在于即使只有一个信道，也能调度所有用户。

2. 地理信息系统（GIS）技术

地理信息系统是突发性环境事件应急联动系统的一个重要组成部分，主要用于辅助应急指挥方面。GIS系统可以在接到各类报警信息后，及时通过GIS系统定位报警信息所在地的位置，显示该区域的警力分布、地理环境等信息，并按照应急事故等级分类，启动相应的应急预案。

3. 计算机电话集成（CTI）技术

CTI 的核心技术有交换机/排队机、呼叫处理、数字脉冲识别、主叫号码识别、自动号码识别、数字网络接口等。

4. 网络平台

通信网络平台为应急指挥系统提供一个统一的速度快、覆盖广、安全性高的信息共享和信息互通的数据传输通道，包括连接应急中心内部的各个业务部门和职能部门的中心局域网，以及连接应急中心和其他联动单位的广域网两大部分。

4.6.4　突发性环境事件联动组织运作流程

突发性环境应急联动组织运作流程包括报警→接警→处警→执行与反馈→监控与记录→报表与统计等步骤。应急联动资源调度具体流程如图 4-24 所示。

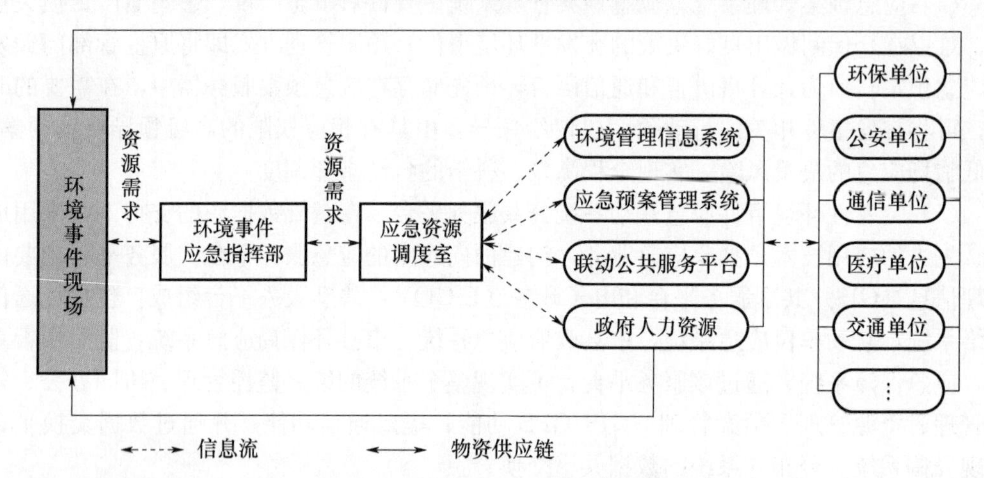

图 4-24　应急联动系统资源调度流程

该系统解决了以下几个关键问题：

（1）该应急联动系统方案可无缝有线、无线进行综合调度，共用统一的调度平台，同时又保持各调度系统独立运行。

（2）系统科学而合理地集成计算机辅助调度、有线/无线综合调度、地理信息应用、计算机话务整合、互动语音服务提示、视频图像监控等多种跨技术领域应用，形成了互动互通的突发性环境事件的应急联动体系。

（3）系统整合采用模块化组合概念，用户可以适时按需地进行各类既有系统资源的动态调整，提高了系统资源的整体利用效率和实际使用效益。

（4）系统整体考虑并设计了灵活的业务逻辑模型，系统建设完成后，具备向上建设适合全国紧急状况处理的战略性突发性环境事件的指挥中心，向下完善适合多种业务单位的多级战术性突发性环境事件应急联动体系的技术能力。

4.7　本章小结

在资源、环境与生态问题越来越突出的大背景下，研究露天矿的开发和工程建设对生态脆弱的区域的影响，探索生态环境综合整治与生态恢复的有效途径有着重要意义。为了保护好矿区和工程建设区域的土地资源和生态环境，要做好规划，做到边开采边复垦。本章在调查了解湘西北岩溶地区地质和自然条件状况、矿区土地利用与土壤资源状况和开采工艺的基础上，研究岩溶石漠化地区工程建设对当地生态环境造成的破坏。露天建设对原生植被彻底破坏、水土流失严重，滑坡、泥石流等地质灾害频频发生，造成的巨大损失，严重地威胁着矿区的生态环境，加剧了石漠化的发展；用 Bayes 判别分析数学模型首次对沃溪采矿的矿山地质环境进行了评估，并证明了 Bayes 判别分析方法用于矿山地质环境的评估是可行的；进行了基于 PCA 方法的工程建设对湘西岩溶地区生态安全影响评价研究，采用无偏灰色模型对生态环境安全事故进行预测，构建了突发性环境事件应急联动系统。

第5章　岩溶地区地形地貌三维地质建模与可视化设计

5.1　三维地质建模

5.1.1　地形建模方法原理

地形模型实际上是一个二维网格化数组，地形建模过程就是根据已知地形数据（坐标及标高）给每一个网格（单元块）中心赋以一个高程值。建立地形模型的目的是为岩性建模和品位建模提供边界检测，以区分空气块和实体块。所以，地形建模必须先于岩性建模。地形建模数据通过数字化地形图汇总得到。这里介绍三种地形模型推估方法：趋势面法；距离幂反比法；克立格法。

1. 趋势面法

（1）数学模型：

二元一次趋势面方程为

$$z=b_0+b_1x+b_2y \tag{5-1}$$

二元二次趋势面方程为

$$z=b_0+b_1x+b_2y+b_3x^2+b_4xy+b_5y^2 \tag{5-2}$$

二元 p 次趋势面方程为

$$z=b_0+b_1x+b_2y+b_3x^2+b_4xy+\cdots+b_ky^p \tag{5-3}$$

式中

$$k=(p+1)(p+2)/2$$

（2）主要计算公式：

设（x_i，y_i，z_i）（$i=1$，2，…，n）为观测数据，令

$$\boldsymbol{X}=\begin{bmatrix}1 & x_1 & y_1\\1 & x_2 & y_2\\\vdots & \vdots & \vdots\\1 & x_n & y_n\end{bmatrix}\quad \boldsymbol{B}=\begin{bmatrix}b_0\\b_1\\\vdots\\b_n\end{bmatrix}\quad \boldsymbol{Z}=\begin{bmatrix}z_1\\z_2\\\vdots\\z_n\end{bmatrix} \tag{5-4}$$

则趋势面方程系数为

$$\boldsymbol{B}=(\boldsymbol{X}'\boldsymbol{X})^{-1}\boldsymbol{X}'\boldsymbol{Z} \tag{5-5}$$

多项式的阶数越高则趋势值越接近观测值，一般起伏大的地形阶数大，但阶数不宜超过五次，通常取一阶，即用最佳拟合平面通过观测点。用趋势面法可以快速生成一个

粗糙的网格地形模型，常用来检验地形数据的正确性。

2. 距离幂反比法

在计算插值点的高程时，待估高程与待估点和实测点之间距离 d 的 p 次幂成反比。也就是说，距插值点近的实测点的影响大，数值也大；距插值点远的实测点的影响小，数值也小。一般认为，在地形插入计算时，采用距离平方反比法求插值，往往取得较好的效果。其计算公式为

$$H=\sum_{i=1}^{N}\lambda_i\cdot h_i \tag{5-6}$$

$$\lambda_i=\frac{1/d_i^p}{\sum_{i=1}^{N}(1/d_i)^p} \tag{5-7}$$

式中，H 为插值点的高程；h_i 为第 i 个点的实测值；N 为指定范围内的实测点个数；p 为距离倒数法幂次，$p=1$、1.5、2、2.5、3 等，一般取 $p=2$。

插值点与实测点间距离的计算公式为

$$d_{iI}=\sqrt{(X_i-X_I)^2+(Y_i-Y_I)^2} \tag{5-8}$$

式中，(X_i, Y_i) 为第 i 个实测点坐标；(X_I, Y_I) 为第 I 个插值点坐标。

每个实测点都有它一定的影响范围，在进行插值计算时，必须先确定实测点的最大影响半径 D_{max}。

当 $d_{iI}<D_{max}$ 时参与距离幂倒数插值计算；

当 $d_{iI}\geqslant D_{max}$ 时，不参与插值计算；

当 d_{iI} 很小时，不进行插值计算，直接把实测点视为插值点的高程。

3. 克立格法

克立格法源于地质统计学，是一种以满足方差最小为条件的线性无偏估计。其主要计算公式为

$$H=\sum_{i=1}^{n}\lambda_i\cdot h_i \tag{5-9}$$

$$\sum_{i=1}^{n}\lambda_i=1 \tag{5-10}$$

式中，H 为待估网格上的高程值；h_i 为已知样本点的高程值；λ_i 为克立格系数，λ_i 满足 $E(H-h_i)\rightarrow\min$。

5.1.2　建立地形模型

地表模型是建立三维地质实体模型的重要组成部分，建立好地表模型，可以对矿区所在位置在宏观上有个完整的认识。一些地表工程的设计和施工包括排土场、选场、井口等位置都是以地表模型为参考的；同时，地表模型作为边界约束条件，还直接影响到技术经济指标和工程量的计算，因此，为了达到最好的实际效果，地表模型必须满足精度要求。

地表模型一般由若干地形线和散点生成，在 DIMINE 中，系统根据每个点的坐标值，将所有点（线亦由散点组成）连成若干相邻的三角面，然后形成一个随着地面起伏

变化的单层模型，因此需要首先用 AutoCAD 矢量化地形等高线图，然后导入 DIMINE 软件中，再用创建 DTM 指令生成地表模型。

1. 地表模型建立依据

收集的地形地貌资料中，有 1 张湘西北地区地形图（图 5-1），即“勘查工程实际材料图.dwg”，其中等高线 1m 一根。

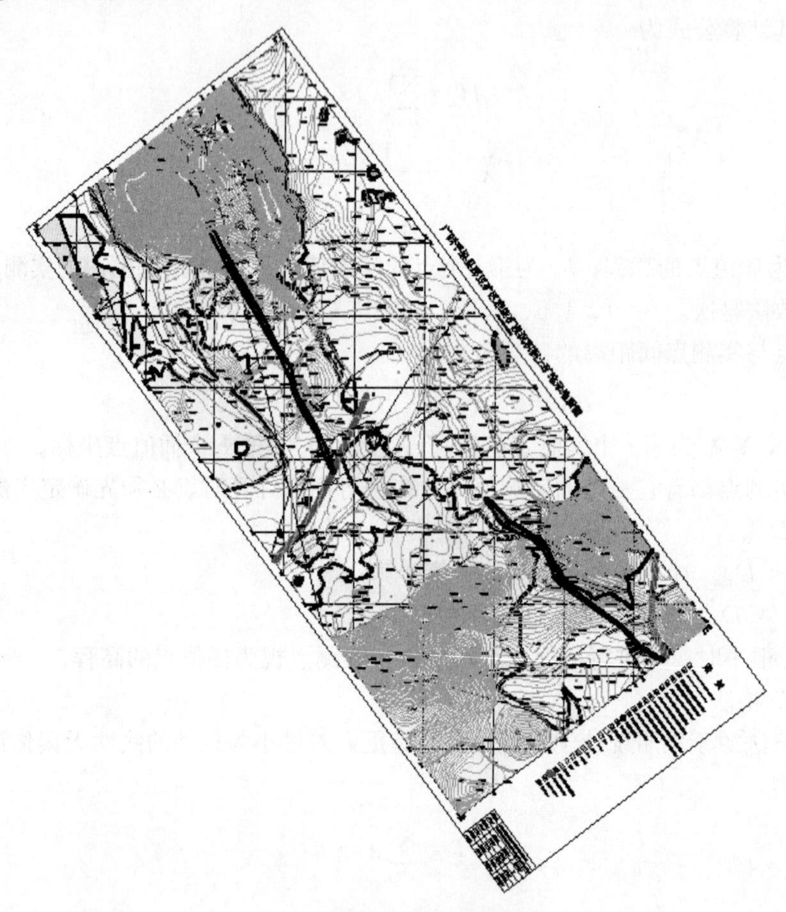

图 5-1　湘西北地区地形图

2. AutoCAD 预处理

首先是对原 AutoCAD 图坐标的审查，经过审查，坐标基本相符，导入 DIMINE 后可以较为准确地显示坐标。

原 AutoCAD 图上有很多面片，这在 DIMINE 中是显示不出来的，需要对其进行处理，此外对一些不需要的地层与断层进行处理，使图形尽量简单，导入 DIMINE 后运行快速，但也得保证所需显示的信息尽量显示在地表上，其中的勘探线、X 坐标、Y 坐标、等高线是必须保留的，其他的道路、高压线、岩体地表露头等也是我们在后期 DIMINE 建模中所需要的。

3. 导入 AutoCAD 文件

原始 AutoCAD 图虽对一些区段赋上了高程，但因区域面积较大，等高线密，因此大部分区段要对等高线重新赋值。首先我们借助 DIMINE 软件强大的数据接口，直接将 AutoCAD 上的图元导入到 DIMINE 三维操作视窗。也可以有选择性地导入文件，对一些空间尺寸跨度大的图，只导入一些有价值的图元，可加快软件后台运行。DIMINE 所支持的 AutoCAD 文件为 AutoCAD 2000 类型的 DXF 或 DWG 文件。

（1）选择“文件”→“导入”→“AUTOCAD 文件”，运行程序。

（2）激活“导入点”“导入线”“导入文字”“剖面图”，选择保存文件路径；当然，用户也可以选择不激活某些功能。

（3）在剖面图弹出对话框中输入所需基点坐标，以及所在勘探线的方位角（该功能是将原地质剖面图的二维平面显示转换为三维显示的三维属性图）。

（4）成功导入 AutoCAD 文件后，用户可使用“条件查询”按钮来选择所需要显示编辑的属性元素。另外设置高程按钮在导入平面图时使用。

AutoCAD 处理后的地形地质平面图如图 5-2 所示。

图 5-2　AutoCAD 处理后的地形地质平面图

4. 断线处理

AutoCAD 上描绘的高程线一般都是样条曲线或者曲线，而 DIMINE 软件只能对多段线赋高程，因此需要将所有线条转换为多段线。同时一条完整的高程线需要充分反映地形的崎岖变化，因此简单地绘制一条样条曲线表达的弯曲精度不高，需要在 AutoCAD 上补画一些直线，即用多条细短的直线连接来代替圆滑的曲线。这些细短的直线导入到 DIMINE 软件后，呈现为断线形式，需要连接成一条多段线。这样方便操作，也可改善后来形成的地形 DTM 面片的生成效果。

（1）在俯视状态下，选图形工作区内的全部线条，然后单击右键，弹出一个菜单框，其中一项是转换为多段线。

（2）同时命令栏提示“请选择目标对象（光顺精度 0.010，要修改请输入）”。选中对象后，按照默认精度值确定即可。

（3）单击“线编辑”菜单中的“多线连接”工具。命令栏提示“请输入连接精度和角度容差，逗号隔开（默认 10.000，30.000 度）”。输入符合要求的连接精度和角度容差值，选中对象后，按下 Enter 键确定即可。

5. 赋高程

导入后的一些等高线，有些赋上高程值，有些仍在零高程。对这些高程线，需要根据周围的测点进行推估。同时 AutoCAD 图上曲线是每隔 1m 一条，因此就按 1m 的高程差对这些高程线重新赋值。

（1）单击“线编辑”菜单中的“梯度赋高程”工具。命令栏显示“请输入基线高程和高程差，逗号隔开（默认：0.000，1.000）”。

（2）输入相应的基线高程和高程差。单击鼠标左键选中起点，然后松开左键、拖动鼠标，最后在目标点位置单击左键（选中的多段线会显亮），即完成了赋高程过程。

（3）旋转视图，观看等高线的赋值情况，对少数遗漏的线条，改换其他颜色显示，以便进行再处理。

6. 地形 DTM 面的生成

对上述赋好高程的等高线，按照 DIMINE 软件 DTM 面的生成法则，构建各区段地形 DTM 面片，将矿区地形三维空间形状以一种比较直观的方式展现出来。

（1）单击“实体建模”菜单中的创建 DTM 模型图标。命令栏提示“请选择 DTM 源数据（线或点）：（根据提示选择等高线）”。

（2）在空白处单击鼠标右键，出现如图 5-3 所示菜单。

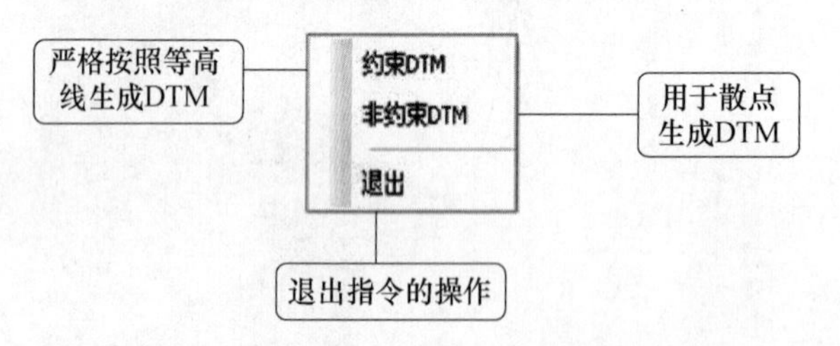

图 5-3 “约束 DTM”与“非约束 DTM”选择

选择“约束 DTM”或“非约束 DTM”结束操作。约束 DTM 主要用于露天坑建模，非约束 DTM 主要用于其他情况。

7. 实体配色

对生成的地表模型，需要进行色彩渲染，即要在 DIMINE 操作界面里对建好的地表实体进行连续配色。其配色原理为根据任一坐标轴的范围值，设置两端的颜色，由计算机进行两个颜色之间的渐变配色。

（1）单击“开始”菜单中的“实体配色”图标，出现图 5-4 所示的“动态参数”窗口。

（2）在三维设计窗口中选择需要配色的实体，该实体的相关参数就会反映在“动态参数”窗口中。

（3）在“动态参数”窗口中进行各项设置，得到较好的配色效果。

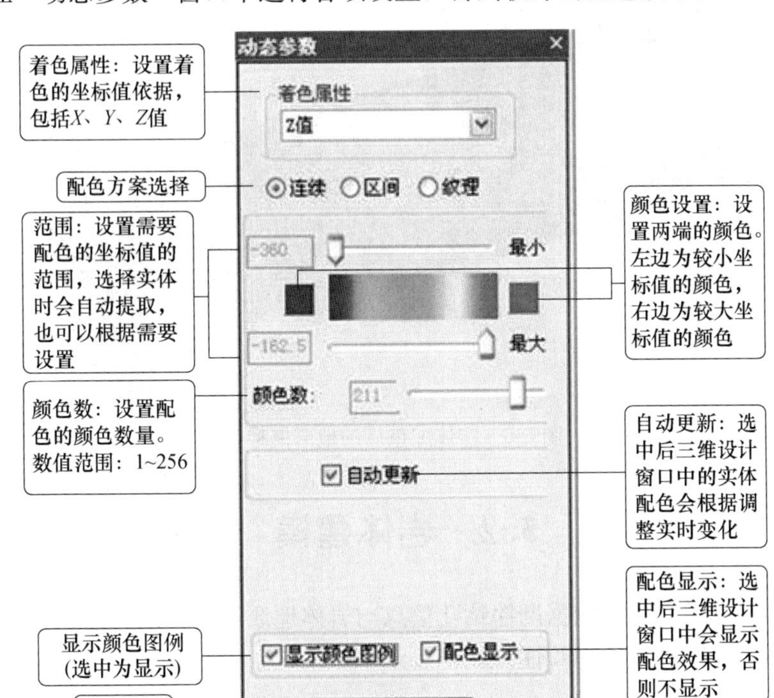

图 5-4　动态参数窗口（连续配色）

8. 大图特殊处理

由于图形范围比较大，线条和标注杂乱，因此在 DIMINE 中需要隐藏一些图层，调出需要编辑的图层，并控制 DIMINE 操作界面内的显示图元。如果只对线或面进行操作，就只显示线或面。如果计算机运行仍然很慢，则可将一个大范围的地形图拆分为几个小块，分别存放在不同的图层。需要对哪个图层进行线编辑或者其他操作，就开启该图层，而把其他图层隐藏，各个图层单独处理，最后再汇总到一起，这样不但数据不会丢失，同时生成的图形也满足要求。

9. 规划矿区内需建的地表模型（图 5-5 和图 5-6）

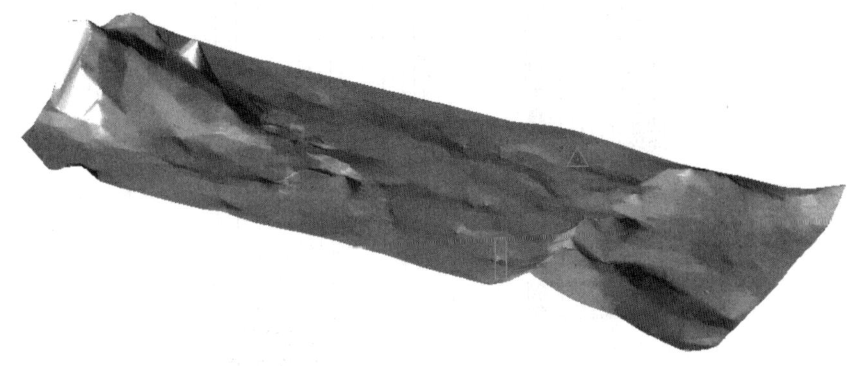

图 5-5　那豆矿区雅朗矿段三维地形模型

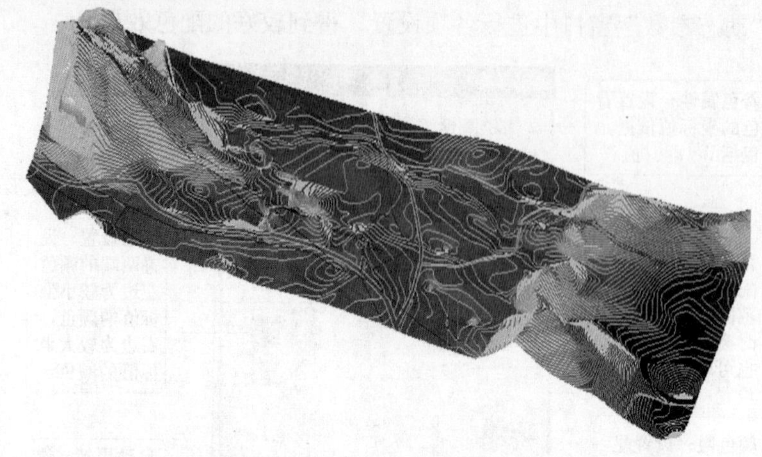

图 5-6　实体配色后的地形模型

5.2　岩体建模

本项目的岩体圈定主要依据勘探钻孔信息与岩体地质露头共同圈定，在圈定后利用所给出的岩体剖面图进行校正验证。

5.2.1　钻孔整理与收集

此次提交的资料中共有钻孔 9 个，分别是 ZK-5402（图 5-7）、ZK-5402D、ZK-5502D、ZK-5504、ZK-5602、ZK-5602D、ZK-5802D、ZK-5902D 与 ZK-6002D，其钻孔柱状 AutoCAD 图也较为全面地显示了其开口、侧斜、样品、岩性等信息，基本提供了后续钻孔数据库建立所需要的各方面信息。

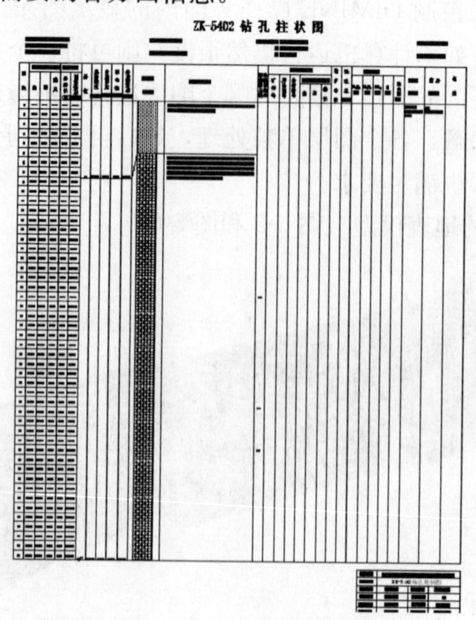

图 5-7　ZK-5402 钻孔柱状图

1. 建立钻孔数据库文件

在DIMINE中建立地质数据库之前，需要将钻孔数据中包含的内容按照“开口信息”“侧斜信息”“品位信息”“岩性信息”等分别录入不同的文件中。

数据的录入可以在记事本中进行，也可在Microsoft Excel中进行，使用记事本录入完毕后，将其存为TXT格式。用Excel录入则存成CSV格式，这种格式的文件中，各列之间自动用逗号分隔。

数据库文件类型为样品文件（ASSAY文件）、开口文件（COLLAR文件）以及侧斜文件（SURVEY文件）。

各类文件应包含的信息见表5-1～表5-4。

表5-1　COLLAR文件包含的信息

列编号	列代表的意义	说明
第一列	钻孔名称（BHID）	1. 此文件中包含的是关于钻孔开口信息方面的内容； 2. 各列的编排顺序并无严格限制，但这样组织比较符合习惯； 3. 文件中除了这些必要内容外，还可添加其他内容，如钻孔所在的勘探线编号、钻孔类型（钻探或坑探等）等
第二列	钻孔开口东坐标（X）	
第三列	钻孔开口北坐标（Y）	
第四列	钻孔开口标高（Z）	
第五列	钻孔孔深（TDEPTH）	

表5-2　SURVEY文件包含的信息

列编号	列代表的意义	说明
第一列	钻孔名称（BHID）	1. 此文件中包含的是关于钻孔侧斜方面的内容； 2. 各列的编排顺序并无严格限制，但这样组织比较符合习惯； 3. DIMINE中每个钻孔都需要侧斜数据，且规定向下角度为正
第二列	侧斜起点距钻孔口的距离（AT）	
第三列	倾向（BRG）	
第四列	倾角（DIP）	

表5-3　SAMPLE文件包含的信息

列编号	列代表的意义	说明
第一列	钻孔名称（BHID）	1. 此文件中包含的是关于钻孔取样信息方面的内容； 2. 各列的编排顺序并无严格限制，但这样组织比较符合习惯； 3. 该文件第四列以后的内容来源于所研究矿床含有的有用元素的情况
第二列	取样段起点距孔口的距离（FROM）	
第三列	取样段终点距孔口的距离（TO）	
第四列	元素1品位	
第五列	元素2品位	
第六列	元素3品位	
第七列	元素4品位	
⋮	⋮	
第n列	元素n品位	

表 5-4　GEOLOGY 文件包含的信息

列编号	列代表的意义	说明
第一列	钻孔名称（BHID）	1. 此文件中包含的是关于钻孔地质信息方面的内容； 2. 各列的编排顺序并无严格限制，但这样组织比较符合习惯； 3. 该文件第四列以后的内容来源于所记录的岩性信息的情况，岩性值使用数字代码
第二列	取样段起点距孔口的距离（FROM）	
第三列	取样段终点距孔口的距离（TO）	
第四列	岩性类型（ROCK）	
⋮	⋮	
第 n 列	其他方面的岩性信息	

根据上述原理建立钻孔数据库文件，保存为 TXT 格式，如图 5-8 所示。

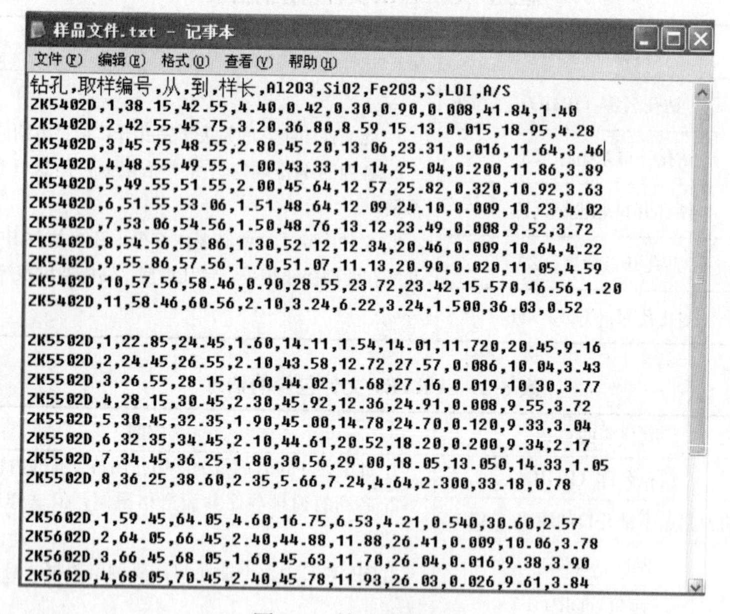


```
钻孔,取样编号,从,到,样长,Al2O3,SiO2,Fe2O3,S,LOI,A/S
ZK5402D,1,38.15,42.55,4.40,0.42,0.30,0.90,0.008,41.84,1.40
ZK5402D,2,42.55,45.75,3.20,36.80,8.59,15.13,0.015,18.95,4.28
ZK5402D,3,45.75,48.55,2.80,45.20,13.06,23.31,0.016,11.64,3.46
ZK5402D,4,48.55,49.55,1.00,43.33,11.14,25.04,0.200,11.86,3.89
ZK5402D,5,49.55,51.55,2.00,45.64,12.57,25.82,0.320,10.92,3.63
ZK5402D,6,51.55,53.06,1.51,48.64,12.09,24.10,0.009,10.23,4.02
ZK5402D,7,53.06,54.56,1.50,48.76,13.12,23.49,0.008,9.52,3.72
ZK5402D,8,54.56,55.86,1.30,52.12,12.34,20.46,0.009,10.64,4.22
ZK5402D,9,55.86,57.56,1.70,51.07,11.13,20.90,0.020,11.05,4.59
ZK5402D,10,57.56,58.46,0.90,28.55,23.72,23.42,15.570,16.56,1.20
ZK5402D,11,58.46,60.56,2.10,3.24,6.22,3.24,1.500,36.03,0.52

ZK5502D,1,22.85,24.45,1.60,14.11,1.54,14.01,11.720,20.45,9.16
ZK5502D,2,24.45,26.55,2.10,43.58,12.72,27.57,0.086,10.04,3.43
ZK5502D,3,26.55,28.15,1.60,44.02,11.68,27.16,0.019,10.30,3.77
ZK5502D,4,28.15,30.45,2.30,45.92,12.36,24.91,0.008,9.55,3.72
ZK5502D,5,30.45,32.35,1.90,45.00,14.78,24.70,0.120,9.33,3.04
ZK5502D,6,32.35,34.45,2.10,44.61,20.52,18.20,0.200,9.34,2.17
ZK5502D,7,34.45,36.25,1.80,30.56,29.00,18.05,13.050,14.33,1.05
ZK5502D,8,36.25,38.60,2.35,5.66,7.24,4.64,2.300,33.18,0.78

ZK5602D,1,59.45,64.05,4.60,16.75,6.53,4.21,0.540,30.60,2.57
ZK5602D,2,64.05,66.45,2.40,44.88,11.88,26.41,0.009,10.06,3.78
ZK5602D,3,66.45,68.05,1.60,45.63,11.70,26.04,0.016,9.38,3.90
ZK5602D,4,68.05,70.45,2.40,45.78,11.93,26.03,0.026,9.61,3.84
```

图 5-8　钻孔样品文件

2. 导入文本文件（钻孔数据）

（1）在“数据表格”下，单击“导入”，打开“导入文本文件”对话框，如图 5-9 所示。

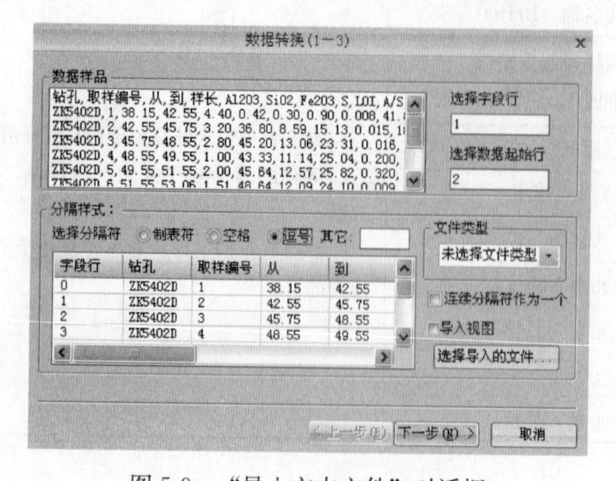

图 5-9　“导入文本文件”对话框

（2）单击“下一步”，显示对应的字段，如图 5-10 所示。

数据转换（2—3）

设置数据字段

	字段名	字段类型	是否导入
1	钻孔	字符串	✓
2	取样编号	字符串	✓
3	从	字符串	✓
4	到	字符串	✓
5	样长	字符串	✓
6	Al2O3	字符串	✓
7	SiO2	字符串	✓
8	Fe2O3	字符串	✓
9	S	字符串	✓
10	LOI	字符串	✓
11	A/S	字符串	✓

< 上一步(B)　下一步(N) >　取消

图 5-10　“字段对应”对话框

（3）单击“下一步”，可对数据进行预览，如图 5-11 所示。预览只显示部分文本数据。

数据转换（3—3）

最终的数据存储样式

	钻孔	取样编号	从	到
1	ZK5402D	1	38.15	42.55
2	ZK5402D	2	42.55	45.75
3	ZK5402D	3	45.75	48.55
4	ZK5402D	4	48.55	49.55
5	ZK5402D	5	49.55	51.55
6	ZK5402D	6	51.55	53.06
7	ZK5402D	7	53.06	54.56
8	ZK5402D	8	54.56	55.86
9	ZK5402D	9	55.86	57.56
10	ZK5402D	10	57.56	58.46

< 上一步(B)　完成　取消

图 5-11　“文本文件预览”对话框

（4）单击“完成”，选择所要保存 DIMINE 文件的路径，“保存类型”设为“dimine data File（*.dmt）”，如图 5-12 所示。

图 5-12　“DIMINE 文件保存”对话框

（5）导入后的 DMT 文件可以在界面数据目录中的“打开文件路径”中打开。

（6）查看导入的数据文件。可以在“数据表格”窗口中打开已经生成的样品文件，如图 5-13 所示。

	钻孔	取样编号	从	到	样长	Al2O3	SiO2	Fe2O3	S	LOI	A/S
1	ZK5402D	1	38.15	42.55	4.40	0.42	0.30	0.90	0.008	41.84	1.40
2	ZK5402D	2	42.55	45.75	3.20	36.80	8.59	15.13	0.015	18.95	4.28
3	ZK5402D	3	45.75	48.55	2.80	45.20	13.06	23.31	0.016	11.64	3.46
4	ZK5402D	4	48.55	49.55	1.00	43.33	11.14	25.04	0.200	11.86	3.89
5	ZK5402D	5	49.55	51.55	2.00	45.64	12.57	25.82	0.320	10.92	3.63
6	ZK5402D	6	51.55	53.06	1.51	48.64	12.09	24.10	0.009	10.23	4.02
7	ZK5402D	7	53.06	54.56	1.50	48.76	13.12	23.49	0.008	9.52	3.72
8	ZK5402D	8	54.56	55.86	1.30	52.12	12.34	20.46	0.009	10.64	4.22
9	ZK5402D	9	55.86	57.56	1.70	51.07	11.13	20.90	0.020	11.05	4.59
10	ZK5402D	10	57.56	58.46	0.90	28.55	23.72	23.42	15.570	16.56	1.20
11	ZK5402D	11	58.46	60.56	2.10	3.24	6.22	3.24	1.500	36.03	0.52
12											
13	ZK5502D	1	22.85	24.45	1.60	14.11	1.54	14.01	11.720	20.45	9.16
14	ZK5502D	2	24.45	26.55	2.10	43.58	12.72	27.57	0.086	10.04	3.43
15	ZK5502D	3	26.55	28.15	1.60	44.02	11.68	27.16	0.019	10.30	3.77
16	ZK5502D	4	28.15	30.45	2.30	45.92	12.36	24.91	0.008	9.55	3.72
17	ZK5502D	5	30.45	32.35	1.90	45.00	14.78	24.70	0.120	9.33	3.04
18	ZK5502D	6	32.35	34.45	2.10	44.61	20.52	18.20	0.200	9.34	2.17
19	ZK5502D	7	34.45	36.25	1.80	30.56	29.00	18.05	13.050	14.33	1.05
20	ZK5502D	8	36.25	38.60	2.35	5.66	7.24	4.64	2.300	33.18	0.78
21											
22	ZK5602D	1	59.45	64.05	4.60	16.75	6.53	4.21	0.540	30.60	2.57
23	ZK5602D	2	64.05	66.45	2.40	44.88	11.88	26.41	0.009	10.06	3.78
24	ZK5602D	3	66.45	68.05	1.60	45.63	11.70	26.04	0.016	9.38	3.90
25	ZK5602D	4	68.05	70.45	2.40	45.78	11.93	26.03	0.026	9.61	3.84
26	ZK5602D	5	70.45	72.45	2.00	47.62	15.69	19.80	0.059	9.83	3.04
27	ZK5602D	6	72.45	74.45	2.00	46.56	18.38	17.86	0.012	9.59	2.53
28	ZK5602D	7	74.45	76.65	2.20	42.39	19.96	21.12	0.012	9.01	2.12
29	ZK5602D	8	76.65	78.45	1.80	41.44	25.88	15.96	0.029	9.64	1.60
30	ZK5602D	9	78.45	80.65	2.20	34.66	28.76	20.36	0.016	8.44	1.21
31	ZK5602D	10	80.65	82.35	1.70	35.61	27.36	21.04	0.045	8.85	1.30
[illegible]	ZK5602D	11	82.35	84.50	2.15	36.88	27.32	19.68	0.250	9.04	1.35

图 5-13　浏览文件内容窗口

3. 创建钻孔数据库

执行“地质”窗口下的创建钻孔数据库功能，依次输入已经建成的样品文件、开口文件、岩性文件和侧斜文件，创建钻孔数据库，如图 5-14 所示。

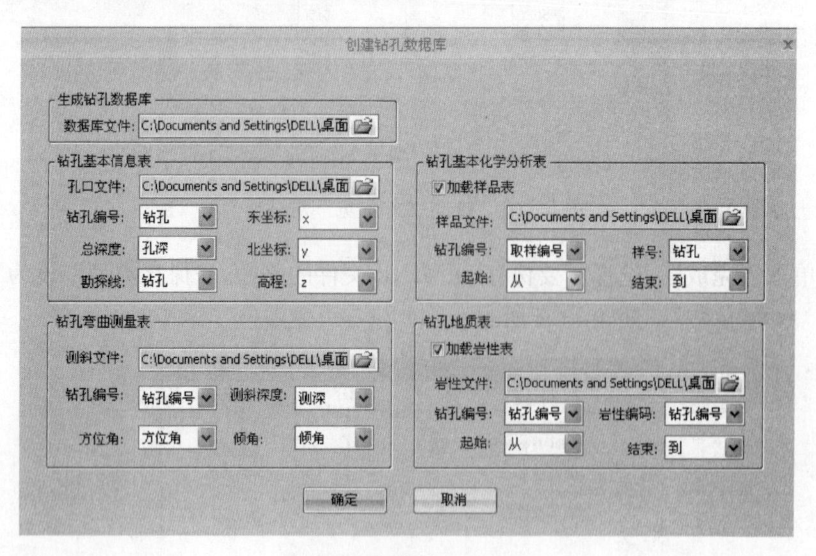

图 5-14　创建钻孔数据库

4. 钻孔信息的显示

一旦将钻孔数据库建立起来，用户就可以利用 DIMINE 强大的图形显示系统，在三维窗口中显示地质数据，包括钻孔的轨迹线、岩性及代码、岩层走向等，总之，大多数地质信息都可以以字符、图表、图案方式显示出来。

将钻孔数据库文件“修改后合并”并单击左键拖入三维窗口后，可以通过设置钻孔显示风格，沿着钻孔的方向对不同的岩性着不同的颜色，在不同的品位区间显示不同的风格，如图 5-15 和图 5-16 所示。

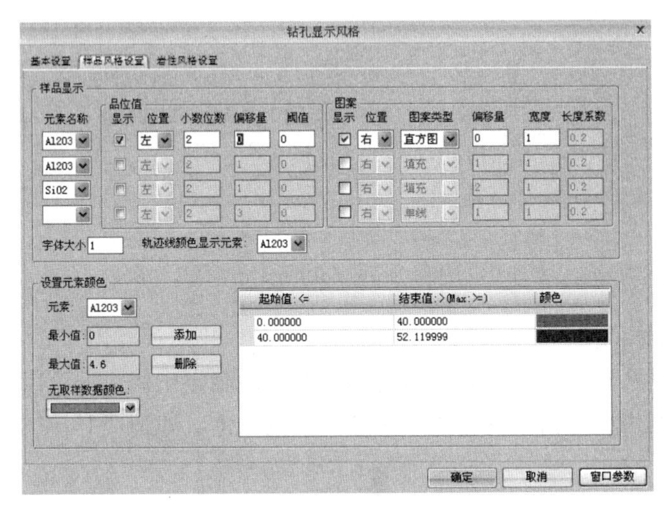

图 5-15　设定钻孔显示风格

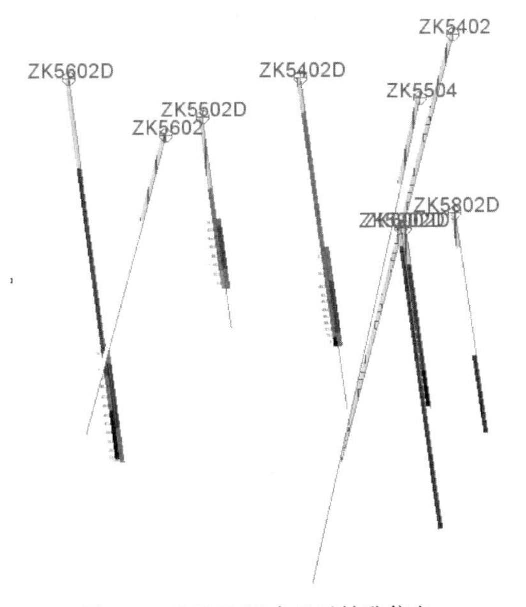

图 5-16　DIMINE 中显示钻孔信息

5.2.2　岩体的圈定

1. 显示见矿钻孔

由图 5-17 可知，9 个钻孔中只有 3 个钻孔见矿，即 ZK-5402D、ZK-5502D、ZK-5602D。

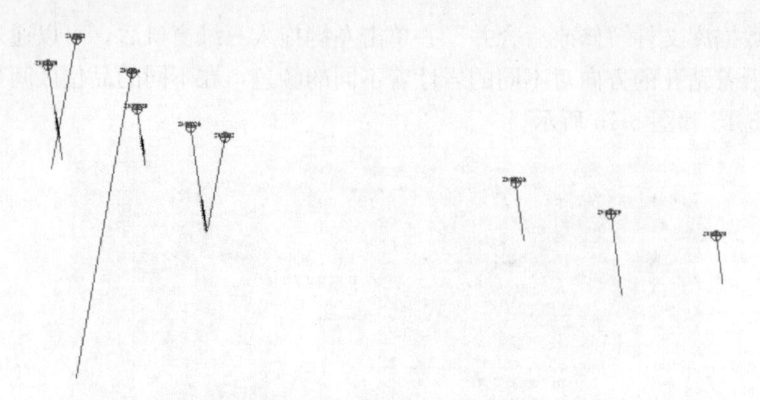

图 5-17　显示钻孔的品位信息

2. 332-1 岩石体的圈定

由于其见矿钻孔较少，难以利用传统的连线框法圈定矿体，但可以根据已进行的探槽工程连石体，利用已经得到的岩体露头共同圈定岩体，如图 5-18 和图 5-19 所示。

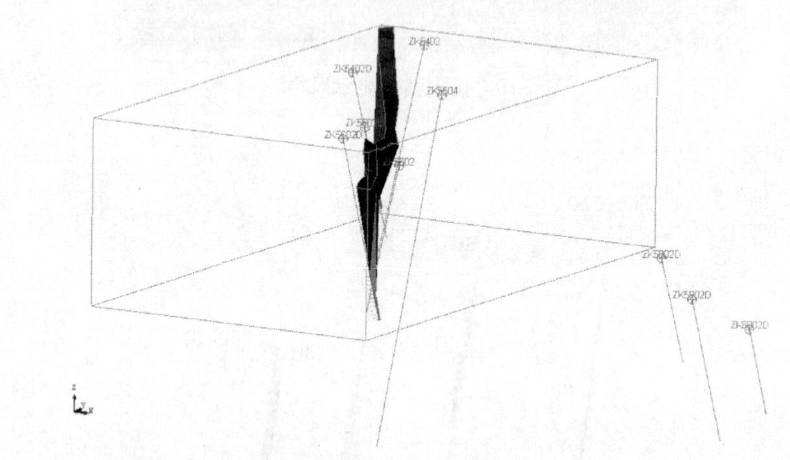

图 5-18　332-1 岩体的圈定

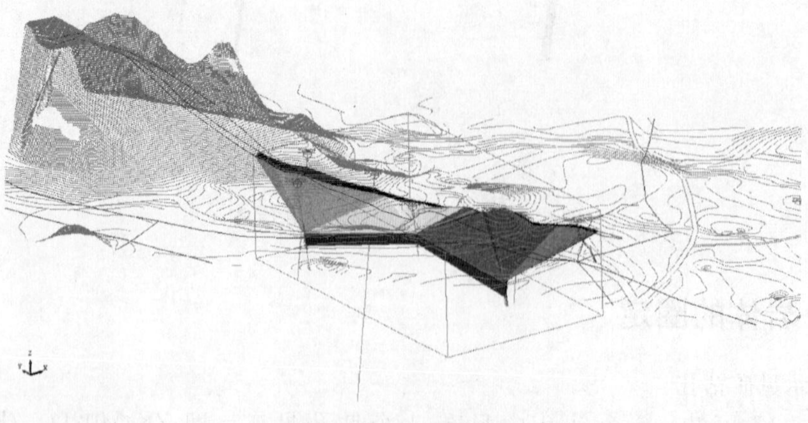

图 5-19　332-1 岩体

3. Ⅰ号岩石体的圈定

分析资料中的Ⅰ、Ⅱ号岩体分布垂直纵投影图（图5-20），利用岩体露头与钻孔信息，圈定出Ⅰ号岩体（332-1与333-2），如图5-21所示。

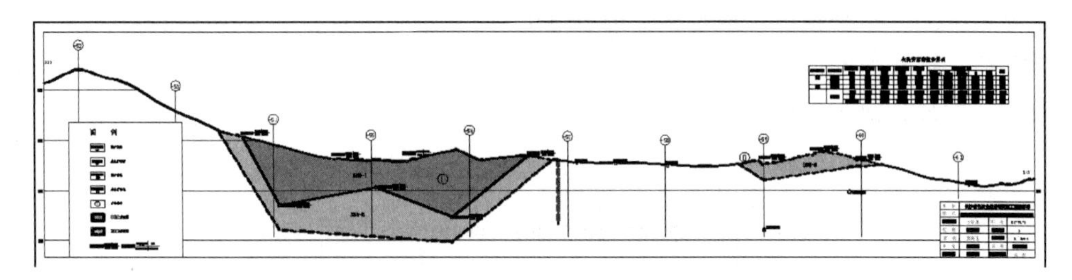

图5-20　Ⅰ、Ⅱ号岩体分布垂直纵投影图

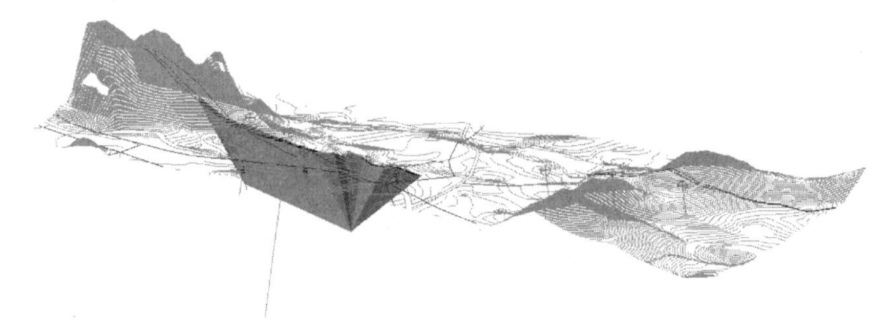

图5-21　Ⅰ号岩体的圈定

5.2.3　勘探线剖面图的校正与调整

原始的勘探线剖面图是将许多勘探线剖面图放在一个AutoCAD文件中的，按勘探线号的不同将其分割成单幅的勘探线剖面图AutoCAD文件，然后在AutoCAD软件中对其进行X、Y的坐标校正与比例调整。

利用AutoCAD软件中“修改”工具栏中的移动命令选中整幅勘探线剖面图，然后选中基点，单击“确定”后在命令行中输入基点应有的正确坐标，将该基点移动到正确的位置。调整比例使得图内坐标皆为实际坐标，如图5-22所示。

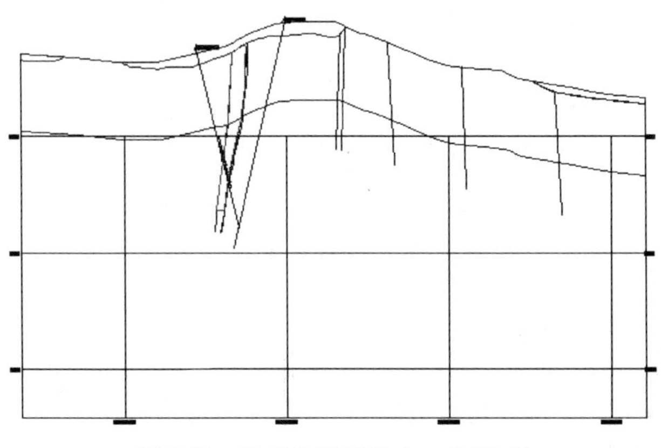

图5-22　校正坐标后的AutoCAD图

在AutoCAD中完成X、Y坐标的校正与比例调整后，利用DIMINE软件中“开始”工具栏中的“导入”命令，将AutoCAD图导入DIMINE中。在进行图形导入时，有多种选择，用户可以根据自己的实际需要选择是否导入点、线、文字，以及导入视图还是导入文件。本来根据一般原理，在用DIMINE进行操作时，应该选择导入剖面图，但考虑到实际操作的简便易行，这里选择导入平面图（图5-23），然后对平面图进行相关操作，将其转换为剖面图。

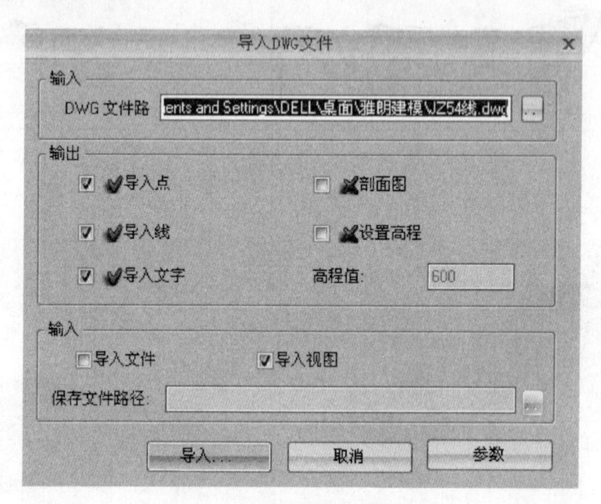

图5-23　导入CAD文件

导入AutoCAD文件后，首先利用“线编辑”工具栏中的修改高程命令将勘探线剖面图所有点的高程设为“0”，然后在“数据管理”的文件名下单击右键，选择“坐标转换”命令，在打开的“坐标转换”对话框（图5-24）中选中“Y与Z轴互换”单选按钮，单击“确定”按钮后即将平面图转换为剖面图。

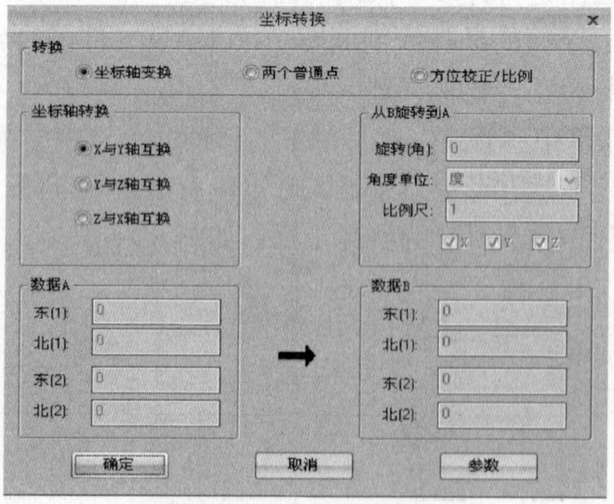

图5-24　“坐标转换”对话框

进行坐标转换后，在线编辑工具栏中选中“移动（复制）”命令，框选中整幅图作为移动的对象，然后在“移动（复制）”选项框的“XYZ分量”中填写需要移动的X、Y坐标分量，单击“确定”即可将勘探线剖面图移动到正确的位置，至此，得到正确的勘探线剖面图，如图5-25所示。

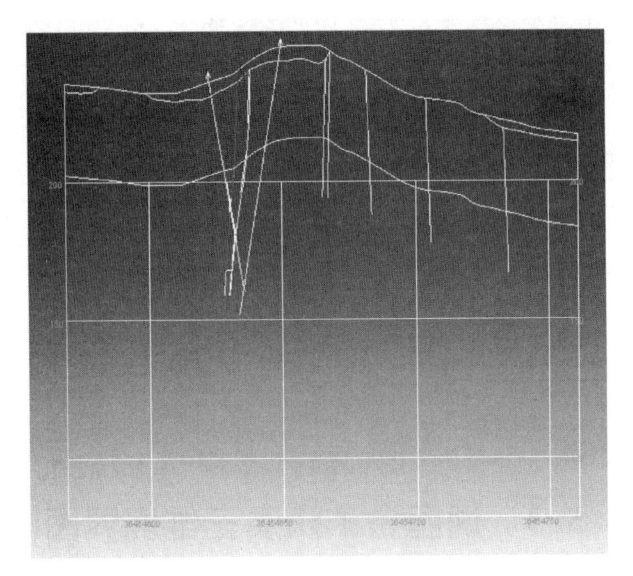

图 5-25　转换后的勘探线剖面图

5.2.4　勘探线剖面分析

对每条勘探线确定的剖面图上的含岩带线圈进行处理，将其转化为多段线，然后封闭线圈，编辑线的属性，用鲜艳的颜色突出显示对建模有用的线圈。

现有的剖面图中，将勘探线剖面 54、55、56 线共同显示在 DIMINE 中，如图 5-26 所示。

图 5-26　建 1 号岩体所需的勘探线剖面图

勘探线剖面图中红色线框表示的是见矿部分。现利用这些剖面与我们圈定的岩体进行校验，结果显示大致相符。剖面与岩体、地表三维模型如图 5-27 所示。

图 5-27　剖面与岩体、地表三维模型

5.3　湘西金矿沃溪三维境界图

按照露天坑设计参数，对湘西金矿沃溪进行露天坑设计，如图 5-28～图 5-31 所示。

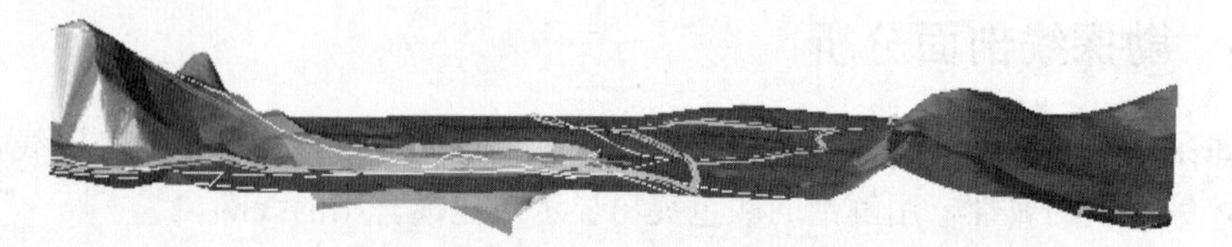

图 5-28　设计露天坑模型与地表组合三维模型

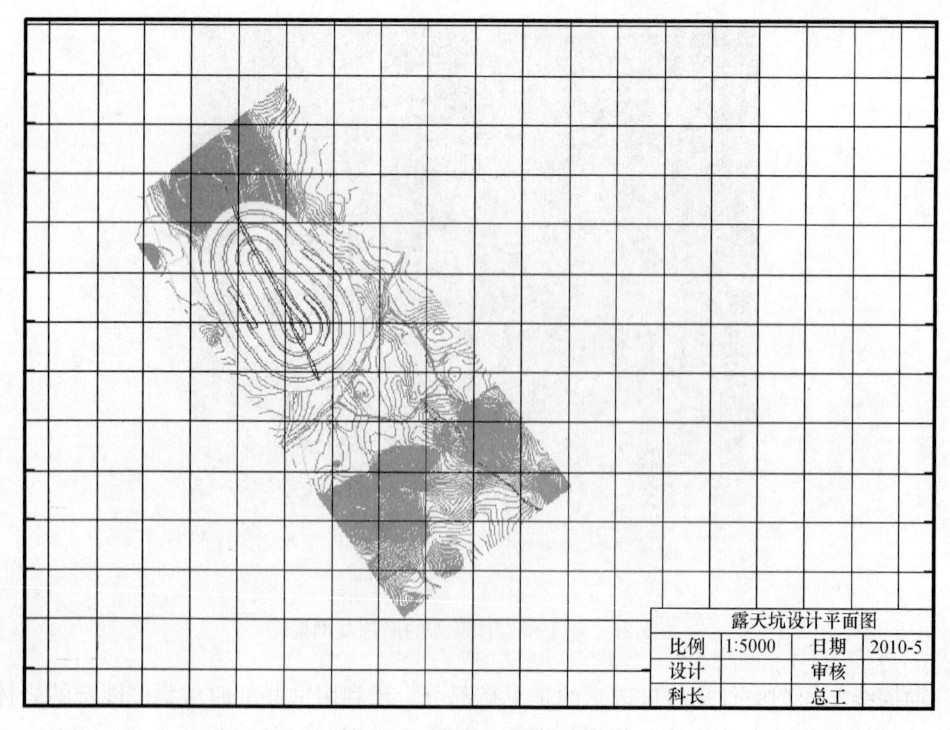

图 5-29　露天坑设计平面图

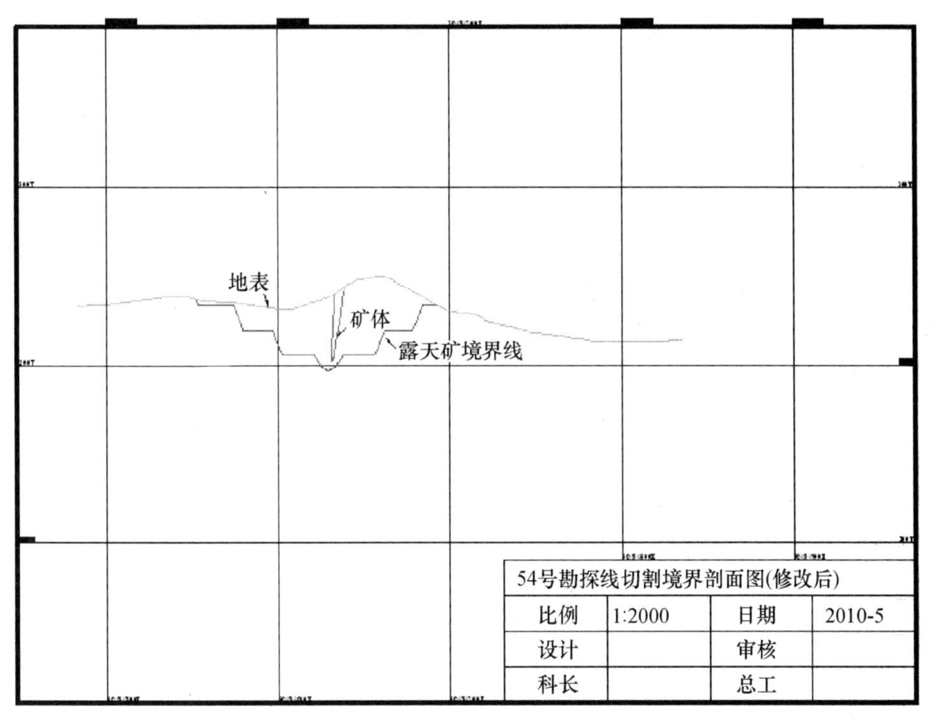

图 5-30　修改后的 54 号勘探线切割境界剖面图

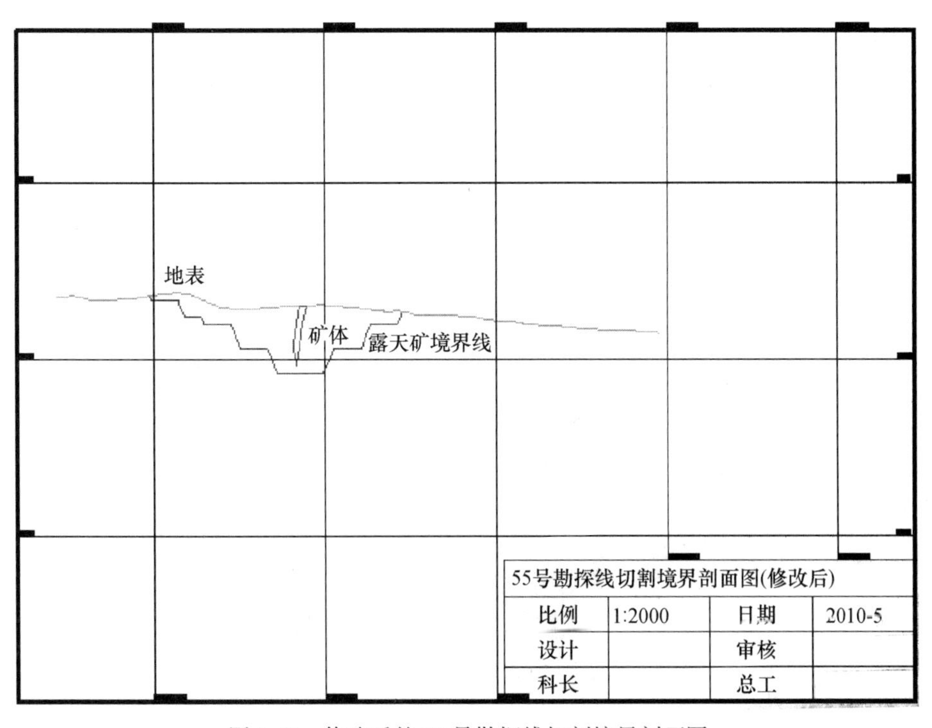

图 5-31　修改后的 55 号勘探线切割境界剖面图

5.4 湘西金矿沃溪三维地质模型图

1. 地形模型

湘西金矿沃溪的地形模型如图 5-32 所示。

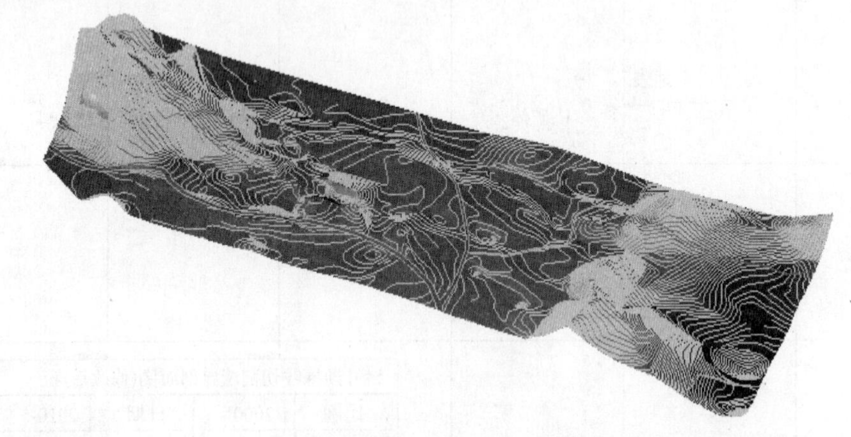

图 5-32 湘西金矿沃溪的地形模型

2. 矿体模型

332-1 矿体模型如图 5-33 所示。

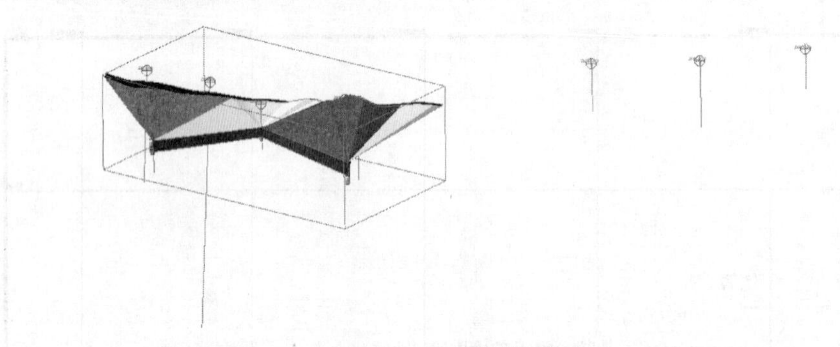

图 5-33 332-1 矿体模型

地形和Ⅰ号矿体的组合模型如图 5-34 所示。

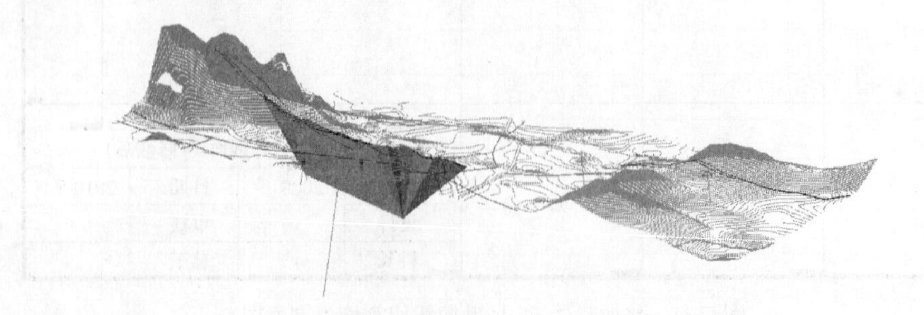

图 5-34 地形和Ⅰ号矿体的组合模型

3. 境界优化模型

露天矿境界优化模型如图 5-35 所示。

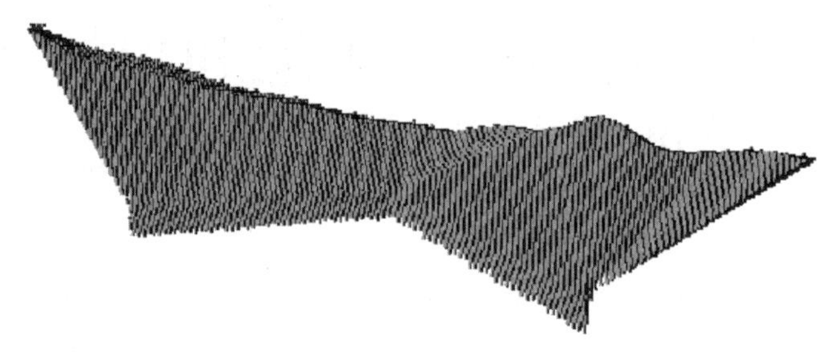

图 5-35　露天矿境界优化模型

4. 境界优化模型和矿体、地表组合

矿体与其露天坑设计的组合模型如图 5-36 所示。

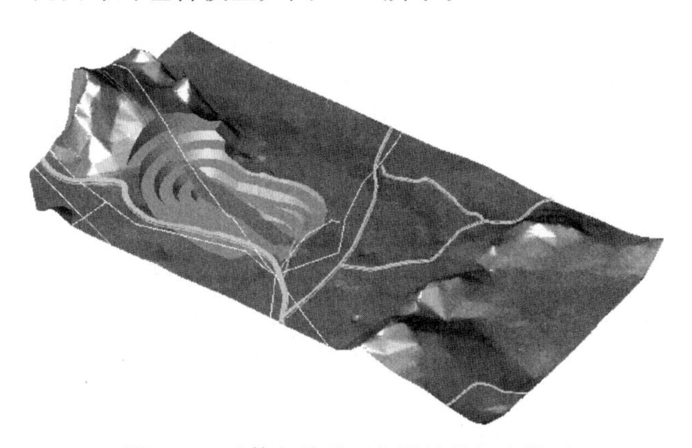

图 5-36　矿体与其露天坑设计的组合模型

5.5　本章小结

根据湘西金矿沃溪探勘报告，共有钻孔 9 个，分别是 ZK-5402、ZK-5402D、ZK-5502D、ZK-5504、ZK-5602、ZK-5602D、ZK-5802D、ZK-5902D 与 ZK-6002D，但是其有效见矿钻孔只有 ZK-5402D、ZK-5502D、ZK-5602D 这 3 个钻孔，这为我们圈定岩石体带来了很大难度。另外，所进行的地表探槽工程对岩体露头的揭露给圈定岩体和分析岩体结构带来了一定的帮助。

第6章　岩溶地区土地利用结构及耕地总量动态平衡研究

沅陵县是典型的岩溶地貌区，岩溶地貌极其发育，石漠化现象非常严重，属生态脆弱地带。沅陵县人均耕地面积很少（0.065hm²），还不及全国人均耕地面积的一半。沃溪矿区矿产资源分布范围广，约175000hm²。由于矿山分三期工程相继投产，每年占用土地约43.30hm²，这使本来就很少的人均耕地面积越来越少。因此，对矿区土地利用结构进行调整，保持耕地总量动态平衡，是实现矿区农、林、牧等各业用地动态平衡，实现土地资源的可持续利用、保障工农业可持续发展的重要途径。沃溪坑口坐落在湖南怀化市沅陵县境内，湘黔公路官庄车站西南4km处的沃溪，矿区以此得名。其地理位置为：东经110°54′，北纬28°32′。官庄镇地处沅陵县东南，东与桃源县交界，西与楠木铺乡、南与杜家坪乡接壤，北与清浪乡、陈家滩乡、五强溪镇毗邻。矿区东起小竹溪，西至红岩溪，南至上沃溪，北接岩吴桥，面积为12hm²。

沃溪矿区东距桃源县城85km，距常德市113km，距长沙市245km；西距沅陵县城85km，距怀化市245km。矿区所处的官庄镇位于两个县城的中点，为沅陵县的东大门、怀化市的北大门，素有“湘西门户”之称。矿区有319国道贯通，邻近常吉高速，交通方便。

沃溪矿区工业以采矿业为主，其中辰州钨品厂年产值过1亿元，辰州机械公司年产值过2000万元。农业以种植业为主，农户以分散经营为主，自给自足经济占相当大比重，生产效率低。茶叶生产历史悠久，是沅陵县乃至全省茶叶的主产区，有4家以上茶叶加工企业，“干发”系列、“银峰”系列产品畅销全国各地。其主要工业品产量黄金年产量为210kg，茶叶年产量为1800担，精制大米年产量为1900t，碎石年产量为9km³，辉绿石年产量为9km³，水压支柱年产量为1800套，仲钨酸铵年产量为1200t。

矿山为中高山区，山势陡峻，表土浅薄，山地土壤由板页岩风化而成，自然肥力较高，酸碱度适中，含有机质较多，保水保肥力较强。沃溪矿区有沃溪和石床溪南北横向穿过矿区，汇入沅江。矿区位于海拔210～350m范围内，成一狭长沟谷，属中亚热带季风湿润气候，阳光充足，雨量充沛，四季分明。

矿区年平均气温为16.6℃，每年7、8月最热，一般在34～35℃，1、2月最冷，一般在5～6℃，历年最高气温为40.3℃，最低气温为－1.2℃。

矿区年平均降雨量为1478.5mm，年蒸发量为995.3mm，夏季多雨，秋冬干燥，相对湿度为61%～89%。全年日照时间为220～240d，平均日照时间为3.6h，最长日照时间11.5h。年平均霜期为93d，无霜期为272.2d。

矿区主导风向为东北，冬季多偏北风和东北风，夏季多偏南风和西南风，风力一般为1～3级，最大为5级，最大风速为29m/s，平均风速为1.65m/s。大气压力为750mmHg（1mmHg＝0.133kPa）。

6.1　岩溶石漠化地区土地利用结构调查

6.1.1　土地利用结构现状调查

沅陵县土地总面积为585200hm^2，其中耕地为95504hm^2，占全县土地总面积的16.32%；林地为101766.28hm^2，占17.39%；建设用地为2306.88hm^2，占3.94%；采矿用地为293.5hm^2，占0.05%；裸岩荒地253625.68hm^2，占43.34%。

沃溪矿区土地总面积为174995.7hm^2，其中耕地为61425.4hm^2，占矿区土地总面积的35.10%；林地为3668.5hm^2，占2.10%；建设用地为3319.3hm^2，占1.89%；采矿用地为293.5hm^2，占0.17%；裸岩荒地为106289hm^2，占60.74%。

6.1.2　土地利用结构现状分析

为了反映区域土地的利用结构及其差异状况，从多样化程度和土地利用动态度两个方面来分析研究区域的土地利用结构及其变化情况。

1. 土地利用结构的多样化指数

土地利用结构多样化分析的目的是了解区域内各种土地利用类型的齐全程度或多样化状况，采用多样化指数来度量，其计算公式为

$$DI = 1 - \frac{\sum_{i=1}^{n} A_i^2}{\left(\sum_{i=1}^{n} A_i\right)^2} \tag{6-1}$$

式中，DI为多样化指数；A_i为第i类土地利用类型面积；n为土地利用类型数。

多样化指数能很好地反映出某区域土地类型的总体结构情况，多样化指数越大，说明该区域的土地利用类型越少，齐全程度越低；或者土地利用类型较多，但各种土地利用类型面积分配不均。多样化指数越小，说明该区域的土地利用类型越多，越齐全；或者土地利用类型较少，但各种土地利用类型面积分配较均匀。如果某地区只有一种土地类型，则多样化指数为零。

根据相关统计数据，利用式（6-1）可以计算出沃溪矿区的土地利用结构多样化指数，见表6-1。

表6-1　沃溪矿区土地利用结构多样化指数

时间（年）	1995	2002	2008
土地利用结构多样化指数	0.5054	0.5062	0.5071

从表6-1可以看出，沃溪矿区土地利用结构多样化指数中等偏高，说明矿区土地利用类型较少，而且各种土地利用类型面积分配不均。另外，随着矿山一、二、三期工程的相继投产，矿区土地利用结构多样化指数在慢慢增加，说明矿区土地利用类型在增加，但各种土地利用类型面积分配还是不均匀。

2. 土地利用动态度

土地利用动态度可以表示研究区某一时段内某种土地利用类型的数量变化情况。其计算公式为

$$LUDD=\frac{(NLUT_T-NLUT_0)}{NLUT_0\times T}\times 100\% \tag{6-2}$$

式中，$LUDD$ 为研究时段内某一土地利用类型的年变化率，即土地利用动态度；$NLUT_0$、$NLUT_T$ 分别为研究期初及研究期末某一种土地利用类型的数量；T 为研究时段长（年）。

土地利用动态度可定量描述区域内某一土地利用类型的变化速度，它对比较土地利用变化的区域差异及预测未来土地利用变化发展趋势具有积极的作用。根据相关统计数据，利用式（6-2）可计算出研究区域的土地利用动态度，见表 6-2。

表 6-2　沃溪矿区土地利用动态度表

年份	土地利用类型				
	耕地	林地	建设用地	采矿用地	裸岩荒地
2005	−0.011	−0.002	0.001	19.73	−0.025
2012	−0.015	−0.003	0.003	20.03	−0.038
2018	−0.019	0.0035	0.0045	21.71	−0.055

从表 6-2 可以看出，矿区耕地、林地、裸岩荒地均在逐年减少，建设用地和采矿用地在逐年增加，且采矿用地增加的速度很快。

6.1.3　土地利用中存在的主要问题

1. 土地利用结构不合理

根据《土地利用现状分类》(GB/T 21010—2017)，我国将土地利用划分为 12 种一级地类，但沃溪矿区只有耕地、林地、工矿仓储用地、交通运输用地、其他用地（主要是裸地）5 种一级地类，土地利用类型少。在现有土地利用中，裸岩荒地最多，从各种土地利用类型所占比重可以看出，矿区的土地利用结构很不合理。

2. 土地利用率低

矿区土地利用率很低，仅为 39.26%。在耕地中，旱地占耕地面积的 53.52%，且主要分布在丘陵地区的山坡地带；平坦地只占 29.92%，坡度为 6°以上的坡耕地所占比重高达 33.19%，比陡坡和陡坡耕地有效使用率都低。

3. 土地质量低

矿区由于有 60.74%的土地为裸岩荒地，基本无法用于农业生产；在耕地中只有 29.92%的平地，且有 53.52%为旱地；土层较薄，土壤中有机质含量较低，使土地质量很低。

4. 水土流失日趋严重

矿区林地面积为 3668.5hm^2，林地仅占矿区土地总面积的 2.1%，森林覆盖率低；平坦地只占 29.92%，坡地比重很大；加上沃溪雨水较多，冲刷较强，所以矿区水土流失现象非常严重。

6.2　土地利用结构调整与耕地总量动态平衡的关系

6.2.1　耕地总量动态平衡的内涵

1. 耕地及耕地总量的含义

我国《土地利用现状分类》(GB/T 21010—2017) 对耕地的定义为耕地是指种植农作物的土地，包括：熟地，新开发、复垦、整理地，休闲地（含轮歇地、轮作地）；以种植农作物（含蔬菜）为主，间有零星果树、桑树或其他树木的土地；平均每年能保证收获一季的已垦滩地和海涂。耕地中还包括南方宽度<1.0m、北方宽度<2.0m 固定的沟、渠、路和地坎（埂）；临时种植药材、草皮、花卉、苗木等的耕地，临时种植果树、茶树和林木且耕作层未破坏的耕地，以及其他临时改变用途的耕地。

耕地总量的含义目前归纳起来有 3 种观点：第一种观点认为耕地总量是指耕地面积的总量；第二种观点认为耕地总量是耕地数量总数和质量状态的总和；第三种观点认为耕地总量是耕地面积总数、耕地质量水平和耕地产出水平的总和。

我们认为第三种观点是对耕地总量的全面且正确的理解。因为保护耕地的最终目的是保证在有限的土地面积上供给出能够满足人们需求的足够粮食，而粮食总产量不仅与耕地面积和质量有关，还与耕地的产出水平密切相关。所以，耕地总量应包括耕地的数量、质量和产出状况。

2. 耕地总量动态平衡的内涵

现行《中华人民共和国土地管理法》规定："国家实行占用耕地补偿制度。非农业建设经批准占用耕地的，按照'占多少，垦多少'的原则，由占用耕地的单位负责开垦与所占用耕地的数量和质量相当的耕地。"这一政策即所谓耕地总量动态平衡政策。

耕地总量动态平衡是指在一定区域范围内，在不破坏生态环境的前提下，维持人均耕地数量不减少、耕地总体质量不降低，以及人口高峰时期当地人的生活水平不下降，这种人口、耕地、生态环境之间随时间而变化的平衡关系。耕地总量动态平衡包括以下几方面的含义。

(1) 数量平衡。耕地数量平衡是耕地总量动态平衡最基本的要求。数量平衡可分为总量平衡和均量平衡，总量平衡即保证现有耕地数量不减少。在土地后备资源充足的前提下，这种数量平衡是可以实现的，而且可以达到动态平衡，即可以允许非农建设占用部分耕地，待开发、复垦、整理后给予补充，从而保证耕地数量不减少。

均量平衡就是人均耕地数量不减少。人口数量在不断增长这是近几十年仍然不可逆转的一个客观趋势。如果只保持目前的耕地总量不变，而由于人口数量不断增加，则人均耕地数量会不断减少；如果耕地上的平均产出水平不能随着人口数量的增加而相应增加，则耕地上的产出就不能满足人口增加的生存需求。所以必须保持人均耕地的动态平衡，才能实现中央关于保持耕地总量动态平衡的要求。

(2) 质量平衡。要保持耕地总量的动态平衡，不仅耕地数量不能减少，耕地质量的总体水平也不能降低。中央要求保护耕地，保持耕地总量动态平衡，其根本目的就是要保证中国的粮食总产量和人均水平只能增加，不能下降。而耕地质量对农作物特别是粮食作物的产量具有重要的影响。如果只是保持人均耕地数量不减少，而不考虑耕地质量，随着人类对资源开采利用广度和深度的进一步增加，生态环境日益遭到破坏，耕地质量也不断下降，不能达到人均粮食水平只能增加不能下降的要求。

（3）空间平衡。我国各地的自然条件和经济发展水平不同，在维持耕地总量动态平衡时可根据自身的优势来采取相应的措施。人多地少的经济发达地区，一方面要转变土地利用方式，走内部挖潜的路子，通过复垦和整理废弃土地，以提高土地利用率；另一方面可以凭借自己的经济优势，在土地后备资源相对富裕的地区，投资开发土地，或合资开发，或租地种田。土地质量较好、后备资源相对富裕的地区，耕地的总量除了满足本地区的需要外，还要顾全大局，适度开发一部分耕地，以弥补我国其他地区耕地的不足。

（4）生态平衡。在现有农业生产技术水平下，保证不断增长的人口对食物的需求，开发土地后备资源，是增加耕地面积的一条很重要的途径。但后备资源的开发应谨慎，如盲目围湖造田、毁林造田、开荒造田，严重破坏土地生态环境，导致水土流失、土地沙化、次生盐碱化，将造成更大的资源浪费和环境破坏，所以从这个意义上讲，耕地总量动态平衡还包括生态平衡。

（5）时间平衡。要维持耕地总量动态平衡，耕地总量不仅要在目前满足人们对各种食物的需求，还要满足子孙后代尤其是人口高峰时期人们对食物的需求。所以耕地总量动态平衡还要从时间上来考虑，包括近期平衡、中期平衡、远期平衡及代际平衡。

6.2.2 土地利用结构调整与耕地总量动态平衡的关系

随着社会经济的发展和城市化水平的提高，山区土地利用结构发生了较大变化。土地利用方式从较为单一的种植业、林业逐步发展为农、林、牧、副、渔和交通、工业、采矿、水电、城市、开发区与生产建设等多种方式共存。土地利用结构的这种变化与调整会实现以下3个功能：

（1）有利于区域耕地总量动态平衡的实现，以保障该区域人口高峰年的粮食安全。

（2）有利于促进区域经济的快速发展。

（3）有利于生态环境建设和保护。耕地总量动态平衡追求的目标是“在规定的生活质量和营养水平下，满足现在和今后所有人口对食物的持续需求”。因而耕地总量动态平衡目标的实现对区域土地利用结构调整具有一定的指导和调控作用。因而土地利用结构的合理调整有利于耕地总量动态平衡的实现。

6.3 土地利用结构调整潜力、方案与措施

6.3.1 土地利用结构调整潜力分析

矿区土地利用结构的调整具有以下几方面的潜力：

（1）时间潜力。沃溪土矿储量大，开采年限较长，因而土地利用结构调整从时间上来看具有一定可行性。

（2）经济可行性。随着矿区矿产资源的逐渐开采，矿区的经济也会随之快速发展起来，从而为矿区土地利用结构的调整提供了经济保障。

（3）空间潜力。矿区的裸岩荒地比重很大（占矿区总面积的 60.74%），而这些裸岩荒地目前还处于未利用状态，为土地利用结构调整提供了较大的空间。

6.3.2　土地利用结构方案调整方式

矿区土地利用结构现状为耕地∶林地∶草地∶建设用地∶采矿用地∶裸岩荒地＝35.1∶2.10∶0∶1.9∶0.17∶60.74，这说明林地、草地比重太小，而裸岩荒地比重太大，这些都是由矿区所处的地理位置及当地的自然条件所决定的。

为了更好地利用各种自然资源，充分合理地利用土地，现对近期（到 2020 年）沃溪矿区的土地利用结构提出如表 6-3 所示的调整方案。

表 6-3　沃溪矿区土地利用结构调整方案

土地利用类型		土地	耕地	园地	林地	牧草地	建设用地	采矿用地	裸岩荒地
调整前	面积（hm^2）	174995.1	61425	0	3668.3	0	3319.3	293.5	106289
	比率（%）	100	35.10	0	2.10	0	1.9	0.17	60.74
调整后	面积（hm^2）	175000	61425	3850	21875	17500	2625	1540	66185
	比率（%）	100.00	35.10	2.20	12.50	10.00	1.50	0.88	37.82

根据沅陵县土地利用总体目标，在进行土地利用结构调整时，为了保证调整期间区域人口对粮食的需求，首先保持耕地面积稳定不变；考虑到矿区的实际自然环境及条件，大大增加了林地和牧草地的面积，并适当增加了园地面积；根据矿山的开采计划，增加了采矿用地面积，并严格控制了非农建设用地面积。

6.3.3　土地利用结构调整实施措施

为了保证上述调整方案能顺利实现，可采取以下几条措施：

（1）提高认识。政府应通过各种宣传媒介，提高广大干部和群众的土地忧患意识，必须充分认识到，积极合理地调整区域土地利用结构是区域土地资源实现可持续发展的必然要求，同时也应清醒地认识到这是一个较长的过程。

（2）重视规划。要制订科学合理的土地利用总体规划和年度用地计划，并以此来指导土地利用结构的调整工作。

（3）实施多元化的融资手段。实行土地利用结构调整，资金是很关键的一个要素。

对沃溪矿区的土地利用结构调整，其资金来源可由政府、集体经济组织、矿业公司、农民等多个方面来筹集。要制定较为完善的投资政策，坚持谁投资、谁受益的原则，保证矿区土地利用结构调整的顺利进行。

6.4 沃溪矿区耕地总量动态平衡的可行性研究

6.4.1 耕地总量动态平衡水平测度计算

1. 耕地总量动态平衡水平测度指标

从前面耕地总量平衡的内涵可以看出，耕地总量动态平衡实质是耕地资源生产能力的动态平衡，或者说是耕地资源人口承载能力的动态平衡，选用“动态平衡综合指数”来测算矿区的耕地总量动态平衡水平。动态平衡综合指数的计算公式如下：

$$D_{ECA}=R_{CLAPC}\times P_{CRCL} \tag{6-3}$$

$$R_{CLAPC}=\frac{T_{ARCL}}{R_{TP}} \tag{6-4}$$

$$P_{CRCL}=\frac{P_{RUCL}\times M_{CIRF}}{N_{APUCL}\times N_{AMCIF}} \tag{6-5}$$

式中，D_{ECA} 为动态平衡综合指数；R_{CLAPC} 为区域人均耕地面积；P_{CRCL} 为区域耕地生产力系数；T_{ARCL} 为区域耕地总面积；R_{TP} 为区域总人口；P_{RUCL} 为区域单位耕地面积粮食产量；M_{CIRF} 为区域粮食作物复种指数；N_{APUCL} 为全国平均单位耕地面积粮食产量；N_{AMCIF} 为全国平均粮食作物复种指数。

动态平衡综合指数的计算考虑了耕地数量、耕地质量及区域人口数量情况，比较全面地反映了耕地总量动态平衡的内涵。该指数既能准确地反映出某区域在某年的耕地总量动态平衡的真实水平，也能对该区域耕地总量动态平衡水平在不同时间进行纵向比较，反映出该区域耕地总量动态平衡随时间变化而变化的情况；该指数还能与全国其他地区的耕地总量动态平衡水平进行同时段的横向比较，反映出该区域耕地总量动态平衡在全国的实施水平。

2. 沃溪矿区耕地总量动态平衡综合指数的计算

为便于对计算结果进行时序分析和空间口径统一的可比性趋势分析，计算中所用数据全部采用统计数据。根据式（6-3）～式（6-5）及相关数据，可计算出沃溪矿区的耕地总量动态平衡综合指数，结果见表 6-4。

表 6-4 沃溪矿区耕地总量动态平衡综合指数

时间（年）	2005	2012	2018
耕地总量动态平衡综合指数	0.127	0.199	0.224

从以上矿区耕地总量动态平衡综合指数可以看出，沃溪矿区的耕地总量动态平衡综合指数很低，说明矿区耕地总量动态平衡状况很差，这主要是矿区人均耕地面积很少、粮食单产较低造成的。矿区耕地总量动态平衡指数随着时间的推移在逐渐增加，说明矿区耕地总量动态平衡状况在向好的方向发展，这主要是由于在维持人均耕地面积不变的

前提下，粮食单产和耕地复种指数在逐步提高。

6.4.2　影响矿区耕地总量变化的因素分析

影响耕地总量变化的因素可以分为外在因素和内在因素，外在因素是指那些直接导致耕地总量（包括数量和质量）变化的自然或人为的表面活动，如非农建设占用耕地导致耕地数量减少；内在因素是指引发这些活动的经济规律、政策导向等内在驱动因素，如城市化使城市郊区的耕地转变为非农建设用地，从而导致耕地面积减少。

1. 外在因素分析

影响耕地总量变化的外在因素很多，有的导致耕地数量的增加或减少，有的则导致耕地质量的降低或提高，可以分别从以下 4 个方面来分析。

（1）影响耕地数量增加的外在因素。影响耕地数量增加的外在因素主要有：①土地后备资源开发，包括荒地、滩涂、水面等未利用土地开发为耕地；②土地复垦，包括建设用地、毁坏或废弃土地复垦为耕地；③土地整理新增耕地；④农业结构调整；⑤其他方式。对沃溪矿区而言，引起耕地数量增加的外在因素主要是对采矿废弃地的复垦及土地整理新增耕地。

（2）影响耕地数量减少的外在因素。影响耕地数量减少的外在因素主要有：①非农建设占用，包括固定资产投资和更新改造建设占用，以及农民住房和乡镇企业建设占用；②农业结构调整，耕地转变为其他农业用地；③生态退耕，因修护生态环境需要退耕还林、退耕还草、退耕还湿等；④灾害毁坏；⑤弃耕等。对沃溪矿区而言，引起耕地数量减少的外在因素主要是由于矿山企业对矿山的开采，占用了大量的耕地。

（3）影响耕地质量提高的外在因素。影响耕地质量上升的因素包括：①兴修农田水利；②农地整理；③耕地储备；④土壤培肥等。对沃溪矿区而言，引起耕地质量提高的外在因素主要是土壤培肥、农地整理及兴修农田水利。

（4）影响耕地质量下降的外在因素。影响耕地质量下降的因素包括：①水土流失；②农田水利设施损坏；③长年抛荒；④土壤污染；⑤灾害毁坏等。对沃溪矿区而言，引起耕地质量下降的主要外在因素是水土流失、土壤污染和灾害毁坏。

2. 内在因素分析

影响耕地总量变化的内在驱动因素也很多，可以归纳为 3 大类：

（1）自然因素。影响耕地总量变化的自然因素主要有气候变化、土壤退化、环境污染、洪涝干旱和病虫害等自然灾害。这些自然因素对耕地总量变化的影响如下：①引发生态退耕、弃耕、灾害毁坏，从而导致耕地数量减少；②引发土地复垦从而使耕地数量增加；③引起水土流失、土地污染、洪涝灾害，从而导致耕地质量下降；④引发兴修水利、耕地储备、土壤培肥，从而使耕地质量得到提高。对矿区来说，影响耕地总量变化的自然因素主要是频发的旱、涝、低温寒害等自然灾害，这些因素容易引起水土流失、洪涝灾害，从而导致耕地质量下降。

（2）经济因素。影响耕地总量变化的经济因素主要有人口增加、城市化、工业化，一、二、三产业及农业内部比较优势的存在等。这些经济因素对耕地总量变化的影响如下：①引发非农建设占用耕地、农业结构调整、弃耕，从而导致耕地数量减少；②引发土地复垦、土地整理，从而使耕地数量得以增加。对矿区来说，影响耕地总量变化的经济因素主要是采矿业的发展。由于金矿的开采占用了大量耕地，导致耕地数量减少，但矿业开采后的土地复垦、土地整理，又会使耕地数量得以增加。

（3）政策因素。影响耕地总量变化的政策因素主要有“占一补一”耕地保护政策、土地复垦优惠政策、土地整理政策、环境保护政策、经济发展政策等。这些政策方面的因素对耕地总量变化的影响如下：①引发生态退耕、非农建设占用耕地，从而导致耕地数量减少；②引发耕地后备资源开发、土地复垦和土地整理，因而增加了耕地数量；③引发兴修水利、农地整理，从而提高了耕地质量。

6.4.3 耕地总量动态平衡的可行性分析

1. 实现耕地总量动态平衡的难点

从矿区耕地的数量、质量实际情况，以及通过前面对矿区耕地总量动态平衡综合指数的计算及分析，可以看出矿区要实现耕地总量动态平衡还存在以下难度：

（1）耕地数量减少。根据矿业公司的开采实施进度及计划，自 1996 年一期工程投产后，矿区耕地以 20hm^2/年的速度减少；2003 年二期工程投产后，每年占用的耕地约为 26.7hm^2，共已占耕地 293.5hm^2；待三期工程投产后，每年占用的耕地将达到 53.3hm^2。耕地数量减少速度之快，给矿区耕地总量动态平衡的实现带来了一定难度。

（2）耕地质量明显下降。矿区耕地质量明显下降的原因：一是水土流失严重使耕地退化，从而导致耕地质量下降；二是采矿废弃地复垦为耕地后，质量明显低于耕地被占用前。

2. 实现耕地总量动态平衡的潜力分析

（1）土地复垦潜力。沃溪矿区具有成熟高效的复垦技术，到 2006 年年底，已成功复垦耕地 190hm^2。近几年来，采矿废弃地的平均复垦率已达到 91.23%，复地率达到 66.75%。根据“边开采边复垦”制度及复垦率将达到 98%的复垦目标，预计今后复地率将达到 71.7%，土地复垦的潜力较大。

（2）农村居民点整理潜力。目前矿区及周边农村居民点多为自然村，村庄布局松散零乱，村内空闲地多，土地利用率低。据资料调查，户均占地超过 1500m^2，人均占地超过 250m^2。按照全国 150m^2 的标准，土地利用潜力可达 66.67%，经整理后可增加耕地 2213hm^2。

（3）土地整理潜力。根据矿区耕地所处位置的地形、地貌条件，估计农田整理潜力在 3%左右。矿区现有耕地面积为 61425.4hm^2，通过整理后可增加有效耕地面积 1842.8hm^2。

6.5 实现耕地总量动态平衡的对策研究

为保障矿区耕地总量动态平衡的顺利实现，现提出以下对策：

1. 制度措施

(1) 采矿地的供地模式仍为租地模式。根据近几年来的创新试点经验，继续改征地为租地模式。这种供地模式没有改变耕地的所有权属，有利于农村集体土地所有权的稳定；另外，合理的租金也会让出租方农民获得相应补偿。

(2) 实施“开采占用与复垦”挂钩制度。矿区由于可开垦的耕地后备资源相当缺乏，所以必须实行“开采占用与复垦”挂钩制度。

(3) 加强土地利用规划及管理。制订科学合理的土地利用总体规划和年度用地计划，总体规划体现控制土地供应总量的要求，侧重于总体布局、规模、结构和方向，起到宏观调控耕地总量的作用。

(4) 建立耕地动态监测体系。在耕地动态监测的基础上建立耕地预警制度，并采取措施排除警情，力求耕地总量动态平衡的实现。

(5) 实施有弹性的耕地总量动态平衡制度。

2. 技术措施

科学技术的每次突破性进展总能导致人地关系的组织水平、组织结构、组织形式的革命性变革。中国粮食单产的提高主要依靠科技进步。因此，应在种子、栽培、农药、灌溉、农机、水土保持、土壤改良、植保等方面加大科技投入，不断创新，提高粮食作物的单产，改善耕地质量，将提高耕地质量水平和综合生产能力作为实现耕地总量动态平衡的重要措施。

6.6 土地利用结构与生态环境预测研究

矿区土地利用变化对生态重建的影响非常大，在矿山生产过程及矿区开发结束，首先考虑土地利用问题。对沃溪采空区域土地利用状况及环境影响评价，采用景观生态空间结构分析法对未来土地利用结构进行预测。

6.6.1 土地利用变化空间结构预测模型

矿区土地利用结构变化导致景观生态格局变化，这些变化往往是综合的，它包括自然环境、多种生物及人类社会活动之间的复杂相互作用。矿区开发建设引起的土地利用结构变化是以人类干扰为主的土地利用结构变化，这种变化格局带来人的主观臆断，土地利用结构是否合理也决定了景观生态功能状况的优劣。随着矿山建设项目的实施，原有的土地结构发生变化，原来的生态功能、景观生态格局、景观的组成发生变化，会对区域的土地利用和生态环境产生深远的影响[102-103]。

1. Markov 数学模型

沃溪土矿区经过剥离—采矿—复垦后，生态环境恢复到剥离之前要经过一段时间间隔，在此时对土地利用和环境生态评价就要建立一种可靠的预测模型。Markov 的数学模型是一种特殊的随机运动过程，它反映一系列特定的时间间隔下，一个亚稳定系统由 t 时刻状态向 $t+1$ 时刻状态转化的一系列过程。其最大的特点是在 $t+1$ 时刻的状态只与 t 时刻的状态有关，与以前的状态无关[104]。这一特性用于土地变化和生态环境变化预测是合理的。Markov 过程稳定状态的方程组如下：

$$\begin{cases} \sum_{j=1}^{n} a_j = 1 \\ a_j = \sum_{i=1}^{n} a_i p_{ij} \end{cases} \tag{6-6}$$

式中，a_i 、a_j 为各复垦土地利用类型 i、j 的面积百分比；p_{ij} 为转移概率；n 为土地利用类型的数量；i 、j 代表 1～n 的数字。

复垦土地利用类型转移概率矩阵的数学表达式如下：

$$P = \begin{bmatrix} P_{11} & P_{12} & L & P_{1n} \\ P_{21} & P_{22} & L & P_{2n} \\ \cdots & \cdots & \cdots & \cdots \\ P_{n1} & P_{n2} & L & P_{nn} \end{bmatrix} \tag{6-7}$$

式中，P_{ij} 为复垦土地类型 i 转化为复垦土地类型 j 的转移概率。

转移概率矩阵的每一项元素需要满足 $0 \leqslant P_{ij} \leqslant 1$ 和 $\sum_{i=1}^{n} P_{ij} = 1$（每行元素之和为 1）。再应用 Markov 过程的基本方程：

$$P_{ij}^{(n)} = \sum_{k=0}^{n-1} P_{ik} P_{kj}^{(n-)} = \sum_{k=0}^{n-1} P_{ik}^{(n-)} P_{kj} \tag{6-8}$$

即可计算出系统经 n 步转移后，达到的状态概率矩阵。设 a_{ij} $(i \neq j)$ 为状态 i 到状态 j 的转移概率，则在时间间隔 dt 内处于状态 i 的过程转移到状态 j 的概率是 $a_{ij}\mathrm{d}t$ $(i \neq j)$。状态做出 2 次或更多次转移的概率与 $(\mathrm{d}t)^2$ 或更高次方同阶，在分析复垦土地利用变化过程时，时间间隔 dt 取 1 年，所以得到的转移速率矩阵与上述转移概率矩阵等效。在时间间隔 dt 内，系统状态未发生转移，即 $i=j$ 时的转移概率为

$$P_{ij} = 1 - \sum_{i \neq j} a_{ij} \mathrm{d}t \tag{6-9}$$

如果现有的外界干扰条件不变并一直持续下去，n 趋向无穷大，转移概率达到相对稳定状态，此时各种土地利用类型面积所占比重与初始状态无关。

2. 土地空间格局变化定量指标

剥离—采矿—复垦联合工艺系统是沃溪金矿露天开采土地利用空间变化的形式。沃溪采空区土地利用由大大小小的斑块组成，斑块的空间分布称为格局。采用生态景观空间格局的定量描述指标，可对土地利用空间格局进行定量分析，对剥离、采矿、复垦不同时期的指标进行比较，就可以把土地利用格局的空间特征和时间过程联系起来，土地利用空间变化具体指标如下：

（1）多样性指数（H）。H 是指土地复垦利用中类型的多少与复杂程度。其表达式为

$$H = -\sum_{i=1}^{n} P_i \times \log_2 P_i \tag{6-10}$$

式中，P_i 是第 i 种复垦土地利用类型占总面积的比；n 为矿区内土地复垦利用类型总数。

（2）优势度指数（D）。D 是度量土地复垦利用结构中一种或几种利用类型支配各

土地利用变化格局的程度，表达式为

$$D = H_{max} + \sum_{i=1}^{n} P_i \times \log_2 P \tag{6-11}$$

$$H_{max} = \log_2 P_i \tag{6-12}$$

（3）均匀指数（E）。E 是描述土地复垦利用变化的分配均匀程度，表达式为

$$E = H / H_{max} \times 100\% \tag{6-13}$$

（4）强度指数（LUI_t）。LUI_t 是指某一区域单位面积上类型用地从 x 时期到 y 时期发生的变化，其计算公式为

$$LUI_t = (K_{xj} \cdot K_{yj}) / LA_i \times \frac{1}{T} \times 100\% \tag{6-14}$$

式中，LUI_t 为土地复垦利用类型 j 在某一采空复垦区空间单元 i 内的土地利用空间变化的强度指数；K_{xj}、K_{yj} 为研究期 x 及研究末期 y 土地利用类型 j 在空间单元 i 内的面积；LA_i 为空间单元 i 的土地面积；T 为研究末期和初期的间隔时间。

（5）生态环境指数（EV_t）。EV_t 综合考虑矿区内各复垦土地所具有的生态质量及面积比，定量表征矿区内生态环境质量的总体状况，其表达式为

$$EV_t = \sum_{i=1}^{n} LU_i \times C_i / TA \tag{6-15}$$

式中，LU_t、C_i 为该矿区内 t 时期第 i 种复垦土地利用类型所具有的面积和生态环境指数；TA 为该矿区占地总面积；n 为矿区内所有的复垦土地利用类型数量。

（6）贡献率（LEI）。LEI 是指某一种复垦土地利用变化类型所导致的矿区生态质量的改变，其表达式为

$$LEI = (LE_{t+1} - LE_t) \frac{LA}{TA} \tag{6-16}$$

式中，LE_{t+1}、LE_t 为某一种复垦土地利用变化类型的变化末期和初期土地利用类型所具有生态质量指数；LA 为复垦变化类型的面积；TA 为研究单元的总面积。

6.6.2 土地利用变化与环境评价预测结果

1. 沃溪矿区土地利用变化特征

将 2010—2017 年的土地利用现状信息层分别叠加即可得到矿区两个时期的土地利用变化图，统计两个时期各主要土地利用变化类型面积。从中可以总结出 7 年内矿区复垦土地利用变化的特点：坡耕地呈现增长趋势，主要分布在上沃溪、十六棚公、粟家溪和红岩溪 4 个矿区；有林地不断增加，增加幅度较大的有上沃溪、十六棚公、粟家溪、鱼儿山和红岩溪 5 个矿区；灌丛地的面积呈现减少态势，裸岩地呈扩大趋势；而草地和水变化不大；建设用地不断扩展。

采用景观空间格局定量分析模型，得出上沃溪、十六棚公、粟家溪、鱼儿山和红岩溪 5 个矿区土地利用空间格局指数，以及采用不同动态监测模型测算，得到沃溪土矿区 2010—2017 年间各土地利用类型的变化速率，见表 6-5。

表 6-5 沃溪矿区 2010—2017 年复垦土地利用程度指标/覆被空间格局指数

时间（年）	多样性指数	优势度指数	均匀度指数	土地利用率（%）	土地复垦率（%）	土地农业利用率（%）	土地建设利用率（%）	森林覆盖率（%）	土地利用综合指数
2010	2.27	26.60	54.66	50.49	93.83	48.47	1.28	21.23	165.70
2013	2.30	27.52	59.99	58.97	82.26	57.20	1.77	28.02	170.35
2015	2.33	28.45	60.69	65.94	93.83	64.66	2.02	37.19	181.81
2010—2015	0.23	0.92	0.70	10.57	8.90	15.26	38.34	24.66	2.73
2016—2017	0.41	1.85	5.33	14.38	11.48	11.54	14.44	24.23	6.30

2. 矿区土地利用的预测分析

将沃溪矿区复垦土地利用变化趋势按复垦时期分成几个阶段，先求出初始状态各土地利用类型的转移概率矩阵，以年为基本时间单位，再求出各时间段内复垦土地利用的年平均转移概率，见表 6-6。

表 6-6 2011—2017 年各复垦土地利用类型的转移概率矩阵（$n=6$）

土地类型	有林地	疏林地	灌丛地	草地	沟谷耕地	坡耕地	建设用地	水体	裸岩地
有林地	0.0441	0.0204	0.1142	0.0344	0.0683	0.4678	0.0393	0.0110	0.2006
疏林地	0.0434	0.0188	0.1170	0.0295	0.0752	0.4782	0.0433	0.0120	0.1828
灌丛地	0.0437	0.0171	0.1261	0.0250	0.0639	0.5107	0.0436	0.0079	0.1625
草地	0.0433	0.0178	0.1207	0.0271	0.0661	0.04904	0.0420	0.0098	0.01828
沟谷耕地	0.0402	0.0178	0.1051	0.0235	0.1503	0.4408	0.0503	0.0277	0.1443
坡耕地	0.0436	0.0171	0.01254	0.0251	0.0638	0.5074	0.0448	0.0078	0.1648
建设用地	0.0334	0.0154	0.0727	0.0180	0.2206	0.3482	0.1840	0.0241	0.1135
水体	0.0393	0.0170	0.0971	0.0224	0.1206	0.4102	0.0634	0.0784	0.1510
裸岩地	0.0424	0.0169	0.1190	0.0250	0.0582	0.4529	0.0417	0.0097	0.2042

借助 MATLAB 软件求出 2010 年后任何一年的土地利用类型的转移概率矩阵 $P^{(n)}$ 及各土地利用所占比重 A_n，由此可以模拟出各土地利用类型所占比重的变化情况，进行土地利用转移过程的校验。从初始状态经过 $n=6$ 步转移，到 2017 年的转移概率矩阵预测 2018 年各土地利用类型所占比重见表 6-7。可以看出：有林地、疏林地、草地、坡耕地、水体模拟结果与 2018 年的实测情况差异不显著，两者吻合情况较好，而且矿区生态重建主要是对采空区土地复垦成林地、疏林地、草地、坡耕地，改善土壤保水性能。这说明采用土地利用类型之间的面积转移矩阵所确定的转移概率，通过 Markov 过程模型来预测土地利用格局的变化是可行的。

表 6-7　Markov 过程模拟 2018 年各复垦土地利用类型的检验

数值	有林地（%）	疏林地（%）	灌丛地（%）	草地（%）	沟谷耕地（%）	坡耕地（%）	建设用地（%）	水体（%）	裸岩地（%）
初始值	8.0896	15.3100	2.5492	1.7771	9.1966	34.0583	1.2755	1.1500	24.5917
模拟值	7.8074	17.2893	1.7343	2.5036	7.4852	49.4405	4.6347	1.1146	16.5909
实测值	8.2691	18.2116	2.1287	2.5036	8.6008	34.5088	2.0191	1.1540	22.5623
差值	0.4617	0. 9617	0.3944	0.0945	1.1156	0.0688	−2.6156	0.0294	−8.0186
误差（%）	5.91	5.56	22.74	3.77	14.90	0.14	56.44	2.64	48.33

据 Markov 过程稳定状态定义，稳定状态转移概率之值就是土地利用类型达到相对稳定状态时所占面积的百分比。为了预测矿区 2018 年以后复垦土地利用变化趋势，进一步计算该矿区未来各土地利用占区域土地总面积的百分比见表 6-8。可以看出，沃溪土矿区沟谷耕地和裸岩地面积呈现不断减少的趋势，其他用地情况增加，其中建设用地地面增加最大。依照 2000—2008 年间的矿区复垦土地利用变化趋势，当矿区复垦土地的裸岩地面积减少到占总土地面积的 19.92%时，矿区生态系统达到稳定状态。

表 6-8　沃溪矿区土地利用结构变化趋势

年份	有林地（%）	疏林地（%）	灌丛地（%）	草地（%）	沟谷耕地（%）	坡耕地（%）	建设用地（%）	水体（%）	裸岩地（%）
2010	8.0896	15.3100	2.5492	1.7771	9.1966	34.0583	1.2755	1.1500	24.5917
2013	8.1342	17.0320	2.3673	2.2364	8.8920	34.3587	1.7326	1.1507	24.1061
2015	8.2691	18.2116	2.1287	2.5036	8.6008	34.5088	2.0191	1.1540	22.5623
2020	8.2983	19.1380	2.0568	2.8126	8.4153	34.9670	2.3551	1.1612	20.7957
$n \to \infty$	8.3137	19.4580	2.0083	3.0731	8.1735	35.4390	2.4453	1.1738	19.9153

6.7　岩溶矿区复垦土地适宜性评价

岩溶矿区复垦土地适宜性评价以广西沃溪为例，沃溪二期工程于 2001 年 5 月全面开工建设，2003 年 7 月全面建成投产。在整个工程的建设和建成投产后运行至今，公司均严格按照工程的初步设计和《沃溪业公司氧化铝二期工程水土保持方案报告书》进行建设，投产后严格进行水土流失控制、治理。沃溪采取边开采边复垦的方法，对采空区进行土地复垦，既有利于水土保持，也有利于土地利用结构调整及耕地总量平衡。

6.7.1　土地评价指标划分

采用“四级指标逐层推断法”，即根据岩土污染程度、重塑地形坡度、新耕层土壤来源及有效覆土厚度四级分类指标逐级推断，最后确定可能出现的类型。划分为如下几个指标：

1. 以“岩土污染状况”为第一级指标

采空区复垦后土地的主要利用方向是农用地，因此在划分土地单元类型时首先要考虑新造耕作层的岩土对复垦后的种植物有无污染。根据环境保护的要求，若岩土对种植物有潜在污染，必须采取压埋、包埋和填埋工艺，而不能将其放在地表作为复垦耕作层。因此，根据该指标及环境保护的要求，就只能划分出一种待复垦土地单元类型，即无污染类型。

2. 以“重塑地形坡度”为第二级指标

根据矿区地形地貌及环境条件，矿山企业规划复垦后地形坡度为0°～35°。所以根据重塑地形坡度指标，在第一级指标划分的基础上将待复垦土地单元划分为两种类型：无污染的平台（0°～5°）和无污染的斜坡（6°～35°）。

3. 以“新耕层土壤来源”为第三级指标

根据矿区土地复垦规划及矿区的复垦土源情况，进一步将待复垦土地单元划分为以下4种类型：无污染的4∶1顶板土＋地表土平台，无污染的3∶1底板土＋粉煤灰平台，无污染的4∶1顶板土＋地表土斜坡，无污染的3∶1底板土＋粉煤灰斜坡。

4. 以“有效覆土厚度”为第四级指标

有效覆土厚度直接影响着种植物地下部分的水分和养分容量，所以根据“有效覆土厚度”对前面划分的结果再次划分为：无污染的4∶1厚层顶板土＋地表土平台，无污染的3∶1厚层底板土＋粉煤灰平台，无污染的4∶1薄层顶板土＋地表土斜坡，无污染的3∶1薄层底板土＋粉煤灰斜坡。

6.7.2 土地适宜性评价方法

1. 参评因素的选择

在选择参评因素时，应根据以下原则来进行：①不同土地用途对土地属性的要求是不同的，因而应针对不同的土地用途选择相应的参评因素；②选择对特定土地用途有明显影响和在本区域内有明显差异的因素作参评因素；③选择那些持续影响土地用途的较为稳定的因素作为参评因素；④考虑获得资料数据的可能性，尽量选择基础资料较完整、可进行计量或估量的因素作参评因素。根据以上原则分别对耕地（分水田和旱地）、园地、林地、牧草地这5种不同的土地用途有区别性地选择了相应的参评因子，见表6-9。

表6-9　沃溪矿区待复垦土地适宜性评价参评因子、因子权重、分级指标及指数

用地方式	参评因子	因子权重	分级			
			Ⅰ（100）	Ⅱ（80）	Ⅲ（60）	Ⅳ（40）
水田	有机质含量	0.15	≥4	4～2.5	2.5～1.5	＜1.5
	土壤pH值	0.20	6.5～7.0	7.0～7.5 6.0～6.5	7.5～8.0 5.5～6.0	＞8.0 5.0～5.5
	排灌条件	0.25	充分保证	一般	差	很差
	地形坡度	0.12	≤3	3～5	5～15	15～25
	耕层厚度	0.10	≥16	16～13	13～10	＜10
	土壤质地	0.18	轻壤、中壤	重壤、砂壤	黏土、砂质土	砾质土

续表

用地方式	参评因子	因子权重	分级			
			Ⅰ（100）	Ⅱ（80）	Ⅲ（60）	Ⅳ（40）
旱地	有机质含量	0.12	≥2	2～1.5	1.5～1	<1
	土壤pH值	0.15	6.5～7.5	7.5～8.0	6.0～6.5	8.0～8.5 5.5～6.0
	地形坡度	0.25	≤6	6～10	10～15	15～25
	海拔高度	0.18	≤300	300～500	500～700	>700
	耕层厚度	0.10	≥21	21～17	17～14	<14
	土壤质地	0.20	轻壤、中壤	重壤、砂壤	砂质土	黏土、砾质土
园地	有机质含量	0.14	≥3	3～2	2～1	<1
	土壤pH值	0.15	5～6	6～6.5 5～4.5	6.5～7 4.5～4	>7 <4
	海拔高度	0.20	≤300	300～500	500～700	>700
	地形坡度	0.22	≤10	10～25	25～35	>35
	土壤质地	0.11	轻壤、中壤	重壤、砂壤	砂质土	黏土、砾质土
	交通条件	0.18	好	一般	差	很差
林地	有机质含量	0.16	≥3	3～2	2～1	<1
	海拔高度	0.18	≤500	500～700	700～800	>800
	土壤质地	0.18	砂壤、中壤	重壤、砂质土	轻黏	黏土、砾质土
	地形坡度	0.26	≤25	25～40	40～50	>50
	交通条件	0.22	好	一般	差	很差
牧草地	有机质含量	0.17	≥2.5	2.5～2	2～1	<1
	地形坡度	0.26	≤30	30～40	40～50	>50
	土壤质地	0.18	砂壤、中壤	重壤、砂质土	轻黏	黏土、砾质土
	畜牧水源	0.17	好	一般	差	很差
	交通条件	0.22	好	一般	差	很差

注：有机质含量单位为“%”；地形坡度单位为“°”；耕层厚度单位为“cm”；海拔高度单位为“m”。

2. 因子权重的确定

由于不同的因子对某种土地用途适宜性的影响是不一样的，因此我们要根据不同因子对土地适宜性的影响大小分别赋予一定的权系数，即确定各因子的权重。我们采用Delphy法来测定各参评因子的权重，权重结果见表6-9。

3. 参评因素指标分级

参评因子确定后，根据各参评因子对土地适宜性的影响程度进行指标分级，即划分为不同级别的定量或定性的评判指标或标准。指标分级见表6-9。

4. 评价模型

在确定了评价因子的权重并得出某评价单元类型的因子得分后，即可根据以下模型得出某评价单元类型对某种土地用途的适宜性总分值：

$$F_{mn}=\sum_{i=1}^{N_n}W_{ni}P_{ni} \tag{6-17}$$

式中，F_{mn} 表示第 m 种评价单元类型对第 n 种土地用途的适宜性总分值；m、$n=1$、2、3、4、5；W_{ni}、P_{ni} 分别表示第 n 种土地用途第 i 个因子的权重和得分；N_n 表示第 n 种土地用途的因子个数。

5. 土地适宜等级的划分

当不同的待复垦土地评价单元类型对不同土地用途的适宜性评价总分值计算出来之后，根据不同土地类的土地适宜等的划分标准划分土地适宜等级，划分标准见表 6-10。

表 6-10　沃溪矿区土地适宜等级的分值标准

适宜类	分值标准				
	一等（Ⅰ）	二等（Ⅱ）	三等（Ⅲ）	四等（Ⅳ）	不适宜
水田	≥90	90～80	80～65	65～50	<50
旱地	≥80	80～75	75～70	70～65	<65
园地	≥78	78～70	70～63	63～56	<56
林地	≥82	82～70	70～60	60～50	<50
牧草地	≥90	90～80	80～70	70～60	<60

6.7.3　沃溪矿区复垦土地适宜性评价

1. 数据处理

根据沃溪矿区 4 种不同的待复垦土地评价单元类型及式（6-17），可计算出 4 种不同评价单元类型分别对 5 种土地类的适宜性总分值，见表 6-11。

表 6-11　沃溪矿区不同土地评价单元类型的总分值

总分值适宜类	单元类型			
	无污染的 4∶1 厚层顶板土 ＋地表土平台	无污染的 3∶1 厚层底板土 ＋粉煤灰平台	无污染的 4∶1 薄层顶板土 ＋地表土斜坡	无污染的 3∶1 薄层底板土 ＋粉煤灰斜坡
水田	54.4	58.4	47.6	49.6
旱地	72.2	75.8	53.2	56.8
园地	84.2	81.4	79.8	77.8
林地	78.4	75.2	69.6	66.4
牧草地	74.6	71.2	59	55.6

2. 土地适宜等级划分

根据表 6-10 及表 6-11 中不同土地类的土地等级的划分标准，可得出沃溪矿区待复垦土地的适宜性结果，见表 6-12。

表 6-12　沃溪矿区不同土地评价单元类型的土地适宜等级

适宜等级型适宜类	单元类			
	无污染的 4∶1 厚层顶板土＋地表土平台	无污染的 3∶1 厚层底板土＋粉煤灰平台	无污染的 4∶1 薄层顶板土＋地表土斜坡	无污染的 3∶1 薄层底板土＋粉煤灰斜坡
水田	四等	四等	不适宜	不适宜
旱地	三等	二等	不适宜	不适宜
园地	一等	一等	一等	二等
林地	二等	二等	三等	三等
牧草地	三等	三等	不适宜	不适宜

3. 结果分析

从表 6-12 可以看出，不同的土地评价单元类型对不同的土地类的适宜等级是不一样的。各种待复垦土地评价单元对各种土地类的适宜性等级都很低，这主要是因为：①复垦土源为含岩石碎屑的底板土和剥离的含岩石碎屑的顶板土，土壤质地差，均为酸性黏壤；②有效土层较薄；③土壤有轻度盐碱化；④地形坡度较大。

4. 研究结论

根据表 6-12 中的结果及平果县土地资源状况和其土地利用总方针，可以确定矿区待复垦土地的最佳用途：

（1）无污染的 4∶1 厚层顶板土＋地表土平台的最佳适宜性用途为四等水田和三等旱地。

（2）无污染的 3∶1 厚层底板土＋粉煤灰平台的最佳适宜性用途为二等旱地。

（3）无污染的 4∶1 薄层顶板土＋地表土斜坡的最佳适宜性用途为一等园地。

（4）无污染的 3∶1 薄层底板土＋粉煤灰斜坡的最佳适宜性用途为三等林地。

6.8　本章小结

土地是一种最基本的自然资源，是各业生产和人类生活的基础。土地资源是指已经被人类所利用和可预见的未来能被人类利用的土地，是人类的生产资料和劳动对象，是人类生存和发展的物质基础。在人类社会发展中起着非常重要的基础性、战略性作用，土地资源的变化直接影响社会经济可持续发展和国家的安全稳定。经济的发展又影响土地的变化，耕地的变化直接影响人类生存，因此耕地总量动态平衡是土地研究的重点，耕地总量动态平衡追求的目标是在规定的生活质量和营养水平下，满足现在和今后所有人口对食物的持续需求。本章通过对沃溪矿区由于开采引起的土地利用结构的变化而导致耕地总量变化进行了研究，建立了土地利用变化空间结构预测模型，对沃溪开采导致的土地利用结构环境评价进行了预测评价，当矿区复垦土地的裸岩地面积减少到占总土地面积的 19.92%时，土地利用状况良好，矿区生态系统达到稳定状态。

第7章 岩溶地区水土保持模式及综合治理技术研究

水土资源是人类生存的基本条件，是生态环境中的重要因素，也是人类进行各种经济活动的基础。岩溶生态环境的严酷、岩溶生态系统的脆弱性是岩溶地区的自然地质-生态本底，它决定了岩溶生态系统的易损性和退化岩溶生态系统的难恢复性，生态环境一旦遭到破坏，水土流失殆尽，那就难以治理和恢复。而岩溶石漠化矿区在采矿过程中不可避免地会对生态环境造成影响，所以岩溶石漠化矿区的水土保持就显得尤为重要。另外，因矿藏与土地密不可分的关系，伴随着矿业的发展，与之而来的“矿业-土地”矛盾、“土地-矿产-民生”之间的问题也日益突出，为此，在采矿过程中要不断地进行水土保持，维持水土动态平衡。水土保持是指防治水土流失，保护、改良与合理利用山丘地区与风沙区水土资源，维护并提高土地生产力的一项综合性技术。

岩溶地区的沃溪矿区岩溶发育，地貌组合为峰林丛地、峰林洼地、峰林谷地、峰林平原及低山陡缓坡丘陵区。沃溪地区在基建和生产过程中产生了一定数量的弃土、废石、废渣，造成了一定面积的挖损裸露面，扰动、开挖原地貌，从而破坏矿区地表土壤、植被，增加了地面裸露面积，减弱了地表植被对雨水的蓄水、拦截作用，加剧矿区内水土流失，对水土保持有不利影响。加之铝土矿露天开采对生态环境的破坏较为严重，仅靠自然生态系统的演变是不可能恢复原有矿区生态环境系统的，因此，防治人为新增水土流失，保护和改善生态环境尤为重要。沃溪矿区从2005年开始实施水土保持工程和生物复垦措施，力求高比率地恢复耕地和绿地，有效控制矿区水土流失，通过复垦使生态系统过渡到另一种平衡状态，短期内生态环境得到很好恢复，实现生态环境新的良性循环。

由于沃溪矿区的开采是分期进行的，其水土保持工作也会根据具体情况进行，但都大同小异。现以沃溪矿区的二期工程为例进行阐述。

7.1 项目地区概况

7.1.1 项目地区地形及水文特征

1. 地形、地貌及地质构造特征

二期工程拟开采的内垠矿段位于那豆矿区中部，与已建成投产的一期那塘矿段直线距离约6km。内垠矿段地形属中、低山丘陵地区，地形变化较大。全区地貌可分为高山峰丛洼地，中低山和低山峰丛洼地、峰林洼地、峰丛谷地、峰林谷地、峰丛平原及低山陡坡、缓坡丘陵区。该地区出露地层以碳酸盐岩为主，属喀斯特岩溶发育区、溶洞、落水洞及暗河较多。

氧化铝厂位于平果县城西部一个东西长15km、宽2.5km的狭长山谷准平原。右江在该准平原北部由西北向东南流过。该平原与南北两侧群山相对高差在200m左右。整个带状山谷准平原中间高、两端低。最高处为玻璃街村附近地带，标高在150～170m，分别向东南和西北两端倾斜，至右江两岸标高为98～100m。

氧化铝厂处于山谷准平原鞍部的东南坡，西北高、东南低，西北部标高约为130m，东南部靠近右江，标高约为100m。自然地形坡度约为1.5%。工业区中部由西南向东北原有五座孤峰呈串珠状分布（1号、2号孤峰在一期工程中已被挖除），它们将工业区分割成大致相等的两部分。工业区中偏南有一条干沟由西向东穿越，它是谷地鞍部南坡雨水汇集和排泄的主要通道之一，也是工业雨水排泄的主要通道。

根据长沙有色勘察院1987年提供的《平果铝厂初步设计工程地质勘察报告书》，工业区区域地质构造因受右江大断裂强烈破坏，形成一系列大致平行的较为紧密的塑垫，工程地质较为复杂，属裸露型岩溶区，溶洞、溶沟、暗河比较发育。工程地质报告对厂址的评价认为：厂区岩溶发育，但这些岩溶现象均是可以处理的。右江大断裂的强烈破坏和岩溶构造控制了工业区的地质构造，同时形成了一组基本平行于右江的断层。

2. 水文及气象特征

平果县地处北回归线附近，属亚热带海洋性气候，一年四季不甚分明，夏季炎热，雨量充沛，冬季无霜冻，春季凉爽。

工程项目区地表水文除南北两翼有右江和布见水库外，无其他地表水体。岩溶地下水以暗河形式径流，地面降水通过溶洞、落水洞下泄汇集到地下暗河，在平果县城附近注入右江。

右江为本区最大的地表河流，发源于百色地区，平果位于其干流中段，在南宁附近与左江汇合，汇合后东流汇入珠江水系之西江。右江汇水面积约为3257000hm^2，在平果县境内长46km，平均宽度为180m，最枯流量为23m^3/s，最大流量为7140m^3/s，年平均流量为442m^3/s；右江水最大含砂量为6400mg/L，平均含砂量为163～795mg/L。布见水库位于矿区北东侧，汇水面积约为12000hm^2，有效库容为2824万m^3，最枯季节补给水量为0.7m^3/s，最低水位标高为219.93m，最高水位为234.78m，正常水位为232.8m。

本区地下水属于岩溶水，主要呈树枝状暗河网状流动，又通过岩溶中普遍发育的裂隙渗流相沟通。在某些强溶岩带之间，存在局部的地下水分水岭。在某些暗河附近，地下水坡度变缓，等水位线呈现狭长的凹谷形。该区地下水流向为西北—东南、西北偏北—东南偏南，流向右江，其水位为109.25～117.6m。

本地区地下水主要由降雨直接补给，其次由峰丛区边缘形成的地表径流和上游暗河流来的水补给。厂址附近（右江大桥）右江的洪水位：25年一遇97.13m；50年一遇97.95m；100年一遇98.49m。

7.1.2　项目区水土流失现状及防治情况

平果铝业公司为全国绿化、土地复垦先进单位。平果铝土矿分布范围为1750m^2，约占全县面积的70%，一期工程开发的那豆矿区位于平果矿区的中部，东西走向长

20km，南北平均宽 6km，分布面积为 $120km^2$，有 13 个采区。

一期矿山工程采用了剥离—采矿—洗矿—排泥—复垦一体化采矿工艺，生产过程中投资 288 万元，配备了相应的复垦设备，使复垦效果和复垦率有较大的提高，一期矿山工程的采矿、复垦面积与复垦率见表 7-1。

表 7-1　采矿复垦面积与复垦率 hm^2

年份（年）	闭坑面积	复垦面积	复垦率（%）	备注
1996 以前	0.67	0.48	71.6	
1997	10.68	1.35	12.6	
1998	10.36	7.62	73.6	
1999	20.05	21.81	108.8	
2000	21.93	26.27	119.8	计划复垦面积
合计	63.69	57.53	90.33	

注：此表摘录自《平果铝业公司氧化铝二期工程环境影响报告书》（贵阳铝镁设计研究院、长沙有色冶金设计研究院编制）。

随着闭坑面积和复垦面积的逐渐增加，复垦率逐年上升，至 2018 年年底，已经超过设计复垦率。预计到 2021 年年底，复垦率有可能达到 90%以上。由于平果铝土矿所处的地貌较独特，属中低山峰丛洼地、谷地和陡坡、缓坡丘陵地，多数矿体赋存于陡坡、缓坡丘陵地貌单元中，少数赋存于洼地、谷地，因此每个矿点开采范围均不大，利用剥离的表土和采用矿泥压滤的方法获得黏土充填采空区，为矿山复垦提供了可靠的土源保证。

7.2　矿区建设及生产新增水土流失预测研究

7.2.1　水土流失预测时段

由于铝土矿露天开采为建设生产类项目，且平果铝业公司氧化铝二期工程建设项目正处于可行性研究阶段，因此结合露天矿建设和开采运行时段、水土保持方案防治时段，确定本次新增水土流失预测分为项目建设期 2 年和生产运行期 12 年，共计 14 年。

在项目建设期，铝土矿开采项目新增水土流失主要是在工程施工中人为因素所致，具体体现在工程建设过程中扰动原地表，当雨水直接冲刷疏松、裸露的地表时，造成水土流失；基础开挖产生的临时堆渣，结构松散，胶结力差，抗侵蚀能力低，在水力及重力作用下，造成水土流失；填方内运及弃渣外运或运转过程中，土石方沿途散落，造成水土流失；施工造成植被破坏，水土保持设施损坏，降低水土保持能力，增大了水土流失量。在工程运营期，因基建施工损坏引起水土流失的各种因素，在主体工程填筑、施工回填及各项水土保持措施实施后将逐渐消失，并且随着各项水土保持措施水保功能的日益发挥，水土流失逐渐减少直至达到新的稳定状态。

在生产运行期，由于铝土矿在开采过程中将产生大量的废渣、废石及尾矿，也可能产生大量的水土流失，所以，与其他项目不同的是，铝土矿开采项目在整个运营期都必须做水土流失预测。基于上述分析，铝土矿开采项目水土流失影响较大的时段是项目建设期和生产运行期。因此，铝土矿开采项目水土流失预测重点也在工程建设期和生产运行期。

7.2.2　损坏的水土保持设施预测

通过实地踏勘、调查，平果铝业公司氧化铝二期工程将损坏的是位于缓坡丘陵及洼地、谷地的农田（218.06hm^2），在梯田、沟台地等的农田大多没有水土保持设施。

7.2.3　可能造成的新增水土流失量预测

平果氧化铝二期工程铝土矿拟开采的矿段属中低山丘陵地区，出露地层以碳酸盐岩类为主，发育红壤和黄棕壤，土层薄，属喀斯特岩溶发育区。经实地调查并参照现行《土壤侵蚀分类分级标准》SL 190 中的土壤侵蚀类型区划原则，项目所在地区为以水力侵蚀为主的类型区，土壤侵蚀强度为轻度。

平果铝业公司氧化铝二期工程的建设，将造成原地貌、土壤的扰动，并将破坏部分植被，加剧项目区的水土流失。对采场工业场地、氧化铝主辅设施区和矿区公路用地区，地形平坦，地面坡度小于 5°。基建期开挖填筑造成地面凹凸不平，影响径流，特别是临时公路、厂外公路，路堤边坡除面蚀外，坡面水流汇集在边坡上，形成大量的细沟侵蚀，水蚀必然加剧；生产运行期随着厂区地面硬化、绿化及道路护坡、排水工程的日益完善，水蚀显著降低以至得到完全控制，因此，在预测时只预测建设期新增水土流失量。对生产运行期采区、尾矿、灰渣、赤泥，其遇雨将产生水土流失，在预测时，采区应预测建设期和运行期，而尾矿、灰渣、赤泥只预测运行期新增水土流失量。水土流失预测时段见表 7-2。

表 7-2　二期工程水土流失预测时段　　年

项目	建设期	运行期	合计
矿山采区	2	12	14
矿山工业场地	2	—	2
氧化铝主辅设施区	2	—	2
矿山公路	1	—	1
排泥库	原有	12	12
灰渣库	原有	12	12
赤泥库	0.5～1	12	12.5～13

1. 预测方法

分两种情况计算新增水土流失量：

（1）对原地貌、土壤被扰动或植被被破坏，导致新增水土流失情形，采用如下公式预测：

$$W=\sum(W_{2i}-W_{1i}) \tag{7-1}$$

式中，W_{1i} 为预测年原地面土壤侵蚀量（t），由当地原有土壤侵蚀模数乘以原地貌、土壤被扰动或植被被破坏面积；W_{2i} 为预测年地面原地貌、土壤被扰动或植被被破坏后土壤侵蚀量（t），由当地原地貌、土壤被扰动或植被被破坏后土壤侵蚀模数乘以原地貌、土壤被扰动或植被被破坏面积；W 为预测期新增水土流失量（t）。

（2）对原地貌被堆渣压占，由弃渣形成新增水土流失情形，采用如下公式预测：

$$W=n_i\times\Delta W_i \tag{7-2}$$

$$W=\sum W_i \tag{7-3}$$

式中，ΔWi 为堆渣场第 i 个微地貌单元弃渣量（t）；n_i 为堆渣场第 i 个微地貌单元弃渣流失系数；W_i 为堆渣场第 i 个微地貌单元新增水土流失量（t）；W 为预测期弃渣场新增水土流失总量（t）。

2. 项目区预测参数确定

（1）土壤水蚀模数。根据《广西水文图集》，广西壮族自治区内输沙模数范围为 50～450t/（km^2·年），泥沙输移比接近 1；经查算项目区输沙模数为 100t/（km^2·年）。因此，本次预测区在原地貌、土壤及植被未被破坏时的土壤水蚀侵蚀模数为 100t/（km^2·年）；参照同类工程建设情况及本项目对地表可能造成的扰动，扰动后的土壤水蚀模数取 900t/（km^2·年）。

（2）弃渣流失系数。关于弃土、弃渣流失参数（中失百分比）的确定，目前尚无理想的办法。根据有关资料，矿区代表性小流域开矿后增沙量计算及典型矿点、路段、淤地坝、水毁工程调查得出冲失百分比为 26.6%～31.3%。根据平果氧化铝二期工程弃土弃渣场的实际情况，确定弃土弃渣流失系数为 26.6%。

3. 新增水土流失量预测

（1）扰动原地貌、损坏土壤和植被的水土流失预测。平果氧化铝二期工程开发建设扰动原地貌、损坏土壤和植被的区域主要为铝土矿采区、采场工业场地、运输道路及氧化铝主辅设施区、赤泥库 4 号、5 号堆置区。根据矿山、氧化铝厂可研报告等设计资料，采用上述预测方法计算出各项目在无任何水保措施时新增水土流失量，结果见表 7-3。

表 7-3　二期工程新增水土流失量

序号	项目			预测期（年）	年平均新增水土流失量（t）	二期工程新增水土流失量（t）
1	矿山采区	扰动面积（hm^2）	221.33	14	147	2064
		弃土总量（hm^2）	93.8	12	21000	250000
2	矿山工业场地	扰动面积（hm^2）	19.66	2	79	157
3	氧化铝主辅设施区	扰动面积（hm^2）	6	2	24	48
4	矿山公路	扰动面积（hm^2）	35.71	1	286	286
5	排泥库	弃渣总量（万 t）	1075	12	238000	2860000
6	灰渣库	弃渣总量（万 t）	84	12	19000	220000

续表

序号	项目			预测期（年）	年平均新增水土流失量（t）	二期工程新增水土流失量（t）
7	赤泥库	扰动面积（hm^2）	15	1	120	120
		弃渣总量（万 t）	480	12	106000	1280000
	合计					4612675

（2）弃土弃渣场新增水土流失预测。二期工程弃土弃渣主要有采矿表层覆盖土、矿石水洗泥及热电厂灰渣、氧化铝厂的赤泥。大量的弃土弃渣堆放会带来新的水土流失，预测采用流失系数法，新增水土流失按不采取任何措施，根据弃渣堆置量及堆置位置计算，结果见表 7-3（包括基建期 2 年）。

综上所述，平果铝厂二期工程 2 年建设期和 12 年生产运行期可能新增水土流失预测总量约为 461.27 万 t，平均每年新增 32.9 万 t。

7.2.4　可能造成的水土流失危害分析

平果氧化铝二期工程的开发建设过程中，在一定范围内扰动了原始地貌，破坏了土壤和植被，产生的弃土、弃渣除尾矿、灰渣和赤泥均分别堆放于各库外，矿山采区的排土（剥离土）堆放于采区内（复垦前），由于矿区所在地区属岩溶发育区，土层薄，且矿体大部分赋存于低洼地，遇雨时渗漏很快，很难形成地表径流，从地质条件看有利于当地的水土保持，但若遇暴雨或洪水，也易造成水土流失，进而影响下游农田、增加地下水的含泥沙量。

7.2.5　预测结果的综合分析评价

根据以上预测，平果铝业公司氧化铝二期工程新增水土流失主要为铝土矿、采矿工业场地、运输道路及氧化铝主辅设施区、赤泥库 4 号、5 号堆置区等工程施工过程中的地面扰动和破坏，以及采区、滤泥堆场、灰渣场、赤泥堆场地面破坏压占所产生。项目区地处农业生产区，如果不能及时防治，将有大量水土流失，并遭受弃土弃渣的危害，同时，影响周围地区农业生产的可持续发展，恶化区域生态环境，在二期工程的建设和生产运行过程中，还将扰动原地貌 297.7hm^2，弃土、弃渣 1742.5 万 t，如不采取水土流失防治措施，可能增加人为水土流失量 461.27 万 t。因此，必须采取有效措施，防治项目开发建设中的新增水土流失。防治关键在于合理有序地布设水土保持措施：基建期加强防洪排水，合理挖填土方、存放弃渣、安排工期，及时洒水，局部撒播草籽，以有效控制工程建设造成的水土流失；生产运行期，根据上述预测，在不采取水土流失防治措施的情况下，滤泥堆场、赤泥堆场、采场排土区、灰渣场的水土流失量分别占水土流失总量的 62%、27.7%、5.4%、4.8%，所以，若排泥库、赤泥库、灰渣库为生产过程中重要的水土保持设施加强运行管理，杜绝事故发生，可减少水土流失量约 95%。铝土矿采场排土尽管每个采点采期短、采后即复垦，也应采取有效的水土保持措施，并与上述 3 个库同时作为生产过程中水土流失防治的重点。

7.3 岩溶石漠化矿区水土流失防治方案

矿区水土保持实际上是矿区水土资源的可持续利用和保护。矿区水土保持规划应结合当地自然条件和社会经济特点，从工程建设和矿产资源开发的实际出发，本着“预防为主，全面规划，综合防治，因地制宜，加强管理，注重效益”的水土保持方针，重点放在项目建设期和生产运行期中对土地的扰动、岩土的排弃压占和综合治理上，并结合土地复垦、环境保护和生态建设，在保证资源合理开发利用的基础上，建立矿区水土保持措施体系，促进经济发展。

矿区水土保持方案的编制，就是为了落实法律规定的防治义务，通过对建设过程中产生的水土流失及其危害进行分析、预测，拟订切实可行的水土保持措施，在总体设计中，与主体工程同步实施，为水土流失防治提供科学依据和技术保证，对减轻项目区水土流失、保护水土资源、改善生态环境有重要意义。

7.3.1 方案编制的原则和目标

1. 方案编制基本原则

预防为主、防治结合原则：矿区水土保持规划与生产建设总体规划相结合的原则；矿区水土保持规划与区域水土保持规划相结合的原则；矿区水土保持规划与矿区其他专项规划相衔接的原则。

（1）认真贯彻“预防为主，防治结合”的水土保持方针，坚决执行“谁开发、谁保护，谁造成水土流失，谁治理”，以及水土保持措施必须与主体工程“同时设计、同时施工，同时投产使用”的“三同时”原则，遵循国家和广西壮族自治区对建设项目水土保持的总体要求。

（2）充分考虑建设项目和环境特点，结合平果铝厂二期工程发展规划具体情况，客观务实地布设水土流失防治措施。

（3）广西壮族自治区人民政府文件《关于划分水土流失重点防治区的通知》将平果县列为“重点监督区”，设计坚持综合防治、突出重点、注重效益的原则。应因地制宜，因害设防，将工程措施与植物措施相结合，突出重点，合理配置，形成水土保持防治体系。应把防治水土流失、改善生产环境、恢复植被和土地生产力放在重要地位。

（4）因地制宜，就地取材，节省工程投资，做到技术上可行，经济上合理。

（5）安全可靠原则。为使已有和未来补充建设的水保设施能发挥整体防护功能，应尽可能地减少大股危害性泥石流发生概率和水土流失危害，以确保矿山生产和周边环境的生态安全。

（6）动态有效原则。该矿区水土流失防治特点是边开采边排弃渣边防治，水保设施的补充整合必须抓住这个“动态”特点，全盘考虑，以防止零打碎敲。

（7）技术可行原则。矿区水土流失防治所涉及的工程措施和植物措施的技术性强，在考虑整体布局合理性的同时，还必须从技术层面考虑其可行性，以便于实施和确保安全。

（8）经济合理原则。一般情况下，水保设施的安全可靠程度与其投入资金数额成正比，即资金投入越多，其安全可靠性越高。作为矿山开采企业，显然必须进行成本核算，原则是在确保安全有效的情况下，尽可能节省资金，避免造成不必要的浪费。

2. 方案编制具体原则

实事求是，因地制宜，因害设防，发挥当地资源和企业自身优势，分区划片，分类研究，确定各自的水土保持目标和方向。

3. 防治目标

根据以上编制原则，平果铝业公司氧化铝二期工程水土保持方案实施后最终实现的目标：使项目区生产建设中潜在的水土流失及危害得到有效控制，使生产建设中的人为新增水土流失得到及时、合理的防治，其中弃渣、排泥及建筑垃圾等固体废弃物经防治后基本不产生流失，使因开挖、压埋而损坏的原地貌植被得到恢复，厂区、矿区等得到全方位绿化，提高厂区居民生活环境质量；使项目区水土资源得到有效、合理的利用，促进项目区经济可持续发展，进一步改善生态环境。

7.3.2　水土防治技术方案编制

1. 确定防治范围

根据“水土保持法中企事业单位在建设和生产过程中必须采取水土保持措施，对造成的水土流失必须负责治理”的规定，因开发建设活动而产生水土流失的区变为该项目的责任范围。结合平果铝业公司氧化铝二期工程特点，依照可研报告和现场勘察结果，水土保持方案防治责任范围拟划分为重点防治区和一般防治区，见表7-4。

表7-4　平果铝业公司氧化铝工程建设防治责任范围

<table>
<tr><th rowspan="2">工期划分</th><th rowspan="2" colspan="2">项目防治分区</th><th colspan="2">征占地（hm^2）</th><th rowspan="2">建设区</th><th rowspan="2">备注</th></tr>
<tr><th>已征</th><th>未征</th></tr>
<tr><td rowspan="10">一期工程</td><td rowspan="6">矿山部分</td><td>那塘矿段采矿场（27个矿点）</td><td>265.50</td><td></td><td>重点防治区</td><td></td></tr>
<tr><td>9区采选工业场地</td><td>4.36</td><td></td><td>重点防治区</td><td></td></tr>
<tr><td>10区采选工业场地</td><td>9.60</td><td></td><td>重点防治区</td><td></td></tr>
<tr><td>排泥库</td><td>35.00</td><td></td><td>重点防治区</td><td></td></tr>
<tr><td>石灰石矿</td><td>4.55</td><td></td><td>重点防治区</td><td></td></tr>
<tr><td>小计</td><td>319.01</td><td></td><td></td><td></td></tr>
<tr><td rowspan="4">氧化铝部分</td><td>氧化铝厂、电解铝厂、热电厂、煤气站等</td><td>82.09</td><td></td><td>一般防治区</td><td></td></tr>
<tr><td>赤泥库</td><td>35.00</td><td></td><td>重点防治区</td><td></td></tr>
<tr><td>灰渣场</td><td>12.70</td><td></td><td>重点防治区</td><td></td></tr>
<tr><td>小计</td><td>129.79</td><td></td><td></td><td></td></tr>
</table>

续表

工期划分	项目防治分区		征占地（hm^2）		建设区	备注
			已征	未征		
二期工程	矿山部分	内垠矿段采矿场（67个矿点）	233.50		重点防治区	
		矿区公路	35.71		一般防治区	
		内垠采选工业场地及辅助设施	19.66		重点防治区	
		排泥库	35.00		重点防治区	已在一期工程中计入
		小计	323.87			
	氧化铝部分	给水处理站		2.385		
		其余部分	129.79			已在一期工程中计入
		小计	129.79	2.385		
生活区		雷感、江洲、新华、含笑4个小区	130		一般防治区	

2. 水土流失防治分区

为了给防治措施布局提供依据，根据工程建设时序、项目主体工程布局、水土流失特点，以及危害和治理的难易程度，将项目区划分为重点防治区及一般防治区。二期工程水土流失防治分区见表7-5。

表7-5　二期工程水土流失防治分区

防治分区	功能分区		原始地貌	弃渣组成	弃渣堆放形式	征占地（hm^2）
重点防治区	采场及采场公路		旱地耕植土	耕植土	采场边堆放，可回填	265.6
	内垠采选工业场地		丘陵坡地	基建期施工土、石弃渣	可筑路或采空区回填	16.39
	赤泥库		现有赤泥库	赤泥	平地堆坝	35.00
	排泥库		现有排泥库	矿泥	洼地筑坝	35.00
	灰渣场		现有灰渣场	锅炉灰渣	洼地筑坝	12.70
	小计					364.69
一般防治区	工业区	氧化铝厂	狭长山谷准平原	基建期施工土、石弃渣	用于场地填方	
		热电厂	狭长山谷准平原	基建期施工土、石弃渣	用于场地填方	5.37
		煤气站	狭长山谷准平原	基建期施工土、石弃渣	用于场地填方	
		给水处理站	狭长山谷准平原	基建期施工土、石弃渣	用于场地填方	2.385
		矿区外部运输公路	山地石灰岩、峰丛洼地	土、石弃渣	用于筑路	3.263
		调节水池等辅助设施	缓坡丘陵区	施工期间土、石弃渣	用于采区回填	4.064
		小计				15.082
合计						379.77

3. 总体布局

根据项目区内新增水土流失的特点和危害程度，以及建设项目对环境功能的要求，确定项目区水土保持措施总体布局。措施布局时本着充分发挥各项措施功能的原则，因地制宜，因害而防，防治结合，形成植物措施、工程措施和土地整治措施与水土流失特点有机结合及综合配置的防治措施体系。对重点防治区内可能产生的水土流失作为首要防治对象，措施布局上注重植物措施、工程措施和土地整治措施的综合配置，强调以工程措施为先导，严格控制水土流失；一般防治区中的工业区着眼于改善厂区环境，水土保持主要是搞好以厂区绿化为主体的环境建设，采用工程措施和绿化相结合的布局。

（1）重点防治区的防治措施。

①采场及采场公路。内垠矿段中的67个矿点，采空后形成采空区。对黏土板的采空区，直接用推土机犁松底板黏土，平整后复垦成地。对灰岩底板的采空区，其复垦土源主要从矿泥（压滤滤饼）中取得，采用回填黏土（滤饼）旱式复垦方案，采场边坡及采场公路两侧边坡均采取植被措施进行绿化，以避免水土流失。

②内垠采选工业场地。场区设计用地为6个功能分区原矿卸矿场、洗矿生活区、脱水设施区等。场地设计高程为327～372m，按流程分多台阶布置。对采选工业场地的多台阶的布置形式，均采用挡土墙及护坡工程防护，其中卸矿场挡土墙的防护量较大，相对高度在20m左右，施工难度大。除此之外的场地台阶式布置，填挖方量较大，采用重力式挡土墙及护坡（网格式）护砌。在采选工业场地各车间旁边空地上可种植草本及灌木，在起到水土保持作用的同时，也美化了工业场地的生产环境。

③赤泥库、灰渣库和排泥库。在基建时应做好工程防治措施，在库区范围内进行土地复垦。

（2）一般防治区的防治措施。

①矿区外部公路。矿区外部公路占地面积为3.63hm^2，长度为1.5km，为联络内垠采选工业场地和铝厂外部公路，与已建矿区外部公路相接，设计为厂外二级道路标准，路基宽10.5m，路面宽9m，采用水泥混凝土路面，道路边坡面积为19500m^2，边坡需采取工程措施和植被防护。

②工业厂区中的氧化铝厂、热电厂、煤气站扩建配套设施。在原有工场附近预留地上配套布置，不需新增用地，且场地平坦，水土保持采用乔、灌、草相结合的方式，绿化与美化相结合，以改善厂区的生产和生活环境为主要目的；充分利用植物的配置变化，满足厂区生活空间丰富多变的需要。

③给水处理站扩建。对新增建构筑物周围一定范围内采取绿化措施，使绿化率达到15％，绿化面积为3577m^2。

④其他防治区。矿山新增调节池、事故泵房、辅助道路、临时公路、截水沟、排水沟等设施，应根据所处地形，分别防治；对道路两侧边坡，应采取植被措施，对截水沟、排水沟应重点做好弃土的防护，可用作采空区的复垦填土。

4. 分区防治措施布局

（1）采选工业场地。根据长沙勘察设计研究院提供的平果铝土矿山二期采选工业场地岩土工程详细勘察报告书，拟建场地岩溶发育完全，受岩性、构造破碎带及节理裂隙的影响，工程地质条件在整体上具有明显的差异性，除局部高挡土墙采用钢筋混凝土结构外，挡土墙及护坡均可采用块石护砌。

(2) 矿区外部公路、辅助道路等。公路半填半挖路段的填方侧设置砌石挡墙，两侧填方，边坡进行绿化。

(3) 氧化铝厂、热电厂、煤气站、给水处理厂等。新增设施建成后应实现全厂绿化率45%以上，按乔、灌、草为4∶4∶2配置，规划绿化面积为39.15hm²，草地面积为7.83hm²。

(4) 采场、采区公路和采空区。采场采用境界外截水沟截水、采场内排水沟排水，以控制水土流失。采区公路两边采用植草措施控制水土流失。采空区采用土地整治（复垦）、植物护坡（必要时采用工程护坡）和永久性植被措施。

①采场基本情况。二期工程设计开采对象为内垠矿段48、49、50、52、53、57、65号和布绒矿段64号8个矿体群，共21个矿体（按矿体自然封闭原则划分），拟分为67个采场，探明的B+C+D级干矿储量为1109.30万t。21个矿体分布于270～570m标高之间，属中低山峰丛洼地、谷地和陡坡、缓坡丘陵地，山峰重叠，地形起伏变化大，多数矿体赋存于陡坡、缓坡丘陵地貌单元中，少数赋存于洼地、谷地。矿体形态较为复杂，平面上呈带状、不规则状等，剖面上呈似层状、扁豆状、透镜状等，产状受基岩起伏控制，倾向多变，倾角为0°～20°，矿体规模大小及厚度变化受灰岩底基地形制约。采用露天机械开采，公路开拓运输，服务年限为12年。21个矿体的矿量、面积、矿体厚度、表层厚度见表7-6。

表7-6　矿体赋存参数

序号	矿段	矿体（个）	储量级别	干矿储量（万t）	原矿储量（万t）	矿体面积（万hm²）	矿体厚度（m）	表层厚度（m）
1	48	48	C+D	14.39	41.48	7.31	2.58	0.92
2	49	49-1	C+D	5.94	22.14	3.03	3.32	0.32
		49-2	D	0.59	3.03	0.77	1.79	0.72
		49-3	D	1.76	6.36	1.52	1.89	1.45
3	50	50-1	C+D	100.79	316.09	23.58	6.09	0.21
		50-2	C+D	11.58	26.07	4.00	2.96	0.00
4	52	52	C+D	28.53	62.84	4.92	5.81	0.00
5	53	53-1	B+C+D	333.80	903.81	65.04	6.32	0.08
		53-2	C+D	163.84	400.86	43.33	4.20	0.43
		53-3	C+D	25.36	70.40	5.85	5.47	0.00
		53-4	D	4.46	12.88	1.85	3.16	1.63
		53-5	D	10.65	32.57	2.41	6.15	0.00
		53-6	C+D	5.16	17.39	2.66	2.97	1.33
		53-7	C+D	9.80	26.84	4.40	2.77	0.00
		53-9	D	1.89	5.99	1.34	2.03	0.00
6	57	57	C+D	116.43	342.47	28.56	5.45	1.16

续表

序号	矿段	矿体（个）	储量级别	干矿储量（万 t）	原矿储量（万 t）	矿体面积（万 hm^2）	矿体厚度（m）	表层厚度（m）
7	64	64-1	C+D	46.58	120.76	8.75	6.27	0.01
		64-2	C+D	87.89	248.19	27.08	4.17	0.24
		64-3	C+D	101.84	276.34	24.23	5.18	0.02
		64-5	C+D	12.86	21.22	1.29	7.50	0.00
8	65	65	C+D	25.16	70.35	7.94	4.03	0.00
合计			B+C+D	1109.30	3028.08	269.86	—	—

注：本表摘自《平果铝业公司平果铝土矿二期矿山工程可行性研究说明书》中表 3-6。

②采场防治水土流失的措施。采场主要受大气降雨的影响，在降雨的过程中可能造成水土流失。在采场大气降雨地表径流来水方向，距露天采场最终境界外约 10m 处设截水沟，拦截径流并导致已形成的自然排水系统。在准备生产采场时，采用推土机或挖掘机在场内掘出排水沟，并在低洼处掘出或堆出集水坑。将采场内的大气降雨导致集水坑，雨水通过集水坑澄清后溢流至已有的自然排水系统。

③护坡和植被措施。矿区植物布设区立体条件类型普遍较差，剥采区及排土场空档休闲地，地形支离破碎，岩石裸露，土层较薄；埂坎及斜坡区是松散岩土堆积场，加之坡度较大，风蚀水蚀严重。为了改善植被立地条件，采用阶梯式排土，并整修成埂坎水平、田面里低外高，较长的坡面形成台阶状，水流线变短，减少水流对坡面冲刷，有利于保持水土和台面上的农作物生长。排土时，在上下游坡上留有台阶，并在其外边缘修筑边埂，排土场填成一块，覆土一块。选择耐旱、耐瘠薄、生长快、郁郁旱灌木树种和草本植物作为斜坡防治的主要植物。

5. 水保年度实施安排

水保方案防治措施实施期根据二期主体工程建设期和生产运行期水土流失防治需要来确定，总期限为防治时段 14 年，见表 7-7。

表 7-7　平果铝业公司二期工程水土保护方案实施进度安排

项目		第 1 年	第 2 年	第 3 年	第 4 年	第 5 年	第 14 年	中远期
工程措施	内垠采选工业场地挡墙护坡	√	√	—	—	—	—	—
	排泥库坝	—	√	√	√	√	√	√
	灰渣库坝	√	√	√	√	√	√	√
	赤泥库坝	√	√	√	√	√	√	√
土地整治	采场土地复垦	—	√	√	√	√	√	√
	灰渣场地复垦	—	—	√	√	√	√	√
	排泥库土地复垦	—	—	√	√	√	√	√
	赤泥库复垦	—	—	√	√	√	√	√

续表

项目		第1年	第2年	第3年	第4年	第5年	第14年	中远期
植物措施	采场及采场公路边坡绿化	√	√	√	√	√	√	√
	采选工业场地绿化	√	√	√	√	√	√	√
	氧化铝厂、热电厂等绿化	√	√	√	√	√	√	√
	矿山外部公路绿化	√	√	√	√	√	√	√

6. 复垦工程量计算和进度安排

二期工程基建采场7个，半年后陆续有采场开采完形成采空区。从矿山生产第二年开始，开采与复垦同步进行。设计开采服务年限为12年，通过计算，逐年复垦和植被工程量分别见表7-8和表7-9。

表7-8　逐年复垦工程量

年份	上年开采面积（万 m^2）	复垦面积（万 m^2）					整石牙（万 m^3/万 m^3）	滤饼回填（万 m^3/万 m^3）	平整干滤饼（万 m^3/万 m^3）	犁松黏土（万 m^3/万 m^3）	回填腐殖土（万 m^3/万 m^3）	护坡长度（m）	水沟长度（m）
		Ⅰ类	Ⅱ类	Ⅲ类	Ⅳ类	合计							
2013	20.74	5.32	7.63	—	2.31	15.26	12.56/1.984	12.95/3.023	12.95/7.925	—	15.26/4.502	4116	8232
2014	12.98	12.65	—	—	—	12.65	12.65/1.677	12.65/32.258	12.65/7.742	—	12.65/3.732	2530	5060
2015	13.27	8.65	—	2.00	2.25	12.90	12.90/1.677	10.65/27.158	10.65/6.518	—	12.90/3.806	2530	5060
2016	15.59	4.88	6.84	—	3.77	15.49	15.49/2.014	11.72/29.886	11.72/7.173	—	15.49/4.57	3712	7424
2017	12.31	1.34	2.02	2.32	6.47	12.15	12.15/1.58	5.68/14.484	5.68/3.476	—	12.15/3.584	2004	4008
2018	19.14	10.89	—	—	8.25	19.14	17.80/2.314	9.55/24.353	9.55/5.845	1.34/0.588	19.14/5.646	2178	4356
2019	21.73	16.67	2.35	—	2.18	21.20	21.20/2.756	19.02/48.501	19.02/11.64	—	21.20/6.254	4274	8548
2020	19.83	17.45	—	—	2.35	19.80	16.39/2.131	14.04/35.802	14.04/8.592	3.41/1.498	19.80/5.84	3490	6980
2021	21.63	19.18	2.27	—	—	21.45	13.06/1.698	13.06/33.303	13.06/7.993	8.39/3.658	21.45/6.328	4744	9488
2022	23.32	20.14	2.67	—	—	22.81	20.76/2.698	20.76/52.938	20.76/12.705	2.05/0.900	22.81/6.729	5096	10192
2023	17.51	9.52	7.99	—	—	17.51	13.29/1.728	13.29/33.89	13.29/8.133	4.22/1.853	17.51/5.165	5100	10200
2024	23.28	8.53	—	8.58	5.00	22.38	21.18/2.753	16.18/41.259	16.18/9.902	1.20/0.527	22.38/6.614	5138	10276
合计	221.33	135.22	31.77	13.17	32.58	212.74	189.43/25.01	159.55/406.855	159.55/97.644	20.61/9.024	212.74/62.77	44912	89824

表7-9　逐年植被工程量

年份	护坡用云南葛藤（株）	护坡植草面积（m^2）	Ⅰ、Ⅱ、Ⅲ类地植草面积（m^2）	Ⅳ类地植灌木（株）	Ⅳ类地植草面积（m^2）	采场公路两边植草面积（m^2）
2012	—	—	—	—	—	9160
2013	2744	20580	118086	10267	11550	9160
2014	1687	12650	115350	—	—	9160
2015	1687	12650	97113	1000	11250	9160
2016	2475	18560	106870	16756	18850	9160
2017	1336	10020	64013	28756	32350	9160
2018	1452	10890	99302	36667	41250	9160
2019	2849	21370	173436	9689	10900	9160

续表

年份	护坡用云南葛藤（株）	护坡植草面积（m^2）	Ⅰ、Ⅱ、Ⅲ类地植草面积（m^2）	Ⅳ类地植灌木（株）	Ⅳ类地植草面积（m^2）	采场公路两边植草面积（m^2）
2020	2327	17450	159120	10444	11750	9160
2021	3163	23720	195594	—	—	9160
2022	3397	25480	207995	—	—	—
2023	3400	25500	159667	—	—	—
2024	3425	25690	158481	22222	25000	—
合计	29942	224560	1655027	144801	162900	91600

7.3.3 水土流失监测

在项目区进行水土流失保持监测，其目的和意义为对施工建设过程中的水土流失进行适时监测和监控，及时掌握施工过程中水土流失的成因、数量、强度、影响范围及产生的后果等指标，了解水土保持方案实施后各种措施的防治效果及取得的效益，及时采取相应的防控措施，最大限度地减少水土流失，为同类开发建设项目水土流失预测和制订防治方案提供依据。通过水土流失保持监测，积累水土流失预测的实测资料和数据，确定预测参数、预测模型服务，最大限度地为提高生态效益提供基础数据。

1. 监测目的

平果铝业公司水土保持工作在做好水土流失防治的同时，从二期工程可研开始，根据实际情况，规划布设监测网点，对项目在建设过程中和生产运行期间可能造成的水土流失做适时监测，为实施水土保持监督管理与治理提供科学依据，从而采取有力的管理和防治措施，促进和巩固水土保持方案的顺利实施，实现企业经济效益、社会效益、水土保持及生态环境效益的有机统一。

2. 监测内容

（1）影响因子监测。影响因子监测内容主要包括：①调查收集平果县气象站、水文站、降雨、大风及水文等资料；②监测项目区地形、地貌、植被类型与覆盖度、地表建（构）筑物，以及水土保持设施的数量、质量等变化情况。

（2）水土流失量监测。主要对二期工程基本建设和生产运行期可能产生的新增水土流失进行监测。主要监测重点防治区内的赤泥库、灰渣库、排泥库、铝土矿采区在生产运行期因水蚀引起的水土流失量；一般防治区内的氧化铝生产厂区、采选工业场地等在基建期因施工引起的人为水土流失量。

（3）水土保持工程效益监测。主要对二期工程水土保持方案实施的工程措施、土地整治、植物措施等防治工程效果及控制水土流失、改善生态环境的作用进行监测。

3. 监测方法

在本项目实际工作中以定期实地调查监测方法为主，对重点地区、重点项目布设监测站点进行适时定点监测。

（1）实地调查监测。每年应根据实际监测需要，定期或不定期在项目区内实地调查影响水土流失的主要因子变化、水土流失量及其危害、水土保持防治措施的运行状况及效益，具体可采取普查法和抽样法进行。

重点防治区通过实地法主要监测工程措施的运行情况，土地整治实施情况及水土流失状况，具体调查项目见表7-10。

表7-10　重点防治区实地调查法调查项目

项目	时间	年储渣量	储渣面高程	坝体运行状况	溢洪道过流情况	卧管排洪情况	工程实施前后评价

一般防治区通过实地调查法主要监测在基建期因施工造成的水保设施的运行情况，具体调查项目见表7-11。

表7-11　一般防治区实地调查法调查项目

时段	样点	时间	地貌	植被		弃土弃渣量	扰动地表面积
				类型	覆盖率		
建设前							
扰动破坏后							
水保方案实施后							

（2）定点监测。选取重点防治区内的排泥库、赤泥库、灰渣库等拦渣工程进行定点监测。

4. 监测机构和设备

平果铝业公司应配备专人负责对监测项目的规划设计和实施；在监测系统设计中，应根据地方水土保持监督部门对监测的具体要求，双方协商，共同做好水土流失监测工作。监测机构可设置在公司环境监测站，建议配备专职人员1～2人，兼职人员3～4人。

新增水土流失监测仪器设备包括经纬仪（2台）、望远镜（1架）、取样器（2个）、流速仪（2台）、烘干箱、分析天平、比重瓶等，可利用公司环境监测站原有仪器设备。

7.4　平果铝二期水土保持投资估算及效益分析

水土保持投资估算是从确定工程建设投资，到建设过程中的全部经济活动，水土保持效益是从生态平衡的角度来衡量效益。它是指水土保持治理作用于生态系统，对生态系统的生命系统和环境系统的诸因素并进而对整个生态系统的生态平衡产生积极影响，以保持生态平衡和改善生态环境，从而为人类的生存条件、生活环境和生产活动提供的有益效应。

7.4.1　水土保持投资估算

平果铝业公司氧化铝二期工程项目水土保持方案防治责任范围总面积为379.77hm^2。在长沙院编制的《平果铝业公司平果铝土矿二期矿山工程可行性研究说明书》和贵阳院编制的《平果铝业公司氧化铝二期工程可行性研究报告》（以下简称二期主体工程）中已考虑了部分水土流失防治措施。本工程估算依据如下：

1. 文件依据

（1）《水利水电工程可行性研究估算编制办法》（能源水规〔1990〕852号）。

（2）水利部《水利工程设计概（估）算费用构成及计算标准》（水建〔1998〕15号）。

（3）国家发展计划委员会发布的《关于加强对基本建设大中型项目概算中“价差预备费”管理有关问题的通知》（计投资〔1999〕1340号）。

（4）广西壮族自治区物价局、财政厅1999年5月28日发布的《关于印发〈广西壮族自治区水土保持设施补偿费、水土流失防治费征收使用管理办法〉的通知》（桂价费安〔1999〕247号）。

2. 定额依据

（1）水利部部颁布的《水利水电建筑工程概算定额》（1988版）。

（2）水利部、能源部《水利水电工程施工机械台班费定额》（能源水规〔1991〕1272号）。

3. 费用组成

（1）工程费用。

①工程措施费用。赤泥库及灰渣场的覆土按5.00元/m^3计算。

②植物措施费用。植物措施中种草按0.50元/m^2计算，Ⅰ、Ⅱ、Ⅲ类地种植绿肥植物按1.6元/m^2计算，种植云南葛藤按2.5元/株计算，种植灌木按2.00元/株计算。平果铝业公司二期工程水土保持方案新增工程量估算见表7-12。

表7-12　平果铝公司二期工程水土保持方案新增工程量估算

序号	项目	单位	数量	单价（元）	投资（万元）
1	采选场	—	—	—	326.95
1.1	采场边坡植物措施	—	—	—	18.71
	Ⅰ、Ⅱ、Ⅲ类地护坡用云南葛藤	株	29942	2.50	7.49
	Ⅰ、Ⅱ、Ⅲ类地护坡草	m^2	224560	0.50	11.23
1.2	采场复垦地植被恢复	—	—	—	301.91
1.2.1	农田恢复	—	—	—	264.80
	Ⅰ、Ⅱ、Ⅲ类地植被恢复	m^3	1655027	1.60	264.80
1.2.2	林地恢复	—	—	—	37.11
	Ⅳ类地种植灌木	株	144801	2.00	28.96
	Ⅳ类地种植草	m^2	162900	0.50	8.15

续表

序号	项目	单位	数量	单价（元）	投资（万元）
1.3	采场公路植物措施	—	—	—	4.58
	采场公路护坡草	m^2	91600	0.50	4.58
1.4	选矿	—	—	—	1.75
	排泥库植物措施	—	35000	0.50	1.75
2	氧化铝	—	—	—	143.10
2.1	赤泥库	—	—	—	105.00
	赤泥库覆土	m^3	175000	5.00	87.50
	赤泥库植物措施	m^3	350000	0.50	17.50
2.2	灰渣场	—	—	—	38.10
	灰渣场覆土	m^3	63500	5.00	31.75
	灰渣场植物措施	m^2	12701	0.50	6.35
3	矿区外部公路	—	—	—	1.75
	边坡护草	m^2	35000	0.5	1.75
4	合计	—	—	—	471.80

（2）其他费用。

①建设单位管理费：按规定取2.0%。

②勘测设计费：按建筑工程费用的3.5%计。

③质量监督监测费：按建筑工程费用的0.25%计。

④工程监理费：按建筑工程费用的1.3%计。

⑤水土流失监测设备费：水土流失监测设备按15万元考虑。

⑥水土保持设施补偿费：根据广西壮族自治区物价局、广西壮族自治区财政厅发布的247号《广西壮族自治区水土保持设施补偿费、水土流失防治费征收使用管理办法》（1999）文件计算。根据建设和生产活动过程中占压或损坏面积，按0.5元/m^2一次性缴纳。

（3）预备费。基本预备费按10%计算，价差预备费中投资价格指数$P=0$，不计价差预备费。

4. 总投资

经估算，平果铝二期水土保持工程总投资为12572.17万元。其中：建筑工程费为8737.26万元，设备费用为1104.97万元，其他费用为205.94万元（其中水土保持设施补偿费为157.68万元），预备费为1597.10万元。本方案新增投资729.5万元，其中：建筑工程471.80万元，其他费用205.94万元，其中水土保持设施补偿费为157.68万元，预备费为52.01万元。详见表7-13和表7-14。

根据平果铝业公司二期水土保持方案实施进度安排，本方案防治措施实施年度为2001—2018年，其中2015—2018年属中远期治理工程，相应各年度投资见表7-14。

表7-13　主体水土保持工程投资估算　　万元

序号	工程或费用名称	建筑工程	设备	其他	合计
	工程费用	8265.46	1104.97	926.90	10297.33
1	基建剥离	15.29	—	—	15.29
2	露采防洪及排水沟工程	34.20	—	—	34.20
3	选矿排泥及回水系统	231.57	266.25	435.90	933.72
4	整平地基土石方	366.97	—	—	366.97
5	防护工程及附属设施	173.14	—	—	173.14
6	场内道路及场地铺砌	206.50	—	—	206.50
7	排水工程	60.79	—	—	60.79
8	复垦设备	—	807.72	—	807.72
9	采选场地绿化费	—	—	20.00	20.00
10	赤泥堆场	3963.00	31.00	471.00	4465.00
11	氧化铝厂场地整平	124.00	—	—	124.00
12	热电厂灰渣场	1523.00	—	—	1523.00
13	热电厂总平面	102.00	—	—	102.00
14	煤气站总平面	21.00	—	—	21.00
15	水厂总平面	114.00	—	—	114.00
16	运输及公用系统总平面	1330.00	—	—	1330.00
17	预备费	—	—	1545.09	1545.09
18	合计	16530.92	2209.94	3398.89	22139.75

表7-14　平果铝二期水土保持工程新增投资估算　　万元

序号	工程或费用名称	建筑工程	其他	合计	备注
	主要工程	471.80	—	471.80	
1	采选场	326.95	—	326.95	
1.1	采场坡边植物措施	18.71	—	18.71	重点防治区
1.2	采场复垦地植物措施	301.91	—	301.91	重点防治区
1.3	采场公路护坡草皮	4.58	—	4.58	
1.4	排泥库植物措施	1.75	—	1.75	重点防治区
2	氧化铝厂	143.10	—	143.10	
2.2	赤泥库水土保持	105.00	—	105.00	重点防治区
2.3	灰渣场水土保持	38.10	—	38.10	重点防治区
3	外部公路	1.75	—	1.75	
3.1	外部公路边坡植物措施	1.75	—	1.75	
4	其他费用	—	205.94	205.94	
4.1	建设单位管理费	—	9.44	9.44	
4.2	勘测设计费	—	16.51	16.51	

续表

序号	工程或费用名称	建筑工程	其他	合计	备注
4.3	质量监督监测费	—	1.18	1.18	
4.4	水土流失监测费	—	15.00	15.00	
4.5	工程监理费	—	6.13	6.13	
4.6	水土保持设施补偿费	—	157.68	157.68	
5	预备费	—	52.01	52.01	
6	基本预备费	—	52.01	52.01	
7	总投资	471.80	257.95	729.75	

7.4.2 效益分析

效益分析着重对平果铝业公司二期工程水土保持方案防治措施实施后所产生的保水保土效益和生态效益进行分析。

1. 经济效益

方案实施后水土保持措施所产生的潜在效益：林地造林后按生长期 10 年计算，10 年木材蓄积量达 $50m^3/hm^2$ 以上，每 $1m^3$ 木材按 600 元计价，则二期工程林地 10 年内潜在效益为 95.73 万元以上，旱地恢复耕作后按种玉米计算，每年潜在效益为 47.79 万元。总体平均来看，平果铝业公司二期工程水土保持工程实施后，年均潜在效益达 57.36 万元，详见表 7-15。

表 7-15　平果铝业公司二期工程水保方案潜在经济效益估算

序号	类型	面积（hm^2）	单产	产品单价	有效计算期（年）	产值（万元）	年平均产值（万元）
1	乔木	31.911	$50m^3/hm^2$	600 元/m^3	10	95.73	9.57
2	农作物	165.503	$3300kg/hm^2$	0.875 元/kg	1	47.79	47.79
3	合计	—	—	—	—	—	57.36

2. 社会效益

水土保持方案的实施，将促进该区的社会进步，带动当地的社会经济状况的根本好转，减轻厂区和周边的水土流失危害。

（1）加强人与环境的协调，促进当地经济发展。水土保持工程各项措施的实施，将使铝厂建设损坏的耕地部分得到恢复，缓解人地矛盾，缓解与自然之间的紧张关系，为农业生产的可持续发展提供有力保证。同时将提高环境容量，带动当地社会经济、交通、文化的进一步发展，改善当地的群众生活水平，促进当地的经济发展。

（2）减少水土流失，保障生产安全和社会稳定。平果铝业公司二期工程实施后的大量弃土弃渣堆放，将破坏原有地质地貌结构，诱发和形成大量水土流失，如不进行治理，将造成严重的新增水土流失危害。水土保持方案实施后将减少、减轻洪水、重力侵蚀，减少或避免泥石流对铝厂及周边村庄的危害，保障铝厂的生产运行安全，保障村民的生命安全。

3. 生态效益

二期主体工程中采选工业场和氧化铝厂布置厂区绿化面积6.2万 m^2，绿化率达28.5%，绿化工程实施后将改善主厂区的生产运行环境，吸附污染物、吸滞大量风沙飘尘，净化空气，为人们提供一个良好的、舒适的生产生活空间。该方案水土保持工程防治范围内新增林草面积327.4hm^2，将使防治区林草地面覆盖绝大部分得到恢复，项目区开发建设条件得到明显改善，使生产运行与生态环境协调发展并趋于良性循环。

4. 保水保土效益

平果铝业公司二期工程生产建设中产生的弃土、弃渣总量为461.27万t，可能产生的新增水土流失量为32.9万t/年。通过平果铝业公司二期主体工程中的水保措施工程和该方案所增加的植物措施，将使绝大部分弃土、弃渣得到有效的拦截，并使采空区得到复垦。通过对采空区、排泥库、赤泥库、灰渣场及公路护坡等工程进行复垦，增加植物措施，减少裸露地面，对开发建设过程中的弃土弃渣全部拦截或有效利用，并有效拦蓄地表径流，避免弃渣场被冲刷，防止弃土弃渣被洪水带入沟道流入下游河道，使人为新增水土流失量得到有效控制。

二期工程水土保持方案土地整治面积379.77hm^2，建成后共布设有水土保持林草措施量327.44hm^2，将使开发建设和生产过程中损坏的土地和植被得到有效恢复，大大降低土壤侵蚀，有效地恢复土地生产力，提高土地资源利用率。

在矿山所用288.52hm^2 土地中，除采选工业场地及辅助设施所占19.66hm^2 及矿区外部公路所占35.1hm^2 未考虑复垦外，采场中的233.15hm^2 均考虑复垦，复垦面积达到矿山总占地面积的80.8%。

7.5　本章小结

本章以“水土保持”为主线，以平果铝矿二期工程为实例，阐述岩溶石漠化地区平果铝土矿地区水土保持理论与技术，进而对二期工程水土保持及复垦后水土保持模式进行剖析。通过对平果铝土矿十几年的试验总结出了一套完整而可行的水土保持经验，所以对其进行研究与提升是最有代表性的，对其他岩溶石漠化地区矿山或同类矿区的水土保持具有较强的借鉴意义。

第8章 岩溶石漠化地区生态环境综合治理技术研究

8.1 生态综合治理概述

8.1.1 土地复垦与生态重建可持续发展

根据保持“耕地总量的动态平衡”和“谁开采谁复垦”的原则，平果铝土矿矿区经过开采后必须复垦，进行生态重建，保护生态环境，实现社会和经济的土地复垦与生态重建。

目前生态重建的模式有很多，应在不同的地质地貌条件、气候条件、水文条件和经济条件下，选择不同的生态重建的模式。矿区自1997年就开始平果铝土矿复垦技术研究，在露天采空区进行了生态重建，采用工程复垦、生物复垦和综合复垦。中铝公司在铝土矿采空区复垦方面投入了大量的人力、物力，并且取得了显著成绩，广西平果铝土矿的整体复垦率在煤矿和金属矿山中名列前茅。因此，总结平果铝土矿采空区的土地复垦技术和经验，将其上升到理论高度，对我国铝土矿可持续发展和我国露天采矿事业具有重要意义，符合我国建设资源节约和环境友好型国家发展目标。

平果铝土矿地处广西平果县，其岩溶生态是一种脆弱的生态系统，且退化土地自然恢复缓慢，人地矛盾最尖锐。让退化土地自然恢复已不切实际，必须进行生态重建，遏制“人增—耕进—林退—土地石化”的恶性循环[105]。

8.1.2 国内土地复垦与生态重建成功模式

近年来，国家在西南岩溶地区实施了多项生态建设工程，如长江防护林工程、珠江防护林工程、天然保护林工程、扶贫工程及一些国际援助项目。通过退耕还林、封山育林、坡改梯、砌墙保土、改良土壤、种植适生经济作物等措施，在石漠化防治和生态环境综合整治方面取得了突出成果，并在此过程中总结出许多行之有效的治理方法[106]。目前采取的石漠化治理模式主要有：

（1）生态经济型治理模式：以生态经济型林（果、药）草为主的石漠化地区植被恢复模式，或结合岩溶地区的环境特点，选取“石生、耐旱、喜钙”的植物物种，因地制宜，植树种草；将石漠化“治理”与“治穷”融为一体，是实现经济、社会可持续发展的关键。

（2）植树造林和封山育林模式：通过植树造林恢复林草植被，在岩石严重裸露的地区实行全封或轮封，或在石漠化早期阶段实行封山。

（3）退耕还林模式：在大于25°的坡地区严禁开荒。

（4）流域治理模式：在不同地貌类型区和不同岩石类型区及不同的石漠化程度区采取分别治理的模式。

这些模式主要以退耕还林为主，发挥了很好的生态、经济和社会效益[107-109]。我国各级政府和有关部门对石漠化的防治十分重视并给予积极配合，启动了长防、长治、珠防、天保等工程项目，并先后对一些小流域开展综合治理工作，取得了较好的社会、经济、生态效益。30余年的工作成效证明了岩溶生态环境是可以治理的，同时，岩溶石漠化不是纯自然过程，而是与社会、经济紧密相关，以人类活动为主导因素而引起的环境恶化、土地退化过程。只有实现环境改造、经济发展和社会进步三者的协调发展，生态意识、生态工程、生态经济三者充分结合，提高一个地区或流域整体的经济实力，石漠化环境问题才能得到真正的全面解决。目前石漠化综合治理工作已在一些地区展开，取得了一些宝贵的经验[10]。主要有：

（1）典型岩溶峰丛山区。以表层岩溶带调蓄功能重建为突破口，形成有一定调节能力的微型水利工程系统，辅以技术工程（水柜等）、生物工程（沼气等），改善居民基本生存条件；通过土地利用结构调整，名优特产推广，发展壮大经济基础。成功实例有广西马山县古零乡弄拉（生态恢复、表层岩溶带泉的恢复、名特中草药）和贵州罗甸县大关（地头水柜、土地整理、生态恢复）。

（2）溶蚀丘陵区。以建立水资源综合开发利用工程为主，通过土地利用调整建立合理生态模式，走综合发展之路。成功实例有湖南龙山县洛塔、贵州毕节地区和湖南永州大庆坪。

（3）峰林平原区。通过区域水资源调蓄和有效利用，结合土壤改良和农业结构调整，优化水土资源配置，建立高产稳产粮食和经济作物生产基地。成功实例如广西来宾小平阳。

（4）深切峡谷区。可采用蓄、提、引方式，综合开发利用岩溶水资源，通过坡田改梯田、封山育林和修建防洪排水渠及水保墙等措施，实施水-土-生态综合治理。成功实例如贞丰北盘江镇的顶坛片区。

8.1.3 岩溶山区土地复垦与生态重建研究尚存在的不足

西南岩溶山区目前石漠化治理中存在许多不足问题，主要表现在：

（1）治理的理论总结零散，缺乏系统性，导致治理项目的科技含量低，科技在生态环境治理与开发中的贡献率低；

（2）投入不足，示范试验的广度和深度不够；

（3）治理模式存在着盲目性和不确定性，有待于研究的完善而逐步解决。

因此，许多治理措施效果不明显或无法在大多数地区得到推广，对岩溶生态地质背景分析基本停留在定性分析阶段，定量化和空间性研究明显不足，理论体系也相当零散。

8.1.4　石漠化区土地复垦与生态重建目标

岩溶石漠化治理是西南部地区生态建设的重要环节，是关系到该地区生态安全的关键性因子之一，在生态建设过程中，既要解决生态恢复的问题，又要解决当地居民的生活问题，同时考虑地方经济、社会的协同发展。西南岩溶地区既是人口密集的地区，同时又是我国少数民族聚居的地区，治理该地区的生态环境问题不仅是环境的改善，同时体现了中国政府领导下多民族共同发展的过程，具有较高的政治意义。发展经济是石漠化治理的关键，它以发展生态农业、庭园经济、乡镇企业和商品经济为途径，减轻土地压力，以最终消除人为干扰为目的。治理模式应能准确地反映出石漠化的发展程度、时间和地域的差异，以及治理模式的功能、结构和基本组成。

（1）强度或极强度石漠化区，岩石裸露率高，平均可达65%以上，土壤稀少，植被稀疏，以一些旱生性小灌木和草本植物为土，乔灌层盖度仅为0.23，土壤水分散失速度快，地表温湿变化剧烈，人工造林难度极大。因此，应以保持水土的生态治理为主体目标，努力提高乔、灌、草植被覆盖度，增加生物多样性，形成乔、灌、草复层混交林，实现保水保土的功能。

（2）中度石漠化区，群落盖度可达0.7左右，以灌木和藤刺灌丛植物为主，平均高度为2.5m，有一定的荫蔽条件，仍不适宜进行较大开发。因此，应以水源涵养效益为主体目标，兼顾一定的经济效益，可选择具有一定经济价值的树种，以人工造林更新为主要方式，结合原有自然植被和天然更新，形成稳定的多用途乔林群落，达到保持水土、涵养水源、增加收入的目的。

（3）轻度石漠化区，以次生乔林或乔灌过渡群落为主，覆盖度为0.8，高度为5.8m。特别是在坡下部和坡麓，坡度较缓，土层相对深厚，有较大的可发展潜力。应以生态效益为前提、经济效益为主体目标的农林复合经营模式进行治理。应通过科学的集约经营，努力提高单位面积的产量或经济效益，实现农村产业结构调整和经济发展。

8.2　平果铝土矿工程复垦技术研究

8.2.1　工程复垦技术条件及可行性方案

1. 平果铝复垦技术条件

（1）剥离量特别少，年均仅约10万m^3，不能依靠剥离土复垦；

（2）矿体底板性质不一，其中黏土底板分布率为62%，土层厚1～5m，灰岩底板占38%，石牙与溶洞发育，底板黏土可作为复垦材料；

（3）底板坡度多变，小于8%的平缓区占43.7%，8%～20%的缓坡区占37.7%，大于20%的陡坡区占18.6%；

（4）原矿系铝矿石与黏土的混杂物，黏土中小于0.005mm粒级的颗粒约占40%。

2. 可行性技术方案设计

针对平果铝那塘矿段复垦技术条件，利用全尾矿充填复垦，由于粒级小、黏性大，难以固结，需经旋流器分级脱泥后将所剩的大于 0.02mm 粒级的沉砂尾矿进行充填复垦，选出以下 3 个技术上可行的复垦方案：

（1）矿带围堤沉砂湿式复垦方案。在底板坡度缓于 20%采场内，回采时按一定间隔预留纵、横向矿带暂时不采，以形成纵、横向堤，把采空区围成若干个长 50～100m、宽 30～70m 的尾矿池。围堤需预平整，以防尾矿浆从低洼段流失。尾矿池深度即纵向堤高约等于矿体厚度，全矿平均约 4.6m。因池较深，沉砂的自然固结时间长达 3.5 年，为缩短复垦周期，需在矿池底部将岩溶区岩坑用黏土填平，再外运砂石铺设 0.3m 厚的排渗层，并顺堤埋设排渗管将水导出堤外，其固结时间可减到 0.8 年。矿堤顶宽大于 10m，为避免矿柱损失，在尾砂固结后，需用小型液压反铲与汽车配合后退式回采，采空后用剥离土、底板黏土或沉砂尾矿填平，其纵向矿柱回收亦应重新填实，当下排矿池形成时修筑砌石护坡，然后铺以 0.3m 厚的腐殖土，并修沟、留路、起垅和进行平整。当底板倾向很宽时，自上而下依次连续复垦便形成梯田。

（2）块石围堤沉砂湿式复垦方案。在底板坡度小于 24%的采空区内，就近采集灰岩块石，沿走向与倾向各修筑一组顶宽为 3m、堤高为 2～3m 的小断面石砌池堤，可围成若干个长为 40～60m、宽为 20～30m 的尾矿池。其断面结构、排矿及以后各个工序和要求与“矿带围堤”的方案相同。所不同的只是用石砌堤代替矿带堤，顶宽从 10m 减为 3m，池深由 4～5m 减为 2～3m，池堤断面与矿池平面尺寸等亦显著缩小。因池深只有 2～3m，沉砂自然固结时间较短（约 1 年），故不铺设砂石排渗层和排渗管，排渗设施简单。此外，因采用石堤而免去了石砌护坡工程量。

（3）平填底板旱式复垦方案。首先推松平整采空区内的黏土底板，对其坡度小于 8%的灰岩底板用剥离土或底板黏土进行填复，两者结合即构成“平填底板旱式复垦”方案。对不同坡度的黏土底板分别加以平整或理顺坡度后，铺盖一层腐殖土便可分别复为平整耕植地、缓坡耕植地或陡坡植被区。灰岩底板区因岩溶、石牙发育，石牙平均高 2.6m，剥离量特别少。仅在坡度小于 8%的平缓灰岩底板区采用剥离土，并尽量采集部分底板黏土，将石牙基本填平（允许少量高大石牙外露），并铺盖一层腐殖土后复为平整耕植地。

3. 工程复垦方案选定

为做到正确合理，现从技术经济以及相关方面比较以上 3 个可供选择的复垦方案。

（1）复地率：复地率指所复耕地占矿体内现有总耕地之比，湿式复垦均为水平梯田，“矿带围堤”方案的梯段高度等于矿层厚度（平均 4.6m），田面宽度应等于或大于最小采矿平台宽度（约 25m），两参数决定了所复范围的底板坡度应限制在 20%以内，其复地率为 72%。“块石围堤”方案的段高为 2～3m，田面宽度不受最小采掘平台宽度的限制，采空区底板限制坡度增加到 24%，故复地率提高到 84%。“平填底板旱式复垦”方案的底板限制坡度定为 20%，由于剥离回填土有限，所复灰岩底板区的限制坡度需降为 8%，故复地率减小至 65%，较湿式两方案稍低。

（2）复垦周期：复垦周期指征地后开始，包括剥离、采准、采矿、残矿回收直到交付农民复耕为止的时间。湿式复垦两个方案中，“块石围堤”方案相对于“矿带围堤”

方案的平均池深从 4.6m 减至 2.5m，单个矿池沉砂固结时间从 12 个月减少到 6 个月。按一个复垦带分别为 3～5 个矿池，其复耕带的复垦周期从 39 个月减到 26 个月。“平填底板旱式复垦”方案只需分别对黏土和部分灰岩底板进行平填，免去了沉砂排放与固结时间，其复垦周期仅为 19 个月。

（3）复垦费用：两湿式方案中因“矿带围堤”方案比“块石围堤”方案的池深和尾砂排放量均约高出一倍，排渗层砂石工程量前者也大得多，故其直接费用按 1999 年价格计算高达 7218 元/亩，而后者只占其一半左右。对旱式复垦，因只有少量的平、填土方工程，石砌护坡费用也不大，故复垦费更少，仅为“矿带围堤”方案的 8%。表 8-1 列出了 3 个可行方案的工程量及各项费用。

表 8-1　复垦工程量与费用明细表

项目名称	平填底板旱式复垦		矿带围堤沉砂湿式复垦		块石围堤沉砂湿式复垦	
	工程量（m^3/亩）	费用（元/亩）	工程量（m^3/亩）	费用（元/亩）	工程量（m^3/亩）	费用（元/亩）
采石砌筑堤（坡）	16.3	286	25.7	451	95.1	1669
挖土筑堤	—	—	—	—	108.1	277
排放沉砂	—	—	1400	3052	700	1526
铺垫砂石	—	—	100	3100	—	—
铺设排渗管	—	—	334m/亩	401	—	—
铺设土工方	—	—	—	—	175m/亩	376
平基土石方	—	—	—	—	10	11
平整土方	669	107	—	—	—	—
铺盖腐殖土	200	214	200	214	200	214
合计复垦费用	—	607	—	7218	—	4073

（4）环境污染：两湿式方案很难避免通过溶洞裂隙，泄漏一部分尾矿，造成环境污染，而旱式复垦方案则无此弊端。

（5）排灌条件：“平填底板旱式复垦”是在采空区底板上进行，除在复垦地上铺盖少量腐殖土和平缓灰岩底板区回填少量剥离土外，原地形基本上没有恢复，田面的平均高度仍为矿体底板标高。据地形图圈定，其中约 12%的复垦地四周完全封闭，不能利用地形坡度自流排灌，故排灌条件差，属低洼易涝田。“块石围堤”方案在底板上回填了约占采空区体积 1/4 的尾砂量，田面平均标高在矿体底板之上，地形有所恢复，只有 5%的复垦地属低洼易涝地，排灌条件较好。“矿带围堤”方案回填了约占采空区体积 1/2 的尾砂量，田面平均标高更接近于矿体顶板标高，地形基本恢复，未造成新的低洼易涝地，排灌条件最好。

综上所述，在湿式复垦两方案中，“块石围堤”明显优于“矿带围堤”，而“平填底板旱式复垦”方案则较前两者工艺更简单，复垦周期更短，成本又低，特别有利于环境保护。该方案虽复地率稍低、排灌条件差，但总体上具有显著的优越性，故设计确定在平果铝土矿一期工程予以采用。鉴于二期工程开采的内垠矿段，黏土底板分布率低于 30%，剥离量更少，“平填底板旱式复垦”方案不能作为主体方案，更需要利用尾矿填复，因而在实施这一方案的同时，应对“石砌围堤沉砂湿式复垦”方案进行试验研究工作。

8.2.2　平果铝工程复垦设计

根据坡度不同，需按“全面规划分类复垦”的原则，将采空区内的拟复垦区分别复垦为“平整耕植地”“缓坡耕植地”和“陡坡植被区”3类。

1. 平整耕植地

（1）复垦范围：采空区内底板坡度小于8%的平缓采区面积超过3亩时，应复垦为平整耕植地。

（2）圈定方法：在矿体底板等高线图上，以1∶1000比例为例，两条等高线之间距离为12.5m，3条等高线之间超过25m，以此类推，九条等高线之间超过100m的地段都可圈入。实际采空区的地形会有不同程度的变化，宜重新测绘实际采空区地形图，以便对复垦范围及各复田带形状与标高设计进行调整。

（3）复垦方法：在黏土底板区，如果采空区呈水平或近水平（$i \leqslant 2\%$），只需用推土机将底板黏土稍加推平；如为2%～8%的缓坡，则应根据采空区底板等高线图和黏土等厚线图，划分成多块多层梯田，修筑梯段护坡，并分别用推土机将各梯田黏土底板推平。然后铺盖0.4m厚的腐殖土，留路（交通）、挖沟（排灌）和起垅后，即可复成平田或梯田。

（4）复垦参数：黏土底板区的黏土最大取土厚度（H_{max}）为梯田上沿黏土顶板与田面标高之差，一般应比黏土厚度小0.5～1.0m，其平均取土厚度为最大取土厚度的一半。田面宽度（B）为上沿取土坡面坡底或上段梯田坡面之坡底到田面坡顶，由下式计算：

$$B = 2H/i \tag{8-1}$$

复垦田带宽度 B_1 为田面宽度与梯段坡面投影之和，计算式为

$$B_1 = B + H\text{ctan}\alpha = 2H_0(0.364 + i) \tag{8-2}$$

梯段高度（H）为上下两梯田田面标高之差，可近似地由下式计算：

$$H = 2H_0(1 + i\text{ctan}\alpha) = 2H_0(1 + 0.364i) \tag{8-3}$$

在那塘矿段条件下，底板坡度取0.01～0.08，黏土厚度为1～5m，取土厚度为0.5～4.0m。在灰岩底板区，填土厚度（H_4）按下式计算：

$$H_4 = H_1 + (H_2 - H_3)/2 \tag{8-4}$$

式中，i 为底板坡度；H_1 为腐殖土厚度；H_2 为石牙平填高度；H_3 为石牙中残留矿厚度；H_0 为取土厚度。

据统计，全矿段平均石牙高度为2.6m，缓坡区约为2m，石牙中残留矿厚度为0.3m，腐殖土层厚度为0.4m，故填土厚度为1.2m。梯田高度（H），为了减少回填量，梯段高度应小些，那塘矿段可人为控制为2m。田面宽度（B）按下式计算：

$$B = H/i \tag{8-5}$$

复田带宽度可参照式（8-2）计算。

2. 缓坡耕植地

采空区内底板坡度为8%～20%的黏土底板区面积超过2亩时，应复垦为缓坡耕植地。其复垦方法是用剥离土或底板黏土将其石牙填复，按坡度理顺田面，再覆盖0.3m腐殖土，并留路、开沟。为防止水土流失，交付当年可在田边种灌木树，田中种草物，2～3年后即可种植杂粮和其他耐旱农作物。圈定方法同前，填土厚度参照式（8-4）求得。

3. 陡坡植被区

采空区内底板坡度大于20%的黏土底板区不宜种植农作物。为防止水土流失、绿化环境，应将山坡坡度稍加整理后，种植林木与牧草。那塘矿段“平填底旱式复垦”方案的综合技术经济指标列入表8-2，可以看出在3类复垦地中，一类平整地是种植条件较好的复垦地，其面积占复垦面积的61%，在土石方工程量中，占总土石方工程量的91%，因此，复垦工作的重点应是平整地的复垦。

表8-2 综合技术经济指标

项目	复垦地类量			合计
	一类平整地	二类缓坡地	三类植被地	
复垦面积（亩）	1768	444	688	2900
复垦率（%）	44.4	11.2	17.2	72.8
复地率（%）	52.3	13.2	—	65.5
复垦周期（月）	19	14	11	—
复垦工程量	—	—	—	—
石砌护坡石方量（万m^3）	2.89	—	—	2.89
底板黏土松动平整量（万m^3）	41.54	2.96	4.59	49.09
回填灰岩底板区表土量（万m^3）	76.74	—	—	76.74
覆盖腐殖土量（万m^3）	35.39	8.89	—	44.28
小计（万m^3）	156.56	11.85	4.59	173.00
其中：石方（万m^3）	2. 89	—	—	2.89
土方（万m^3）	153.67	11.85	4.59	170.11
复垦地费用（元/亩）	607.92	224.77	10.67	407.56

8.2.3 地质特征及给采空区工程复垦设计的影响

平果铝土矿属第四纪堆积型矿床，素有“泥巴矿”之称，有矿的地方基本上都是可以耕种的土地。矿体具有覆盖层薄、埋藏浅，分布点多面广，规模大小悬殊；矿层含矿率不均，厚薄不等，含泥量平均在50%以上。矿体顶板为腐殖土及砂质黏土，依采场地势各处的厚薄不均，一般地势高的地段覆盖层较薄，部分坡度大的地段矿层直接裸露，没有覆盖土层；地势低洼的地段覆盖土较厚，整个那豆矿区平均覆盖层只有0.8m。矿体底板有黏土和灰岩两种类型，在一期以黏土底板为主，二期以灰岩低板为主。

针对采空区的特点，对不同底板坡度的采空区进行分类复垦，可复垦的土地类型划分如下：Ⅰ类（平整地）为底板坡度 $i \leqslant 17\%$ 的采空区，复垦坡度 $i \leqslant 5\%$，宽度为25～50m的平整旱地；Ⅱ类（平缓坡地）底板坡度满足 $17\% < i \leqslant 22\%$ 的采空区，复垦坡度 $i = 5\% \sim 10\%$，宽度为15～25m，平缓坡旱地；Ⅲ类（缓坡地）底板坡度满足 $22 < i \leqslant 26\%$ 的采空区，复垦坡度 $i = 10\% \sim 14\%$，宽度满足15～25m，缓坡旱地；Ⅳ类（陡坡林地）底板坡度 $i > 26\%$ 的采空区，复垦坡度 $i > 14\%$，宽度为10～15m的陡坡林地。

8.2.4　石牙底板采空区工程复垦技术

采空区的工程复垦工作经过平果铝土矿众多工程技术人员多年的探索和实践，已形成了一套完整、规范化的施工规范，在实际工作中已发挥重要作用。

石牙底板采空区的复垦施工工艺流程如图8-1所示。

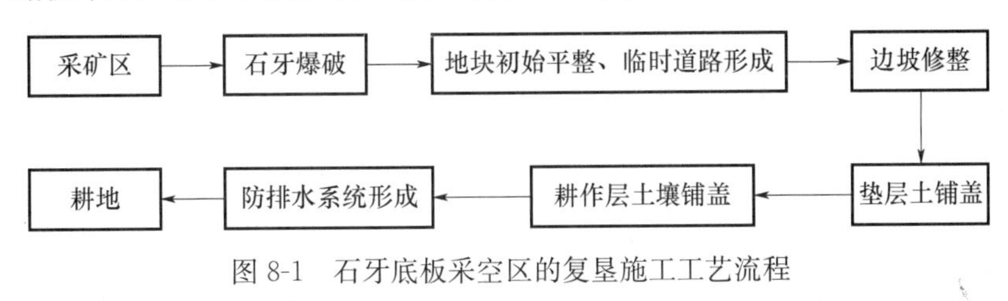

图8-1　石牙底板采空区的复垦施工工艺流程

为确保采空区工程复垦后，雨季时产生的水土不致流失到区域的外部造成外部排水沟堵塞和洪水污染，在复垦区域的低洼汇流处，还要适当设置一些截泥集水坑，一般深度要求在1～1.5m，面积根据区域的汇流面积设置20～50m²。为防止雨季时形成内涝，截泥集水坑必须设有排水沟与外部排水系统相通，以便于及时将坑内的水排走。

8.2.5　黏土底板采空区的复垦技术

黏土底板采空区的工程复垦工作相对石牙底板采空区的工程复垦工作要简单一些，而且工程费用要低1/3～1/2，其基本步骤为工程设计、准备—地块的初始平整及机耕道路的形成—初始地块的土壤松动—耕作层土壤的铺盖—排水系统的形成等，与石牙底板采空区的工程复垦工作相比少了石牙爆破工序，多了基层土壤松动的工序。主要原因是由采空区黏土底板直接形成的地块基层土壤太过密实，保水能力不够，也不利于植物根系的伸长，因此在地块初始平整后必须用推土机的松土犁对基层土壤进行一次松动，松散深度在1.0m左右。黏土底板采空区的复垦施工工艺流程如图8-2所示。

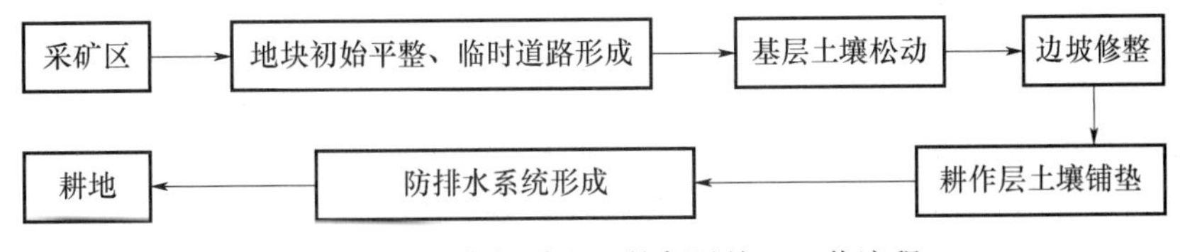

图8-2　黏土底板采空区的复垦施工工艺流程

平果铝土矿采空区的工程复垦，即是对采场底板高低起伏不规则、石牙交错、边界高边坡的采空区进行综合治理，包括基层的平整、边坡的治理、修建防排水系统、耕作层的铺垫，如图 8-3～图 8-6 所示。

图 8-3　工程复垦基层平整

图 8-4　工程复垦边坡治理

8.2.6　复垦用土的获取和土壤改良技术

复垦就是根据生物自身的改土培肥作用，选择土坡生态适应性较强的生物（主要是植物），辅之以必要的工程、灌溉、施肥和耕作等措施，使业已退化的土壤物理、化学和生物学特性逐步改善，植被逐渐恢复的过程。其实质上是土壤质量提高、土壤生态系统向良性循环方向发展的过程，是退化土壤生态系统恢复与重建的基础。从土壤生态学角度看，生态恢复与重建是指从生态系统退化的类型、过程、退化程度和特性出发，对症下药，消除或避开系统退化的障碍因子，根据生物的土壤生态适宜性原理、生物的环境适应性原理、生物群落共生原理、种群相生相克原理及生物多样性原理，遵循生态系

图 8-5　工程复垦耕作层铺垫

图 8-6　工程复垦修建道路和防排水系统

统功能的地域性原则，适时适地适树（草）地配置生物系统，使之与土壤系统和环境系统协调发展，从而逐步构建成结构合理、功能协调、良性循环的生态系统的过程，最终目标是建成结构合理、功能协调的生态系统。

1. 土壤性质及获取途径

垫层土壤的获取主要遵循就近获取的原则，主要来源包括黏土底板的采空区底板泥土、部分采场的深部剥离土、干法处理过的尾矿泥饼等。

（1）黏土底板采空区的底板泥土：主要为浅黄色和紫红色黏土，黏性大，有机质含量低，透水透气性能差，在未经改良的情况下一般用作基层和垫层土壤。这种土壤获取比较容易，成本低，目前使用较多。

（2）采场深部的剥离土：这种土壤相对底板土壤黏性小一些，有机质含量多一些，透水性能稍好，但这种土壤相对较少，经改良后主要用于耕作层。

（3）干法处理过的尾矿泥饼：这种土壤是洗矿系统的尾矿泥浆经浓缩沉降、压滤机高压过滤后形成的含水率在32%左右的泥饼，是平果铝土矿自主开发的尾矿干法处理技术的产品，1998年8月开始应用于采空区土地的复垦，取得了较好的经济效益和环保效益。尾矿泥饼的土壤性质与底板土差不多，主要用作基层和垫层土壤的回填。

（4）采场表土：这种土壤是原来耕地的表层土，主要由呈灰褐色的泥砂质黏土和少量铝土矿碎屑组成，土壤黏性低，有机质含量相对较高，主要用作复垦地的耕作层。由于平果铝土矿的采场表土较薄，土源较少，在采场开采剥离时必须注意收集，单独堆存，并在生产过程中加以保护，避免浪费。

2. 土壤改良技术

（1）添加粉煤灰。按耕作层的体积添加5%～10%的粉煤灰，用于改善耕作层土壤的颗粒组成，增强土壤的透气、透水性能，使耕作层孔隙度达到50%～60%，通气孔度达到10%～20%；同时，降低耕作层土壤的酸性，使pH值达到7～8的最佳要求。

（2）压青培肥。选用田菁、大豆、多花黑麦草作绿肥，在耕作层铺垫完成后，连续3次种植绿肥植物。春夏两次种植豆科作物，适时压青；第三次为冬季种植能够越冬并正常生长的禾本科多花黑麦草，并在其春季产量最高时压青。这样，经过一年连续3次的压青培肥，耕作层土壤中有机质含量会得到很大程度的提高，土壤结构会得到一定程度的改善。

（3）增施有机肥料。为了尽快培肥土壤和增加有机质含量，除采取压青措施外，还增施用钙镁磷肥、塘泥、水等沤制的有机肥。

（4）接种内生菌根。为加快土壤的熟化，在夏播绿肥时，用穴播法接种适合于平果地区的两种优质的内生菌株，提高土壤中有益真菌的侵染率。平果铝土矿是一种新型的铝土矿床类型，具有独特的地质和生态特征。人们进行采空区生态系统快速重建研究工作，并取得了一系列的成功经验，将工程复垦与采矿作业结合起来，建立采矿-复垦联合工艺系统，实现边采矿边复垦，达到采矿占地周期和复垦周期最短、复垦成本最低、复垦效果最好。开展工程复垦技术研究，应根据采空区实际情况，按照复垦地利用方向的总体要求，平衡土石方挖填工程量，布置平台地或缓坡地及必要的防洪、排涝工程，确定各地段的最终标高与坡度，有效指导工程复垦施工。工程复垦计划编制、设计、施工与采矿作业有序衔接，施工采用与采矿相同的采运设备，统一由负责采矿施工、管理的部门负责工程复垦的施工和管理。根据土壤筛选试验成果，复垦地基层土壤采用矿体底板土或压滤滤饼泥，复垦地耕层土壤优先采用矿体表层剥离土，不足时采用底板土、滤饼泥、自备电厂粉煤灰等替代材料，按最佳配比形成人工再造耕作层，为生物复垦创造良好条件。

按照以恢复农业耕地为主的矿山复垦原则，在实践过程中形成了一整套从准备—回采—尾矿处理—采空区工程复垦—采空区生态快速重建的一体化发展模式，使采空区的土地复垦率达到了 90%以上，复地率达到或接近 100%，达到世界先进国家的水平，使企业在为社会经济的发展做出贡献的同时，也为维持地区的生态环境做出了应有的贡献。

8.3　平果铝土矿生物复垦技术研究

8.3.1　国外丛枝菌根应用研究

在国外，应用丛枝菌根进行土地复垦已在矿区土壤的应用中取得了较好的效果。丛枝菌根真菌无寄主专一性，根外菌丝在伸展过程中接触到其他的根系后可以再度侵染，形成根系之间的菌丝桥。研究表明，同种植物、不同种植物及同株植物的根系间均可以形成菌丝桥。众多的植物根间菌丝桥可以在土壤中形成一个密集的地下菌丝桥网络系统，在植物间传递物质和信息，在生态系统中起着重要作用。菌丝桥能够传递氮、磷等养分和一些碳水化合物，也可以从死亡的根系或植株向活体植株转移和传递养分。在自然植被、天然草场和森林生态系统中，菌丝桥的这种作用更为重要。此外，Guttay 研究证明，AM 真菌能促进糖槭树在盐渍土壤上生长。Hirrel 等证实，在 NaCl 胁迫下接种 Glomusfasciculatus 和 Gigasporeemargant 两种 AM 真菌对洋葱和辣椒有促进作用。盐生植物（如盐草、羊茅）和非盐生植物（如柑橘、番茄、黄瓜等）试验都获得了类似结果。这些研究结果的共同之处：随着土壤中 NaCl 含量增加，菌根化植株和非菌根化植株的产量均呈递减趋势；在同一 NaCl 水平下，菌根植物的生物产量显著高于非菌根植物。后者证明，在盐渍土壤上，植物与菌根真菌的共生减轻了因盐害造成的产量损失，提高了自身的耐盐能力。

内生菌根在提高植物对重金属抗性方面的研究相对较少，起步也较晚。Heggo 等研究发现，丛枝菌根真菌能减少植物对过量痕量元素的吸收。有盆栽试验证实，内生菌根接种后可明显降低白三叶草（Trifoliumrepens L.）和红三叶草（TrifoliumpretenseL.）Zn 污染土壤中过量 Zn 元素的吸收，在一定程度上提高了三叶草对锌污染的抗性。Turnall 等研究发现，聚磷酸盐可以结合镉、铅和硼。聚磷酸盐颗粒对潜在的毒害重金属的结合作用被称为“过滤”机制，它们通过能谱技术进行元素的定位测定，初步获得了丛枝菌根真菌中结合重金属的定性化证据。

美国、澳大利亚等国家都已取得很多实践性应用成果，为矿区土地复垦提供了一项有效的技术手段。丛枝菌根真菌是大多数植物的根系和土壤密切联系的桥梁，因此丛枝菌根真菌同时影响着寄主植物的发育和土壤的结构。许多研究发现，菌根通过改变土壤微生物群体的组成，从而影响植物的根际土壤。Miller 和 Tisdall 等试验表明，丛枝菌根菌丝体的长度、活性和位置对土壤结构的稳定性有着重要的作用。在土壤中，丛枝菌根菌丝体能延伸至非根际区域的土壤中吸收养分，因此它可为根际土壤中的微生物提供充分的碳水化合物。研究还发现，在菌根植物生长的土壤中，土壤水稳性团聚体、土壤总孔隙度和土壤渗透势都比无菌根植物的土壤有所改善。如 Quinter 等发现，AM 菌根真菌侵染的植物在短时间内可增加土壤中有机质的含量，而有机质可以改善土壤的结构。Evans 等和 Miller 等研究发现，通过耕作破坏菌丝体的网状结构能减少土壤团粒结构的稳定性。Tisdall 等研究表明，在盆栽试验的不同处理中，菌丝体的长度可提高土壤团聚体的耐水性，他们还提出了土壤团聚体的 Hierarchical 理论。该理论认为，丛枝菌根菌丝体在土壤团聚体的形成和稳定中起着重要作用。据此，土壤微聚体变成团聚体是通过根系和菌丝体特别是丛枝菌根菌丝体缠绕而形成的。Boyle 等试验表明，在土壤团聚体形成的过程中，根片段、丛枝菌根菌丝片段和丛枝菌根真菌死孢子通过为土壤微生物群体提供基质而充当核生态环境，并有活性的丛枝菌根菌丝体与根一样也能改善土壤团粒结构。Wright 调查发现，丛枝菌根真菌的菌丝体产生的糖蛋白可促进土壤水稳态结构的形成。因此，不论盆栽还是在大田试验中，丛枝菌根真菌都能改善土壤结构，这可能是它导致土壤小粒子变成微聚体、微聚体变成团聚体的结果。丛枝菌根真菌通过小孔从土壤基质中的吸水能力可改善土壤团粒结构的稳定性，它不仅可减少土壤生态环境的破坏，而且可提高土壤的生产力，因此丛枝菌根真菌的接种技术可认为是以改善和恢复退化的土壤结构为目的的生物技术。

8.3.2 国内丛枝菌根应用研究

我国丛枝菌根的研究比国外晚，但是发展很快，已经取得了一些成果并应用于复垦领域。李晓林等采用根室培养方法研究，证明在养分胁迫条件下，VA 菌根真菌约可向植物提供生长所需的 80%磷、50%锌和铜，植物生长良好，因此微生物的存在无疑增强了植物对其逆境的抵抗能力。丛枝菌根真菌的菌丝对水分的吸收利用十分显著，接种菌根真菌可提高植物对干旱胁迫的抵抗能力。林先贵等研究了 VA 真菌对植物抗旱涝能力的影响，指出菌根的早期形成对提高植株整个生育期的抗逆性起着重要作用，干旱胁迫对菌根真菌的侵染和菌丝的发育影响不大，菌根明显增加了植物的抗旱能力。鹿金颖在盆栽条件下研究了 AM 真菌对酸枣实生苗生长和抗旱性的影响，结果表明，在土壤相对含水量分别为 20%、40%、60%的条件下，AM 真菌能显著增加酸枣实生苗的生长量（株高、叶面积、鲜样质量、干样质量等）。赵士杰等发现，接种丛枝菌根真菌的韭菜在低温下细胞膜受害程度较轻，增强了植株抗冻性。桂向东、刘润进指出，丛枝菌根可减轻棉花黄萎病危害。杨兴洪等研究证明，在一定程度上能利用接种菌根克服苹果的重茬障碍。林先贵等描述了丛枝菌根提高植株抗 3 种除草剂的效果。胡正嘉用 VA 菌根菌接种棉花，明显减轻了棉花枯萎病的发生，病情指数下降了 20%左右，而棉花枯萎苗的存在不影响菌根菌的侵染。刘润进验证了棉花接种 VA 菌根真菌也可降低黄萎病的病情指数。

大量研究结果表明，丛枝菌根真菌侵染植物能显著改善其宿主植物的磷营养状况，尤其在低磷条件下对促进植物生长、提高磷肥利用率具有显著作用。由于土壤颗粒对磷的吸附和固定，磷在土壤中的移动性很差，只能通过扩散过程到达根系表面。菌根真菌与植物根系建立共生关系后，纤细的外生菌丝在土壤中穿插，极大地扩展了根系的吸收范围。在三叶草、玉米、小麦、大豆、黑麦草、菜豆等许多作物上接种菌根真菌的试验表明，接种措施显著地增加了植株的含磷量，消除了植株的磷胁迫状况，促进了植株生长。菌根促进植物生长的主要原因是改善宿主植物磷营养水平，其机制在于外生菌丝对土壤磷的高效吸收和利用。

对矿区复垦土壤，经过机械对土层的剥离，扰动了土壤结构，微生物群将减少，同时也破坏了地下菌丝桥，土壤贫瘠，复垦难以顺利进行，而且复垦土壤填充材料尾矿，其自身的养分含量很低，有效磷的含量更低，砷较高，对植物的生长不利。若将微生物接种到复垦土壤中，可改善其微环境，降低土坡 pH 值，增加植物对土壤有效养分的利用，是一种很好的生物复垦措施。

8.3.3　平果铝土矿生物复垦技术

平果铝矿区是一个缺土缺水缺林、生态环境脆弱、植被稀疏、森林覆盖率低、自我调节能力弱，一旦遭到破坏在长时间内都无法恢复的生态环境地区。这已经制约了平果铝矿区复垦，增加了难度，提高了复垦成本，发展丛枝菌根等生物复垦技术成为必然。微生物复垦技术在国外复垦中有较快的发展，特别是微生物肥料已在复垦土壤培肥中得到工业化应用，除固氮菌、磷细菌、钾细菌肥料及复合菌肥技术以外，内生菌根技术的应用也已取得较快的进展。土壤微生物是土壤的重要组成部分，它的种类、组成、数量及其演替是反映土壤性质和土壤熟化程度的重要标志，并与土壤内的物质转化、植被的生长和繁育密切相关。采矿作业严重扰动和破坏了原来大量存在于熟土中的菌根真菌繁殖体及其生存条件[101]。

根菌技术是利用微生物的接种优势对土壤进行综合治理与改良的一项生物技术措施。自然界中多数植物都对内生（VA）真菌存在依赖，几乎 90％有花植物的根系都与其相适应的 VA 真菌结合形成共生和互利的复合体——菌根。它们借助向新建植的植物接种微生物，在改善植物营养条件、促进植物生长发育的同时，利用植物根际微生物的生命活动，使失去微生物活性的复垦区土壤重新建立和恢复土壤微生物体系，增加土壤生物活性，加速复垦地土壤的基质改良，加速自然土壤向农业土壤的转化过程，使生土熟化，提高土壤肥力，从而缩短复垦周期。因此，平果铝土矿矿区经过露天开采后复垦面积广、技术难度大，通过长期的生态恢复技术研究找到了适宜喀斯特岩溶矿区生态恢复的根菌技术。

1. 根菌技术的人工培育步骤

植物根系与菌根真菌形成的互惠互利的共生体称为菌根（Mycorrhizae），几乎所有的植物都有菌根（Margulis，1981）。菌根技术（Mycorrhizal technology）是指菌种分离、纯化培养及保藏与人工菌根苗合成。菌根类型主要有内生菌根（Endomycorrhizae），其中最重要的是丛枝菌根（Arbuscular mycorrhizae）；外生菌根（Ectomycorrhizae），其中常见的有菌套（Mantle），哈氏网（Hartig's net），外延菌丝（Extramatrical mycelium）和根状菌索（Rhizomorphs）；混合菌根（Endoectomycorrhizae）。

在喀斯特岩溶矿区生态恢复过程中缺少表层，客土来源匮乏又不存在购买或搬运客土的可能，完全依靠天然的菌根来改善天然结构需要一个很长的时间，为了加速矿区生态的恢复，必须进行菌根技术的研究与人工培育合成技术，菌根人工培育合成的步骤见图 8-7。采用现代微生物工艺技术代替以昂贵化学制剂作添加材料改良贫瘠土壤，在国内外菌根技术研究及应用的基础上，把该项技术引入矿山土地复垦研究领域，进行菌根技术用于矿山复垦的基础研究[102]。根据岩溶矿区环境因子的特征，寻找根菌菌种的筛选繁育与接种技术，探讨其应用的可行性[103]。

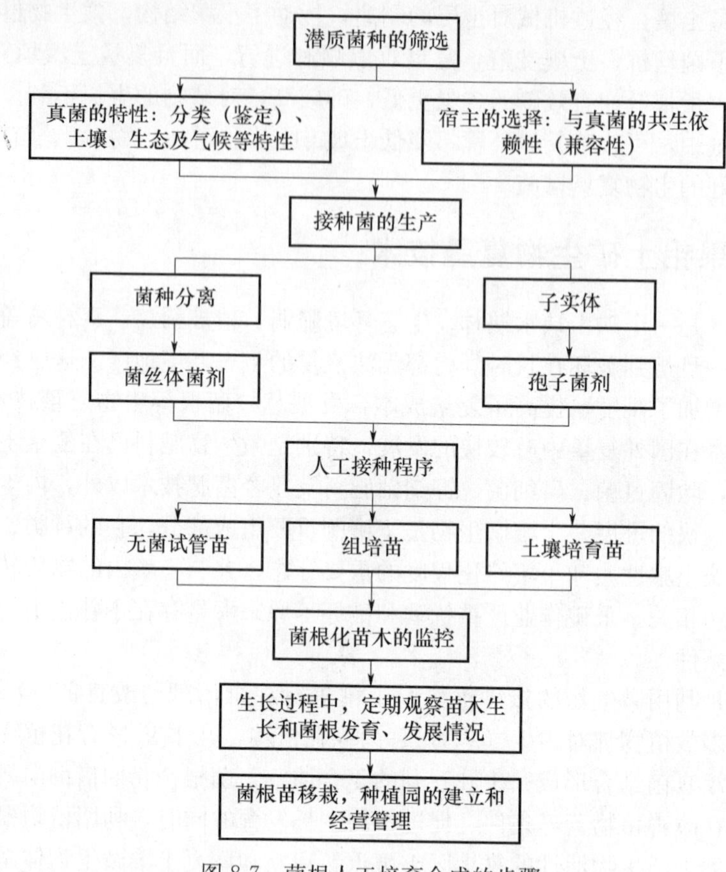

图 8-7　菌根人工培育合成的步骤

2. 根菌技术的应用研究

(1) 平果铝矿区根菌调查。平果铝矿区是由岩溶地貌组成的低山丘陵区，岩溶发育，地势为西北高、东南低，最高在西北端（马鞍山标高 778.59m)，向东南倾斜，降低至 200～300m，最低为右江沿岸，海拔高度为 100m。平果铝矿的首采矿段——那塘矿段，位于峰林谷地与峰林平原之间，标高在 110～270m。那豆矿区地貌形态组合多样，由中低山峰从洼地、峰林洼地及低山陡、缓坡丘陵等组成，山区土壤为赤红壤，石山区为棕色石灰土。矿区原生植被类型为过渡性的热带季节性雨林、热带石山季节性雨林。群落是以火焰花为标志的季节性雨林，常见的伴生树种有乌榄、白榄、蚬木、金丝李、擎天树、任豆、香椿、海南蒲桃、樟树、枫香、木棉、苦楝等；灌丛类有桃金娘、余甘子、黄牛木、野牡丹、铁芒箕等。

原生植被零星残存，多已发育成次生草本乔灌丛、灌木丛、灌草丛。其中石山上为乔灌丛或灌木丛，主要有圆叶乌桕、小叶榕、雀梅、五色梅、石山宗榈、华南苏铁、五节芒等。铝矿床赋存地多为灌草丛、草丛地或耕作地。在灌草丛、草丛地主要有藤灌、桃金娘、余甘子、盐肤木、五节芒、雀梅、五色梅、铁芒箕、野古草、纤毛鸭嘴草和刺丛等，间有木棉、苦楝、香椿等；耕作地上多种植耐旱作物，地中间有少量乔木如木棉、任豆、香椿、海南蒲桃、苦楝、鱼尾葵等。

为了使根菌在岩溶矿区平果铝土矿生态恢复中应用，对那塘矿区 VA 真菌等根菌资源进行了调查，结果列于表 8-3。

表 8-3　平果铝土矿那塘矿区村坡地农田熟土根菌资源调查

序号	菌种名称	学名	孢子数/20g 土
1	根内球囊霉	G. intratrdives	2
2	摩西球囊霉	G. mosseae	2
3	坑天梗囊霉	A. excarata ingleby & walker	1
4	何氏球囊霉	G. hoi	3
5	细无梗囊霉	A. scrbiculata	2
6	台湾硬囊霉	S. taiwannensis	2（孢子果）
7	弯丝硬囊霉	S. sinuosa	2（孢子果）
8	易逝球囊霉	G. etunicatum	3
9	亮色盾巨囊霉属	Scutelospora fulgiddda koske &walker	12
10	盾巨囊霉属	Scute. SP	4
11	巨孢囊霉属	Cigaspora	2
12	无梗囊霉属	A. sp	1
合计			36

调查分析后确定，农田土微生物活性较复垦地的新耕层材料优良，增加复垦地新耕层的微生物活性将是熟化复垦生土的主要手段。

（2）适生优势根菌菌株实验室筛选。为了成功地给平果铝矿复垦地引入根菌，根菌对土壤、气候和宿主植物表现出选择性，首先进行了适生菌种的筛选试验。

①试验目标。为平果铝矿筛选优良的根菌菌种。

②试验材料。

基质选择：选用矿层底板土作为基质，其土壤类型属赤红壤，是酸、黏、瘦的紫色胶黏土。参试土壤直接从采矿场空区挖取并包装（尽量避开地表水及雨水淋漓、污染）风干、过筛后装盆，为更好地模拟矿山复垦材料，基质不经灭菌，直接使用。

供试植物：大翼豆 Siratro（Macroptilium aropirpurcum）属多年生藤本豆科植物，适应热带、亚热带气候，茎匍匐蔓生，可形成稠密覆盖地面的草层。根系发达入土深，适应性强、土层浅薄的贫瘠土壤，适应与禾本科牧草混播，耐践踏，大翼豆是优良的改土，保肥植物，乂是矿山复垦地固土护坡的理想先锋植物。选择大翼豆作宿主植物，易于实现护育，更有助于拓宽所筛选菌种的适应范围。

参试菌种：共 6 个参试菌种，见表 8-4。

表 8-4 6 个参试菌种

序号	菌种名称	来源	选用原因
1	TX_1	美国得克萨斯州人工繁殖良种	它与平果气候因子相同
2	TX_2	美国得克萨斯州人工繁殖良种	它与平果气候因子相同
3	PG	平果县农田	当地较广泛存在的土蔷菌种
4	FJ	福建农田优势菌种	与矿区处纬度相近，土壤条件相同
5	M91	我国农田	我国农田中普遍存在
6	M93	我国农田	我国农田中普遍存在

③试验方法：设计 FJ、PG、TX_1、TX_2、M91、M93 处理组和一个对照（CK）组，各投 4 个盆。容器为直径 17cm、高 12cm 的塑料盆，容土 1700g。种子经消毒、催芽后播种，常规管理，充分光照。

（3）生长势调查。播种日期为 2007 年 12 月 5 日，2008 年 3 月上旬进入始花期，2008 年 8 月 12 日收获，观察与测定结果见表 8-5 和表 8-6。

表 8-5 各处理植物生长情况调查

序号	处理名称	植株鲜重（g）	蔓长（m）	分枝数	子粒数（粒）
1	FJ	177.5	2.73	33	74
2	PG	215.7	3.73	40	130
3	TX_2	202.2	3.43	42	93
4	TX_1	209.8	3.40	45	170
5	M91	229.0	3.70	53	154
6	M93	195.2	3.66	46	175
7	CK	153.1	3.21	33	91

表 8-6 种子与植株全磷含量调查

序号	处理名称	平均植株干重（g/盆）	平均植株含磷量（g/盆）
1	FJ	10.627	13.747
2	PG	13.395	25.552
3	TX_2	14.672	31.980
4	TX_1	13.007	27.327
5	M91	15.285	31.355
6	M93	13.972	30.687
7	CK	8.642	18.310

盆栽 3 个月后，各处理盆栽植株长势明显优于对照组（图 8-8），接种者普遍表现为叶片大、叶色深绿，花期早，花蕾多。盆栽 7 个月后，植株长势差异已经极为显著（图 8-9），此状况一直保持到生长后期。参试各菌种均有利于植物生长，尤其 M91、M93、TX_2 和 PG，表现最好，显著地增加了生物量，改善了磷营养状况。

图 8-8　盆栽第 3 个月各处理植株长势出现差异

图 8-9　盆栽第 7 个月后各处理植株生物学性状差异

试验中进行两次侵染情况检查，发现各处理均有侵染，CK 组中有轻度侵染，收获后取土样调查真菌繁殖能力（表 8-7）。

表 8-7 各盆 VA 真菌侵染与繁殖能力

序号	处理名称	盆号	作物干重 (g)	全磷含量 (×0.1g)	侵染与繁殖能力		
					菌种	菌丝	孢子总数（个/20g 土）
1	FJ	01	11.80	14.56	E	+++	287
		02	11.93	15.32	E	++	87
		03	13.06	14.81	E	+++	375
		04	5.72	10.30	E	++	73
2	PG	05	6.78	10.20	E	++	343
		06	14.40	34.50	E+PG	++	多
		07	14.58	33.83	杂	+++	多
		08	17.82	21.33	E	++	600
3	TX_2	09	12.86	25.46	E	+++	347
		10	13.67	26.62	E	++	245
		11	14.17	36.53	E	+++	420
		12	11.33	20.70	E+TX_2	+++	184
4	TX_1	13	10.17	19.32	E	+++	320
		14	15.21	27.71	E +TX_1	++	多
		15	15.40	32.34	E+TX_1	+++	多
		16	17.91	46.91	E	++	408
5	M91	17	14.84	27.11	E91+E 杂	+++	多
		18	13.91	22.92	杂	+++	多
		19	17.42	42.80	E91+E	+++	多
		20	14.97	29.47	E	+++	多
6	M93	21	13.43	30.33	E	+++	305
		22	14.61	31.39	E93+E 杂	+++	257
		23	13.12	32.84	杂	++	多
		24	14.08	28.19	E93	++	104
7	CK	25	4.25	7.60	E	+	47
		26	8.62	22.46	杂	+	多
		27	12.55	23.37	E	+++	291
		28	8.65	18.19	杂	++	多

①发现了侵染能力很强的土蔷菌种。参试的绝大多数盆均感染了当地土著菌种 E 菌（易逝球囊霉种，G. etunicatum），对照盆也不例外，土著菌感染原因估计是采土后就地放置时混入土著菌种。处理盆中除 FJ 所感染菌均为单一的 E 菌外，其余均为 E 菌和包括接种菌在内的 2 或 2 个以上菌种感染，仅 M93 的少数盆保持了纯 M93 感染（图 8-10，放大倍数为 40×5）。E 菌并不是接种的优势菌种，却能在土中原有极少量孢子的情况下继续侵染、发展，并在许多盆中排挤了接种的菌种而成为单一优势种，或与接种菌共存，协同对植株产生良好影响，这说明 E 菌对本次试验先用的基质及宿主植物有很

强的适应性和感染力，是适合该矿区的优良候选菌种（图 8-11，放大倍数为 40×3.3）。

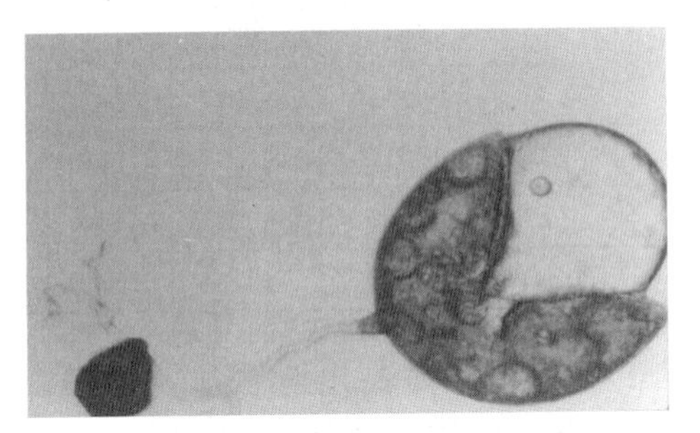

图 8-10　人工接种的摩西球囊霉属真菌（M 菌）孢子

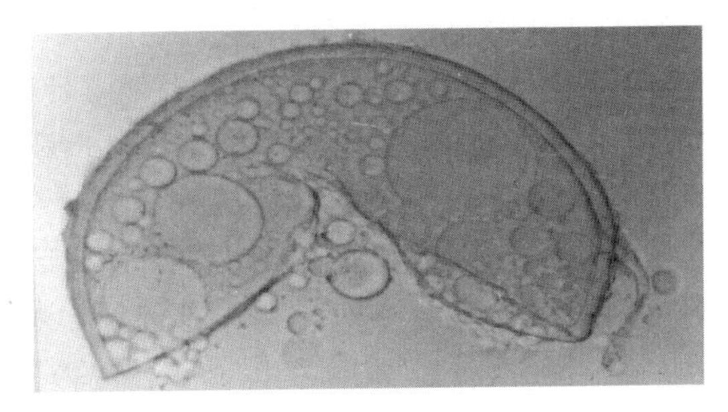

图 8-11　盆栽根标土中易逝球囊霉属真菌（E 菌）孢子

②筛选出 3 个优势 E 菌的菌株。在单一优势均为 E 菌的重复盆中，表现出的植株生物学性状效果很不相同，说明 E 菌的不同菌株优势不一。据此选出了菌株效果较好的 E11、E16、E20 菌株，供进一步筛选试验用。

③对各接种用菌种的评价。FJ 及 PG 接种的各重复盆土样中，未检出所接种菌种繁殖的孢子，很可能是受 VA 真菌对宿主和土壤选择性的限制，证明它们对本试验所用的土壤或宿主植物不适应。其余 4 个处理分别与土著菌种形成混合侵染，初期因 E 菌在土中原有数量极少，故初期侵染主要是接种所致。后期效果原则是协同作用的结果，盆栽第 7 个月时各接种处理植株生长势更优于对照盆。由表 8-7 表示数据可知，不同接种菌种和 E 菌的协同作用效果有别，M91 最好，M93、TX_1 次之，而全试验证明仅 M93 菌的侵染能力可与 E 菌相匹敌，其中 24 号盆将 E 菌排除，M93 菌成为一优势种，可见本次试验菌中以 M93 最好。

（4）根菌接种技术及应用。为了探寻根菌在生态恢复中的作用，在实验室接种技术基础上，选择一年生作物进行的按穴内平面撒播菌剂的方法进行了田间接种试验。2017 年 3 月，在 5 号复垦区种植大豆作为第一茬绿肥作物时，进行了根菌的侵染能力的初步观察试验，接种 E16 和 M93 真菌后，其感染程度较对照盆高一个级别，接种 M93 真菌的感染最强，接种 E16 真菌的感染程度与对照盆无显著差异。2017 年 8 月，进一步在 5 号复垦区种植第二茬绿肥作物的试区进行，宿主为大豆，分别接种 E 及 M 菌株，小区面积为 $16m^2$，设 3 个处理盆、1 个对照盆、各设 5 个重复，于 10 月采根样，查侵染情况，根菌侵染率见表 8-8。

表 8-8 根菌侵染率

代号	接种菌种名称	侵染率（%）					平均侵染率（%）
		1	2	3	4	5	
M	G. Mosseae	73.0	77.0	67.0	72.0	78.0	73.4
E	G. Etunlcatum	79.0	83.0	66.0	68.0	66.0	72.4
CK	对照盆	61.0	53.0	40.0	53.0	66.0	54.6

由表 8-8 中数据可见，M 组侵染率高出对照盆 34.4%，E 组侵染率高出对照盆 32.6%，证明 M 和 E 菌根接种成功。该接种方法的菌剂耗量较多，当孢子数为 200 个/20g 土时，每穴用量为 10～20g，当为多年生植物接种时，利用苗圃育苗的时机接种，形成菌根化苗，这是在技术与经济上十分可行的接种方法。

①多年生灌木，牧草接种试验。为多年生木或草本作物接种根菌 VA 真菌，是为了观察真菌作用长效性和提高农业产量有效期限的方法，在 5 号复垦地种子田为银合欢、木豆、紫花圆叶舞草和宽叶稗进行 VA 真菌接种试验，分别接种 E、M 菌株，小区面积为 $2m^2$，各设 3 个重复，交错布置，当年 7 月和 11 月两次取根样检查侵染情况证明：摩西球囊霉和易逝囊霉对本矿复垦多种先锋植物均有很强的适应性，图 8-12（放大倍数为 10×3.3）显示了银合欢根系侵染 VA 真菌形成的依赖性很强，在复垦区重建植被时，利用人工培育菌根化苗的办法是快捷、经济和效果长久的技术措施。

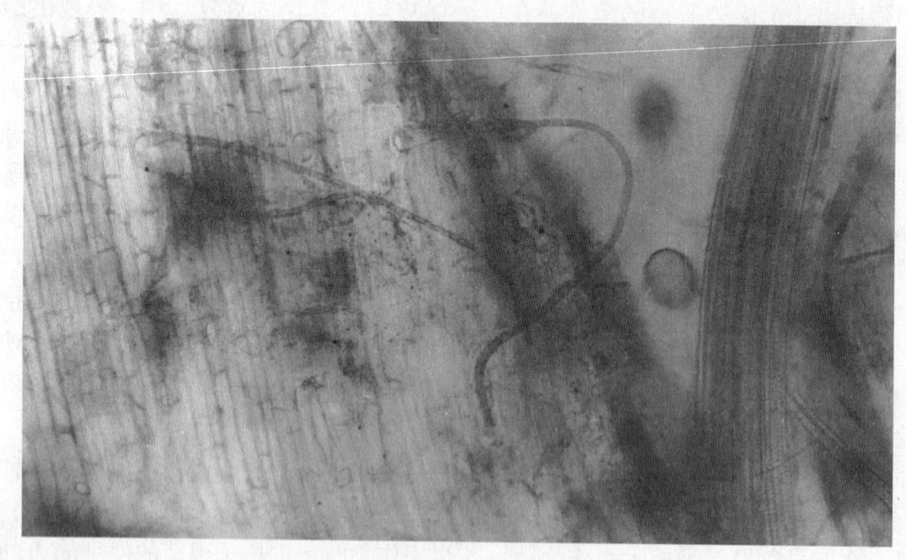

图 8-12 接种一年 VA 菌剂侵染率

②优势菌株对杧果生成能力的筛选试验。杧果是经济价值很高的热带、亚热带水果，具有很强的市场竞争力，田东、田阳是百色地区的杧果主要产区，平果铝矿复垦区的地形、地貌条件与其比较相似，气候条件也相近，有可能引种杧果成功。但是，矿山复垦区的立体条件与环境因子质量差，有必要利用 VA 真菌技术来提高果树系自己摄取营养和增加抗旱、抗病能力，实现成功种植杧果林。因此在 VA 真菌菌株的基础上，进

一步进行了其对杧果适生性能的初步室内筛选试验。

试验设计（1997.7—1997.12）：设 M91、M93、E 三个处理和一个对照，分别设三个重复，在实验室进行盆栽试验。

试验操作：首先催芽采用基质由草炭、砂和底板土配制，用湿蒸法消毒。种子埋入基质置气候箱内催芽。然后移苗与接种 VA 菌剂采用基质材料以平果铝矿底板土为主（2/3），配以适量砂（1/6）及少量草炭（1/6）；VA 菌剂 M91、M93、E 每盆使用接种剂的孢子总数均等为 2600～2800 个；容器为塑料盆，容土 6kg。

观察与结论：第一步引进的 VA 真菌菌种 M91、M93 及土著 VA 真菌菌种 E 均可侵染杧果根系，建立共生体——菌根，在接种两个月后可见到改善植物营养，挖掘土壤潜能的特殊功能，此时观测各组植株的叶片数、绿度及株高，已出现差异（图 8-13），按表现优劣排序为 M91、M93、E、CK，其中表现最好的 M91 的 1 号盆地上部分高 27.5cm，主根长 28cm，须根发育较好，多见白色毛根尖，生长势有明显差异。第二步移苗一个月后，CK 及 E 组各有一盆植株感染炭疽病，两个月后 CK 和 E 级各有两盆病死。E 组另一盆见感染，M91、M93 各有一盆轻度染病，第四个月后，M91、M93 各存活两盆，M93 长势最好，植株最高。叶片绿度高，根系大于茎高，发育好。植株在苗期接种 VA 真菌后，都迅速地表现了长势好和抗病能力强的效果。按其优势程度排序为 M93、M91、E。

图 8-13　接种两个月后的差异

（5）接种 VA 真菌试验效果。根菌的增益是通过效果试验来观察植物的生长势和生物量，选择粮食作物——玉米为载体进行。试验于 2008 年 6 月在 5 号复垦区的 D_4 平台上进行，布置 M93、M91、E 三个处理盆和一个对照 CK 分别作两个重复组，各小区面积为 $16m^2$，小区之间留保护行。参试作物是玉米桂三 5 号（广西玉米研究所提供）；参试菌种是人工繁殖；接种方式是穴内面施法，各处理的每穴孢子总数相同，约 2000 个；各组用肥与护育相同，采用常规管理。

按计算产量的采样方法，在各小区采样两个点，每个样点 $4m^2$，按各个样点全部鲜穗的平均值作考种，记录见表 8-9。可以看出接种根菌 VA 真菌的作物长势好，生物学产量及经济学产量明显高于对照盆。

表 8-9 玉米考种记录

接种的 VA 菌剂名称	穗长	穗行数	行粒数	周长 (cm)	鲜穗重 (g)	穗鲜粒重 (g)	比对照增率（%）
M91	12.36	13.63	19.80	12.79	92.53	55.0	+30.52
M93	12.48	13.05	21.02	13.07	102.51	64.15	+52.23
E	12.18	11.93	19.73	12.26	78.0	48.25	+14.50
对照盆 CK	11.92	12.07	19.0	11.59	67.69	42.14	

相同的方法用在 5 号复垦区的 D_5 平台上，同时又进行了以大豆为载体的接种 VA 菌剂的效果试验。观察苗期叶片绿度大、分枝数多、进入花期早。由于今年平果地区的大豆花期多雨，普遍严重减产。铝矿复垦区的大豆也遭灾情，表 8-10 列出的调查结果仍然可以说明接种 VA 真菌的植株产量较高，根瘤发育也好。

表 8-10 大豆考种记录

处理名称	株高		株荚数		根瘤干重	
	cm	增率（%）	个	增率（%）	g	增率（%）
接种 E 菌剂	55.4	−13.16	12.2	+92.13	23.1	+203.95
接种 M 菌剂	56.3	−13.78	9.6	+51.18	18.8	+147.37
根瘤菌拌种	63.3	−3.06	6.83	+7.56	21.0	+176.32
对照 CK	65.3		6.35		7.6	

因此菌根对生态系统稳定与环境安全的作用主要表现在如下几个方面：

①能维持土壤的稳定性，并起到改善土壤结构、扩大植物根吸收面积，促进植物根生长的作用。

②能吸收分解土壤中有机体所产生的各种形态氮转给植物。

③能改善植物对矿物质营养元素的吸收，强化植物对各种形态磷、钙和一些微量元素的吸收。

④在干旱条件下能增加植物对水分的吸收，而且还可以调节过剩水分，提高植物抗旱和抗涝能力。

⑤可以增强植物对高温及低温的抵抗能力，能在其周围形成无害的微生物相，使植物增加抗病能力。

⑥增加植物产量及增加 ECM 食用菌产量。

平果铝在复垦地缓坡地种植经科学试验筛选出的适宜其立地条件、具有固土封坡和水土保持能力的优良先锋植被品种土著 VA 真菌菌种——Etunlcatum 的 3 个优势菌株 E11、E16 和 E20，并引进两个广幅适应的 VA 真菌菌株 Mosseae91 和 Mosseae93，同时采用小台阶植被工艺，快速实现立体郁闭。平台耕地采用筛选的优良绿肥作物轮作压青技术，配合真菌菌根技术进行强化培肥，选用优良的抗逆作物品种，并采用先进的栽培技术，提高复垦地的单产水平，满足复垦地的主导利用方向——农业用地的要求。

微生物复垦技术是利用微生物的接种优势，对复垦区土壤进行综合治理与改良的一项生物技术措施。借助向新建植的植物接种微生物，在改善植物营养条件、促进植物生长发育的同时，利用植物根际微生物的生命活动，使失去微生物活性的复垦区土壤重新建立和恢复土壤微生物体系，增加土壤生物活性，加速复垦区土壤的基质改良，加速自然土壤向农业土壤的转化过程，使生土熟化，提高土壤肥力，从而缩短复垦周期。采用现代微生物工艺技术代替以昂贵化学制剂作添加材料改良贫瘠土壤，是目前国内外生物复垦技术的主要研究方向。微生物复垦技术在我国发展也较快，特别是微生物肥料已在复垦土壤培肥方面取得了较好效果，它在提高矿山复垦地生产能力和矿土培肥方面，与单纯施用化学肥料或依靠混入各种土壤改性添加剂的方法相比较，效果更为突出。

8.4　平果铝土矿采空区土地复垦效果

8.4.1　平果铝土矿采空区土地复垦特点

（1）复垦条件差：由于矿体底板或为灰岩石牙（一期工程首采矿段灰岩底板面积约占48%，二期工程首采矿段灰岩底板面积达到70%以上）或为黏土，高低起伏，且矿体覆盖层薄、剥离土少，复垦的客观条件较差。

（2）复垦工程量大：由于矿体底板灰岩多且起伏变化大，采空区坑深、坎高、坡陡，石牙交错，基层爆破平整的土石方工程量较大，平整量达1.8万m^3/hm^2，即复垦成本高。

（3）复垦周期短：根据年开采占地面积与年复垦面积基本平衡的原则，在生产上安排当年结束采矿的采矿区，当年完成土地复垦，即复垦的规模、时间要跟上开采占地的速率，在占地周期4～5年中，复垦周期不大于2年，即周期短。

（4）复垦技术难度大：由于矿体底板灰岩多且变化大，部分底板黏土贫瘠等，复垦基础条件较差，不仅工程复垦（造地）任务艰巨，而且生物复垦（地力恢复及植被恢复）难度也较大，从而使复垦的总体技术难度加大。

（5）恢复耕地为主：加大资金投入，创造条件，采空区土地复垦优先复垦为农业耕地，即提高复地率。

8.4.2　平果铝土矿矿区开采前的生态状况

矿区在开采之前生态环境状况比较差，地表原始植被稀疏，岩溶峰丛洼地地貌，由众多高低错落的联座尖峭山峰与其间形态各异的多边形封闭洼地组成，矿区峰林丛地、峰林洼地、峰林谷地、峰林平原及低山陡缓坡丘陵区，基岩大面积裸露，呈现出一种缺土缺水缺林，类似于荒漠化的景观现象与过程，属于典型的岩溶峰丛洼地地貌和典型的岩溶石漠化地区。该区生态环境的突出特点：岩石裸露、石漠化严重，生态环境脆弱，森林覆盖率不足1%。矿区开采前的部分地表原貌如图8-14～图8-16所示。

图 8-14　平果铝土矿矿区三期 32 号采场开采前地表原貌

图 8-15　平果铝土矿矿区三期 37 号采场开采前地表原貌

图 8-16　平果铝土矿矿区三期 59 号采场开采前地表原貌

8.4.3　采空区土地复垦实施效果对比解析

采空区土地复垦解决了堆积型铝土矿这种特殊类型矿山的复垦技术难题，为矿山大规模开展采空区土地复垦提供了不可或缺的技术指导，经济效益、社会效益均十分突出。

采空区复垦地培肥后的土壤肥力检测结果及复垦地耕层土壤微生物分布状况检测结果表明，平台地采用种植绿肥和微生物技术等方法，经 1～2 年土壤培肥，复垦地耕层土壤肥力已达到当地同类农田地力水平，复垦地种植的农作物产量也达到当地同类型耕地的单产水平。1998 年复垦试验地开始种植玉米、黄豆、甘蔗等作物，1998—2000 年春玉米亩产分别为 179kg、231kg，321kg；2000 年、2001 年共试种甘蔗 9.33hm^2，平均亩产达 3.5t，已达到平果县平均产量水平。此外，复垦地还试种了木薯、蔬菜、黄豆、花生等经济农作物，均取得了比较好的成果。

采空区复垦坡地种植经筛选的护坡植物，重建矿区植被，重建的人工植被群落植被当年植被覆盖率超过 60%，次年超过 90%，超过采矿前的植被覆盖度水平，有效控制了水土流失。

平果铝土矿露天采空区经过 1～3 年的复垦、种播、培育和养护等过程，采空区生态环境效果恢复甚至超过了开采之前。部分采空区土地复垦实施效果如图 8-17～图 8-19 所示。

图 8-17　内垠 40 号采空区复垦后的生态情景

图 8-18 采空区复垦后种植出的木薯林生态效果

图 8-19 采空区复垦后种植出的桉树林生态效果

生态恢复后，采空区生态环境和土地生产力有了明显提高。部分效果如图 8-20～图 8-22 所示。

图 8-20　内垠 N-40 号采场复垦前后对比图

(a) 内垠 N-40 号采场采空区复垦前；(b) 内垠 N-40 号采场采空区复垦后

图 8-21　44 号采场复垦前后对比图

(a) 44 号采场原貌；(b) 44 号采场采矿现场；(c) 工程复垦后的 44 号采场；(d) 生物复垦后的 44 号采场

图 8-22　10 号采场复垦前后对比图

(a) 工程复垦后的 10 号采场；(b) 生物复垦后的 10 号采场

8.4.4 历年复垦验收合格土地统计

2010—2018年，平果铝土矿已完成97个采场采空区的土地复垦，复垦总面积累计已达280.9199hm^2，其中耕地面积为210.8702hm^2，复垦投入平均达8.27万元/hm^2，复垦周期为1、2年，详见表8-11。

表8-11 平果铝土矿历年复垦验收合格土地情况

年份（年）	征地面积（hm^2）	复垦面积（hm^2）	原有耕地（hm^2）	复垦后耕地（hm^2）	复垦率（%）	复地率（%）
2010	38.5540	36.1747	26.9167	35.7313	93.83	132.75
2011	38.8498	36.5785	36.5785	27.3950	94.15	74.89
2013	33.3597	33.0226	22.0047	23.9090	98.99	108.65
2014	58.1414	47.8285	66.926	40.3948	82.26	60.36
2015	36.5290	36.5287	28.7001	29.7461	100.00	103.64
2016	35.2338	34.0667	28.4676	31.0667	96.69	109.13
2017	37.4340	34.7167	31.9107	29.4360	92.74	92.25
2018	40.2534	36.8766	22.1287	22.6273	91.61	102.25
合计	280.9199	261.0764	231.7221	210.8702	92.94	91.00

8.5 露天矿开采边坡防护决策与生态环境耦合研究

露天矿的开采过程中形成大的原土植被破坏，引起岩土体移动、变形和破坏，诱发各种地质灾害，导致生态环境破坏，甚至永久不能恢复。以往由于对矿山开采的边坡防护方案认识不足，边坡防护方案设计不合理，甚至没有设计，致使边坡在开采后出现失稳破坏、与周围景观不协调、严重破坏生态环境。在矿区生态恢复综合治理与防护时，对边坡采用适当的绿化防护方法来进行生态恢复，能产生可观的经济效益、社会效益、生态效益。在防护技术上将植物防护与工程防护技术有机结合起来，实现共同防护的方法，通常采用：①三维植被网结合植被护坡技术。它是最近几年发展起来的一种边坡防护技术，在我国山区已被广泛应用，正在向内陆地区推进[104]。②六角空心砖结合植草护坡技术，用于土质边坡、弧风化岩体和岩体破碎段落，适用于高度一般不超过20m的边坡。③框格结构结合植草护坡技术。用混凝土、浆砌片块石、卵石等材料做骨架，框格内宜采用植物防护或其他辅助防护措施。④喷播绿化防护技术。用于边坡高度不高的土质边坡、弧风化岩体和岩体破碎坡面，适合机械化施工。对露天矿开采边坡综合治理与生态环境保护之间的关系进行研究，将开采边坡综合治理与防护方案作为矿区生态恢复与生态环境保护的一个对策提出。

8.5.1　边坡综合防护方案选择

露天矿开采边坡综合治理方案不仅可以稳定边坡，而且可以迅速恢复由于施工破坏的植被，使边坡与周围环境相协调，从而减少开采建设对生态环境的影响，保证生态环境的可持续发展。边坡综合治理按图 8-23 所示的步骤进行[105]。

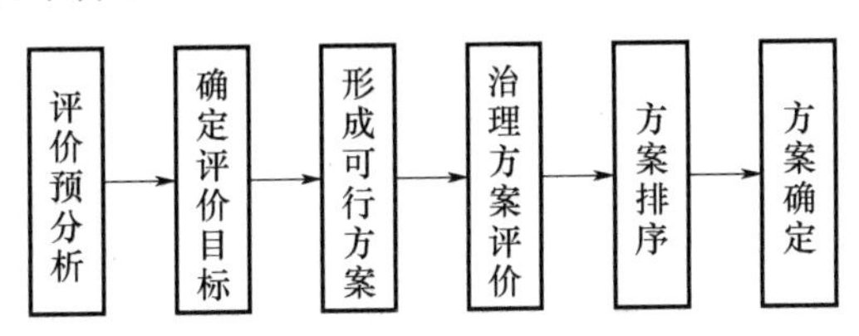

图 8-23　边坡综合治理的步骤

8.5.2　边坡综合防护方案的环境评价方法

在防护方案环境评价过程中，目前已形成的生态环境建设技术有土地复垦技术、生物环境工程技术和景观恢复工程技术等。在有限方案多目标决策方法的生态环境评价中，各分目标的权重的确定是一个重要的问题。目前确定权重的方法有多种，本节采用主客观赋权法，它是基于理想点的加权平方欧氏最小距离法，既考虑了主观价值，又吸取了客观权重确定的优点[106-108]。该方法选用同类问题中综合评价值已被公认合理的方案作为参考点（称为基点），若没有现成的参照方案，也可在待选的方案中任选一个作为基点，或人为创造一个基点方案，由专家组给出一个合适的综合评价值，利用本节中算法即可计算各分目标的权重。该方法所需信息量小，容易达成一致意见。

1. 主客观赋权法理论分析

设待选的方案或评价对象为 n 个，影响综合评价值的分目标为 m 个。用 x_{ij} 表示方案（对象）j 的第 i 个分目标值，则 n 个方案 m 个分目标值构成矩阵 $(x_{ij})_{m\times n}$。

（1）分目标值构成矩阵规格化。

①定量指标规格化。指标一般有 4 种类型：效益型、成本型、固定型和区间型。它们的规格化如下：

a. 效益型：

$$r_{ij}=\begin{cases}(x_{ij}-x_{i\min})/(x_{i\max}-x_{i\min}), & \text{当 } x_{i\max}\neq x_{i\min} \text{ 时}\\ 1, & \text{当 } x_{i\max}=x_{i\min} \text{ 时}\end{cases} \tag{8-6}$$

b. 成本型：

$$r_{ij}=\begin{cases}(x_{i\max}-x_{ij})/(x_{i\max}-x_{i\min}), & \text{当 } x_{i\max}\neq x_{i\min} \text{ 时}\\ 1, & \text{当 } x_{i\max}=x_{i\min} \text{ 时}\end{cases} \tag{8-7}$$

c. 固定型：

$x_{ij}=x_i^*$ 时，综合评价值最高，则

$$x_{ij}=\begin{cases}1-|x_{ij}-x^*|/\Delta_i, & \text{当 } x_{ij}\neq x^* \text{ 时}\\ 1, & \text{当 } x_{ij}=x^* \text{ 时}\end{cases} \tag{8-8}$$

d. 区间型：

$x_{ij} \in [d_i, d^i]$ 时，综合评价值最高，则

$$x_{ij}=\begin{cases}1-(d_i-x_{ij})/\delta_i, & \text{当 } x_{ij}<d_i \text{ 时}\\ 1, & \text{当 } x_{ij}\in[d_i, d^i] \text{ 时}\\ 1-(x_{ij}-d^i)/\delta_i, & \text{当 } x_{ij}>d^i \text{ 时}\end{cases} \tag{8-9}$$

上述4式中：

$x_{i\max}=\max\limits_{j\in\Omega}\{x_{ij}\}$，$x_{i\min}=\min\limits_{j\in\Omega}\{x_{ij}\}$，$\Delta_i=\max\limits_{j\in\Omega}|x_{ij}-x_i^*|$，$\delta_i=\max\{d_i-x_{i\min}, x_{i\max}-d^i\}$，$i\in\{1, 2, \cdots, m\}$，$\Omega=\{1, 2, \cdots, n\}\cup\{j^*\}$。

② 定性指标规格化。定性指标规格化采用语言变量化评分法，按照优、良、中、差和很差等来评价方案某一指标的特征值，如果方案的某一指标的评语集合可表示为 $V_i=(v_1, v_2, \cdots, v_q)$（分 q 级），若按线性等差赋值，则评语集合的量化等级矩 $C_i=\left[1, \dfrac{n-2}{n-1}, \dfrac{n-3}{n-1}, \cdots, 0\right]$。这样，个体评判者给 x_{ij} 指标的评语 $v_i\in V_i$，则该指标的规范化特征值为 $r_i=\dfrac{n-i}{n-1}(n=1, 2, \cdots, q, i=1, 2, \cdots, m)$。

（2）主客观赋权法数学模型。设 m 个分目标的权重向量为 $\boldsymbol{W}=(w_1, w_2, \cdots, w_m)^{\mathrm{T}}$。选择方案 j 为基点，基点方案的各分目标值为 $(x_{1j}, x_{2j}, \cdots, x_{mj})^{\mathrm{T}}$，其规格化值为 $(r_{1j}, r_{2j}, \cdots, r_{mj})^{\mathrm{T}}$，其综合评价值为 E_j^*（$0\leqslant E_j^*\leqslant 1$）。建立多目标规划模型：

$$\min f(w)=\sum_{j=1}^{n} f_j(w)=\sum_{j=1}^{n}\sum_{i=1}^{m} w_i^2[(1-r_{ij})^2+r_{ij}^2]$$

$$\text{s.t.}\begin{cases}\sum\limits_{i=1}^{m} w_i=1\\ \sum\limits_{i=1}^{m} w_i r_{ip}^*=E_p^*, \ p\in(p_1, p_2, \cdots, p_n)\\ w_i\geqslant 0, \ i=1, 2, \cdots, m\end{cases} \tag{8-10}$$

（3）主客观赋权法数学模型求解。规划式（8-10）仍为凸规划，其拉格朗日函数为

$$L(w, \lambda)=\sum_{j=1}^{n}\sum_{i=1}^{m} w_i^2[(1-r_{ij})^2+r_{ij}^2]-\lambda_1\left(\sum_{i=1}^{m} w_i-1\right)-\lambda_2\left(\sum_{i=1}^{m} w_i r_{ij}^*-E_j^*\right)$$

$$\begin{cases}\dfrac{\partial L}{\partial w_i}=2w_i\sum\limits_{j=1}^{n}[(1-r_{ij})^2+r_{ij}^2]-\lambda_1-\lambda_2 r_{ij}^*=0, \ i=1, 2, \cdots, m\\ \dfrac{\partial L}{\partial \lambda_1}=\sum\limits_{i=1}^{n} w_i-1=0\\ \dfrac{\partial L}{\partial \lambda_2}=\sum\limits_{i=1}^{m} w_i r_{ij}^*-E_j^*=0\end{cases} \tag{8-11}$$

式（8-11）的系数行列式为

$$d=\begin{vmatrix} 2u_1 & 0 & \cdots & 0 & -1 & -r_{1f}^* \\ 0 & 2u_2 & \cdots & 0 & -1 & -r_{2f}^* \\ & & \vdots & & & \\ 0 & 0 & \cdots & 2u_m & -1 & -r_{mj}^* \\ 1 & 1 & \cdots & 1 & 0 & 0 \\ r_{1f}^* & r_{2f}^* & \cdots & r_{mf}^* & 0 & 0 \end{vmatrix}$$

$$=2^{m-2}\left(\prod_{i=1}^{m}u_i\right)\left[\left(\sum_{i=1}^{m}\frac{1}{u_i}\right)\left(\sum_{i=1}^{m}\frac{r_{ij}^{*2}}{u_i}\right)-\left(\sum_{i=1}^{m}\frac{r_{ij}^{*2}}{u_i}\right)\right] \tag{8-12}$$

$$u_i=\sum_{j=1}^{n}[(1-r_{ij})^2+r_{ij}^2]$$

当$(r_{1j}, r_{2j}, \cdots, r_{mj})=(c, c, \cdots, c)^{\mathrm{T}}$时，由许瓦尔兹不等式，$d\neq 0$；因$u_i>0$，有$d>0$，故式（8-11）解唯一，式中$c\in[0, 1]$的常数。式（8-11）解为

$$w_i=\frac{\sum_{k\neq i}[\frac{1}{u_k}(r_{kj}^*-r_{ij}^*)(r_{kj}^*-E_j^*)]}{u_i\left[\left(\sum_{k=1}^{m}\frac{1}{u_k}\right)\left(\sum_{k=1}^{m}\frac{r_{kj}^{*2}}{u_k}\right)-\left(\sum_{k=1}^{m}\frac{r_{kj}^*}{u_k}\right)^2\right]}=\frac{\sum_{k=1}^{m}\left[\frac{1}{u_k}(r_{kj}^*-r_{ij}^*)(r_{ij}^*-E_j^*)\right]}{u_i\left[\left(\sum_{k=1}^{m}\frac{1}{u_k}\right)\left(\sum_{k=1}^{m}\frac{r_{kj}^{*2}}{u_k}\right)-\left(\sum_{k=1}^{m}\frac{r_{ij}^*}{u_k}\right)\right]} \tag{8-13}$$

$\boldsymbol{W}=(w_1, w_2, \cdots, w_m)^{\mathrm{T}}\geqslant(0, 0, \cdots, 0)^{\mathrm{T}}$时，$\boldsymbol{W}=(w_1, w_2, \cdots, w_m)^{\mathrm{T}}$为所求的权重：

$$w'_i=\frac{w_i}{\sum_{i=1}^{m}w_i} \tag{8-14}$$

综合评价值为

$$E_j=\sum_{i=1}^{m}w'_i r_{ij}, \ j=1, 2, \cdots, n \tag{8-15}$$

$\boldsymbol{W}=(w_1, w_2, \cdots, w_m)^{\mathrm{T}}\geqslant(0, 0, \cdots, 0)^{\mathrm{T}}$不成立，说明$E_p^*$不合理，须重新调整$E_p^*$。

2. 均衡度变权[112]

$M(R)=\sum_{i=1}^{m}w'_i r_{ij}$中，$W'=(w'_1, w'_2, \cdots, w'_m)$为常权向量，决策向量$R_j=(r_{1j}, r_{2j}, \cdots, r_{mj})^{\mathrm{T}}$没有反映决策者对组态的偏好要求，有时会导致决策不合理。考虑组态的偏好要求时：

$$M(R_j)=b(R_j)\cdot\sum_{i-1}^{m}w'_i r_{ij} \tag{8-16}$$

式中，$b(R_j)$为均衡度。

如果$d(R_j)$为差异度，则$b(R_j)=\frac{1}{1+d(R_j)}$，$b(R_j)=1-d(R_j)$。均衡度$b(R_j)$常见有4种构造方式：

构造方式一：

$$b_1(R_j)=1-d(R_j)\ ;\ d(R_j)=\bigvee_{i=1}^{m} r_{ij}-\bigwedge_{i=1}^{m} r_{ij} \tag{8-17}$$

构造方式二：

$$b_2(R_j)=1-d(R_j);\ d(R_j)=\sqrt{\frac{1}{m}\sum_{i=1}^{m}\left(r_{ij}-\frac{1}{m}\sum_{i=1}^{m}r_{ij}\right)^2} \tag{8-18}$$

构造方式三：

$$b_3(R_j)=-\sum_{i=1}^{m}\frac{\dfrac{r_{ij}}{\sum\limits_{k=1}^{m}r_{kj}}\ln\left[\dfrac{r_{ij}}{\sum\limits_{k=1}^{m}r_{kj}}\right]}{\ln m} \tag{8-19}$$

构造方式四：

$$b_4(R_j)=\frac{1}{m}+\frac{2}{m}\cdot\frac{1}{\sum\limits_{i=1}^{m}r_{ij}}\sum_{k=1}^{m-1}(m-k)r_{ij} \tag{8-20}$$

式中，$r_{1j}\leqslant r_{2j}\leqslant\cdots\leqslant r_{mj}$。 (8-21)

根据研究，$b_1\leqslant b_3\leqslant b_2\leqslant b_4$，即 b_1 的均衡性最强，不同组态的综合评价值差别最大，b_3，b_2，b_4 依次减弱。

8.5.3 边坡防护方案决策的主客观赋权综合评价模型

设有限可行的边坡防护方案集 $A=\{A_1,\ A_2,\ \cdots,\ A_n\}$ ；综合评判选取的指标集 $U=\{u_1,\ u_2,\ \cdots,\ u_m\}$ 。

1. 评判指标集

子集 U_i 上的评判指标 $u_{jk}^{i}\in U_l$ 对应于 l 个治理方案，个体评判的指标属性值可表示为 $X^l=[x_{jk}^{l}]_{\max i}(i=1,\ 2,\ \cdots,\ s)$ 。评判指标体系包含定性与定量指标，在构造评判矩阵时要将评判矩阵的属性值交换到 [0，1] 区间，并按指标类型进行规范化处理。指标类型基本上可分为效益型指标和成本型指标。

2. 指标权重的确定

在综合评价或优选中，确定各分目标的权重是一个重要问题，它直接涉及技术、经济、生态环境等各方面指标在整体指标中占的比重，各个评价指标对整体而言各占多大的比重，在此我们采用主客观赋权法确定权重。在每一类因素中，根据各个因素的重要程度，赋予每个因素相应的权数。设第 i 类中的第 j 个因素 $u_{ij}(i=1,\ 2,\ \cdots,\ m;\ j=1,\ 2,\ \cdots,\ n)$ 的权数为 a_{ij} ，则因素权重集为

$$A_i=(a_{i1},\ a_{i2},\ \cdots,\ a_{in}),\ i=1,\ 2,\ \cdots,\ m \tag{8-22}$$

3. 边坡防护方案综合排序

边坡防护方案的综合排序采用主客观赋权综合评价法进行；对任一综合评价值 E_p^* ，依次对所有方案 $A_j(j=1,\ 2,\ \cdots,\ l)$ 进行综合评判，可获得指标子集 $U_i(i=1,\ 2,\ \cdots,\ s)$ 的指标特征矩阵：

$$R=(r_{ij})_{m\times n} \tag{8-23}$$

相应的权重为

$$W=(w_1,\ w_2,\ \cdots,\ w_m)^{\mathrm{T}} \tag{8-24}$$

对权重进行归一化处理得

$$w'_i=\frac{w_i}{\sum_{i=1}^{m} w_i} \tag{8-25}$$

可得边坡防护方案的综合评判结果为

$$E_j=\sum_{i=1}^{m} w'_i r_{ij},\ j=1,\ 2,\ \cdots,\ n \tag{8-26}$$

为反映决策者对组态的偏好，应用均衡度变权进行综合比较：

$$M(R_j)=b(R_j)\cdot \sum_{i=1}^{m} w'_i r_{ij} \tag{8-27}$$

8.5.4　露天矿开采边坡防护方案评价指标的确定

开采边坡防护方案的评价指标是指那些能反映防护方案性能的各方面评价指标[110]。确定可行方案时结合国内边坡治理常用的工程方法及经验，评价时考虑：①边坡防护目标；②边坡类型；③边坡周围环境特征；④边坡的地质特征。根据露天开采边坡工程的具体情况，边坡治理防护方案综合评价指标见表 8-12。

表 8-12　边坡防护方案综合评价指标体系

露天开采边坡防护方案 U			
经济比指标 U_1	社会性指标 U_2	环境影响指标 U_3	生态影响指标 U_4
材料费 U_{11}	施工难易度 U_{21}	净化空气 U_{31}	对生态系统的影响 U_{41}
维护难易度 U_{12}	技术可靠性 U_{22}	减少水土流失 U_{32}	
	治理效果 U_{23}	施工对环境的影响 U_{33}	
	稳定能力 U_{24}	绿化效益 U_{34}	

指标值确定分析如下：

（1）材料费 U_{11}（元/m^2）：根据大量的现场实际调查和市场调查，考虑不同防护方法的经济效用，然后结合专家意见确定。

（2）维护难易度 U_{12}：主要考虑不同的施工防护方法在竣工以后，保证坡体良好运营而进行边坡维护操作的难易程度，请专家根据边坡防护方案具体打分。

（3）施工难易度 U_{21}：边坡防护方法结合施工场地地形、地质条件和施工方法操作的难易程度进行确定。

（4）技术可靠性 U_{22}：根据边坡防护方案的适用性及施工场地的边坡防护要求进行最后确定。

（5）治理效果 U_{23}：针对具体边坡方案和使用防护的地质条件详细分析后，结合方案进行确定。

（6）稳定能力 U_{24}：根据施工经验并参考已经使用的防护方案进行确定。

（7）净化空气 U_{31}：净化空气价值为

$$C_{净化} = \sum_{i=1}^{n} A_i \times Q \times \frac{1-(1+R)^{-n}}{R} \tag{8-28}$$

式中，A_i 为植被面积；Q 为单位面积植被对 CO、NO_x 的治理成本。

（8）减少水土流失 U_{32}：通常采用美国通用土壤流失方程[111] 计算土壤侵蚀模数，即

$$E = R \cdot K \cdot L_s \cdot P \cdot C \tag{8-29}$$

式中，E 为土壤侵蚀模数（t/km^2·年）；R 为降雨和径流因子（J/m^2）；K 为土壤可蚀性因子（t/km^2·年）；L_s 为地形因子；C 为地表覆盖因子；P 为水土保持措施因子。

水土流失依据侵蚀模数分为 6 个等级，量化值与水土流失对应关系见表 8-13。

表 8-13　量化值与水土流失对应关系

土壤侵蚀级别	Ⅰ微度侵蚀	Ⅱ轻度侵蚀	Ⅲ中度侵蚀	Ⅳ强度侵蚀	Ⅴ极强度侵蚀	Ⅵ剧烈侵蚀
等级量化值	[0，0.1]	(0.1，0.3]	(0.3，0.5]	(0.5，0.6]	(0.6，0.8]	(0.8，1.0]

（9）施工对环境的影响 U_{33}：工程施工对环境的影响程度，一般根据实际施工经验进行确定。如工程形变对周边环境造成的影响，在城区其影响大，在偏远地区其影响小。

（10）绿化效益 U_{34}：植物有固碳制氧之功效，每亩树木每天可吸收 67kg CO_2 并释放 49kg O_2，而生长良好的草坪每平方米可吸收 36g CO_2、释放 24g O_2，一般只计算绿化制氧的价值量[112-113]。确定当前医用氧气的市场价，由此得出绿化制氧而得到的经济效益为

$$E = S \cdot \lambda \cdot K \cdot n \cdot a \tag{8-30}$$

式中，S 为面积（km^2）；λ 为绿化率（%）；K 为每平方千米公路制氧价值量（元/km^2）；n 为计算期内年数；a 为折减系数。

（11）对生态系统的影响 U_{41}：主要考虑具体的边坡防护方案施工期和生命期对生态系统的影响。

为了满足综合评价计算的要求，需对指标加以量化，评价等级见表 8-14。

表 8-14　评价要素及评价等级

总目标	要素集	影响因素	评价等级				
石漠化山区采矿开采边坡防护方案 U	经济影响指标	维护难易度	难	较难	一般	较容易	容易
	社会影响指标	施工难易度	难	较难	一般	较容易	容易
		技术可靠性	很可靠	可靠	一般	很不可靠	不可靠
		治理效果	好	较好	一般	很不好	不好
		稳定能力	好	较好	一般	很不好	不好
	环境影响指标	净化空气能力	很强	强	一般	轻微	差
		施工环境影响	很大	大	一般	较小	小
	生态影响指标	对生态系统的影响	严重	较严重	一般	微小	轻微
分　值			[0.8，1.0]	[0.6，0.8]	[0.4，0.6]	[0.2，0.4]	[0，0.2]

8.5.5　评价实例

平果铝铝土矿的那豆矿区地貌形态组合多样，由中低山峰丛洼地、峰林洼地及低山陡、缓坡丘陵等组成，露天开采后形成许多高低不同的山体边坡，这些开采裸露的边坡破坏了原生态环境和生态景观，为了恢复区域生态环境，走可持续性发展道路，对裸露的开采边坡要进行综合治理和防护。根据边坡形式、边坡高度等确定边坡防护设计参数，结合地形地质、水文条件对露天开采边坡的防护形式进行综合评价。那豆矿区边坡防护形式可采用：①喷播绿化防护；②三维网植草防护；③挡土墙防护；④格笼植物防护。

方案主客观赋权综合评价，应首先假定一个基点方案，基点方案的各分目标值见表 8-15，其规格化值为（r_{1j}，r_{2j}，…，r_{11j}）。经过研究取其综合评价值为 $E_j^*=0.35$。按照上述评价指标体系构建的原则构建评价体系，并对各个因素指标值进行量化。

表 8-15　边坡防护方案评价指标及其量化值

评价指标	主客观重基点方案	喷播绿化防护Ⅰ	三维网植草防护Ⅱ	挡土墙防护Ⅲ	格笼植物防护Ⅳ
材料费 U_{11}（元/m^2）	40	19	110	155	8
维护难易度 U_{12}	8	6	4	2	2
施工难易度 U_{21}	0.8	0.5	0.3	0.3	0.5
技术可靠性 U_{22}	0.1	0.5	0.8	0.5	0.8
治理效果 U_{23}	0.1	0.8	0.5	0.3	0.5
稳定能力 U_{24}	0.3	0.5	0.5	0.8	0.1
净化空气 U_{31}	0.3	0.8	0.5	0	1.0
减少水土流失 U_{32}	0.6	0.2	0.4	0.4	0.1
施工对环境的影响 U_{33}	0.5	0.2	0.4	0.7	0.9
绿化效益 U_{34}	0.3LKna	0.7LKna	0.5LKna	0	0.9LKna
对生态系统的影响 U_{41}	0.8	0.5	0.3	1	0.5

指标量化值见表 8-15（0 为成本型，1 为效益型），然后按指标类型对指标量化值进行规格化，再通过 MATLAB 软件计算结果如下：

$$
R=\begin{bmatrix}
0.7823 & 0.9252 & 0.3061 & 0 & 1.0000 \\
0 & 0.3333 & 0.6667 & 1.0000 & 1.0000 \\
0 & 0.60000 & 1.0000 & 1.0000 & 0.6000 \\
0 & 0.5714 & 1.0000 & 0.5714 & 1.0000 \\
0 & 1.0000 & 0.5714 & 0.2857 & 0.5714 \\
0.2857 & 0.5714 & 0.5714 & 1.0000 & 0 \\
0.3000 & 0.8000 & 0.5000 & 0 & 1.0000 \\
1.0000 & 0.2000 & 0.6000 & 0.6000 & 0 \\
0.5714 & 1.0000 & 0.7143 & 0.2857 & 0 \\
0.3333 & 0.7778 & 0.5556 & 0 & 1.0000 \\
0.2857 & 0.7143 & 1.0000 & 0 & 0.7143
\end{bmatrix}
$$

将规格化指标值代入主客观权重模型进行计算并代入式（8-25）进行归一化。得各分目标归一化权重：$w=[0.0905\quad 0.0813\quad 0.0832\quad 0.0837\quad 0.0968\quad 0.0908\quad 0.0865\quad 0.1204\quad 0.0928\quad 0.0879\quad 0.0861]$

边坡防护方案综合评价，采用均衡度为 $b(R_j)=1-d(R_j)$，$d(R_j)=\sqrt{\frac{1}{m}\sum_{i=1}^{m}\left(r_{ij}-\frac{1}{m}\sum_{i=1}^{m}r_{ij}\right)^2}$。

各方案综合评价值分别为（0.5070　0.5256　0.2555　0.3496）。

由此可见，三维网植草防护＞喷播绿化防护＞格笼植物防护＞挡土墙防护，即三维网植草防护为最优方案。

8.6　岩溶石漠化矿区生态重建效益评价研究

8.6.1　效益理论基础

对生态重建区域的生态重建的效益评价是一项非常重要的工作。生态重建的效益评价包括经济效益评价、社会效益评价和生态效益评价 3 个方面，矿区生态系统演变对效益配置的影响如图 8-24 所示，矿区生态重建目标对“三大效益”配置的影响如图 8-25 所示。矿山土地复垦后，在三大效益分析中，由于生态效益和社会效益一般难以定量，也难以用货币表示，一般侧重定量计算其经济效益，定性分析生态效益和社会效益。

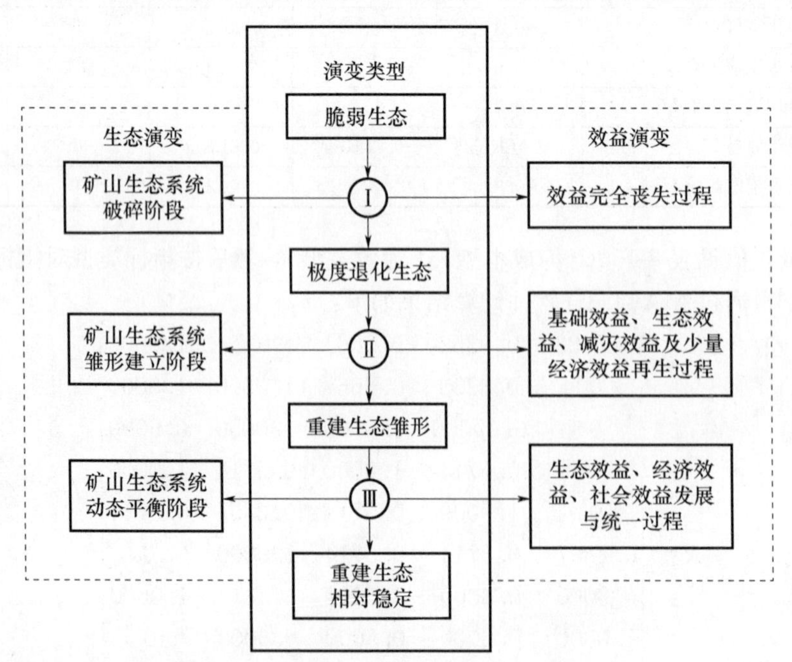

图 8-24　矿区生态系统演变对效益配置的影响

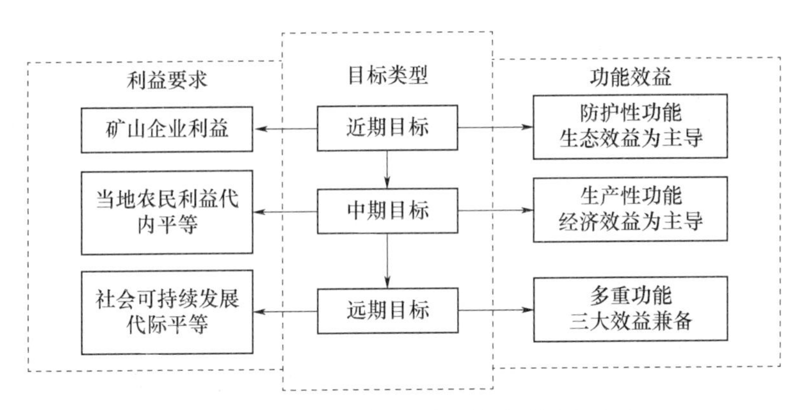

图 8-25　矿区生态重建目标对效益配置的影响

图 8-24 表明了矿区生态重建过程中的生态系统演变的 3 个阶段、4 个类型。

由脆弱生态演变为极度退化生态为第Ⅰ阶段，即矿区生态系统破损阶段，是由露天开采造成的，第Ⅰ阶段为效益完全丧失阶段，并会产生较大的负效益。由极度退化生态演变为生态重建雏形为第Ⅱ阶段，即矿区生态系统雏形建立阶段，是生态重建的初期，主要目的是保水、保土、防风固沙、提高肥力、改善生态环境，所采取的措施主要起防护性功能，因此产生的效益只能以生态效益为主。此阶段的社会效益也只能体现在减轻自然灾害上，而促进社会进步的社会效益还无条件产生，此阶段也可能有少量的经济效益。由重建生态雏形演变为重建生态相对稳定型为第Ⅲ阶段，即矿区生态系统动态平衡阶段，是生态恢复达到稳定状态、矿区生态系统已具备生产性功能的基本条件，保水、保土效益和生态效益较好，即可考虑以经济效益为主导。此阶段的社会效益不仅体现在减轻自然灾害上，而且能改善农业基础设施，提高土地生产率，失业农民及其剩余劳动力有用武之地，提高劳动利用率，调整土地利用结构和农村生产结构，适应市场经济，提高环境容量，缓解人地矛盾，促进脱贫致富奔小康等，已上升到可促进社会进步。此阶段才可能是矿区经济效益、生态效益和社会效益高度统一阶段。

图 8-25 表明，矿区生态重建目标有近期目标、中期目标和远期目标。近期目标以考虑矿山企业正常生产和利益为主，以防护性功能（生态效益）为主导；中期目标以考虑农民利益为主，以生产性功能（经济效益）为主导。只有确保近期目标的实现，企业才可能有较高的经济效益，给矿区土地复垦与生态重建输入更多的资金，而更多的经济投入，才有可能尽快、尽好地实现中期目标和远期目标。由于生态效益和社会效益很难量化，无法直接转化为经济指标，但是又不能将这两者排斥在外，因此采用定性与定量相结合的评价方法进行分析。因此本节把经济效益、生态效益和社会效益综合在一起进行整体效益评价[114]，计算公式如下：

$$PV(B)=\frac{b_0}{(1+d)^0}+\frac{b_1}{(1+d)^1}+\cdots+\frac{b_n}{(1+b)^n}=\sum_{i=1}^{n}\frac{b_i}{(1+d)^i} \tag{8-31}$$

$$PV(C)=\frac{c_0}{(1+d)^0}+\frac{c_1}{(1+d)^1}+\cdots+\frac{c_n}{(1+b)^n}=\sum_{i=1}^{n}\frac{c_i}{(1+d)^i} \tag{8-32}$$

式中，$PV(B)$ 为现值总效益；$PV(C)$ 为现值总费用；b_i 为第 i 年获得的效益；c_i 为第 i 年支付的费用；d 为贴现率。

现值净效益为

$$PV = PV(B) - PV(C) \tag{8-33}$$

当一个项目的现值净效益（PV）大于0时，说明该项目对社会有益。现值净效益（PV）越大，说明该项目的经济效益越好。

8.6.2 经济效益评价

土地复垦后的经济效益包括直接经济效益和间接经济效益。在进行土地复垦经济评价时，需要大量的数据，有些数据可按照国家定额标准取得，有些数据应调查企业的历年生产经济状况和矿山周边地区的社会经济情况而取得，还有些数据可采用专家评估和数学分析法取得。

1. 直接经济效益

矿山土地复垦后，绝大部分用于种植业、养殖业或林业，生产出农林产品，出售后可直接获得经济收入。

平果铝建立了土壤培肥及定位观测技术示范区、桉树林示范区、木薯品种及栽培技术示范区、甘蔗栽种技术示范区、经济农作物及蔬菜生产示范生产区、复垦边坡地植被技术示范区。经过矿山复垦人员不懈的努力，复垦地质量明显好于原耕地，矿山洗矿和破碎工业场地污水也得到了治理。目前已累计复垦87.33hm^2采空区，矿山生态环境也得到了保护和恢复，复垦示范区采用高效复垦技术，每平方米节约土地开垦费50元，平果铝矿区共计10万亩复垦土地，共节约了复垦费用33.33亿元，总计产生了33.5亿元经济效益。

采用压滤脱水技术处理平果铝土矿洗矿排出的泥浆，滤饼用于采空区回填复垦，实现尾矿干法处理合理利用，不仅技术上可行，而且在堆积型铝土矿的特定条件下，与湿法处理尾矿相比，经济上具有明显的优势。仅以年产30万t氧化铝计，矿山基建投资可减少1145.48万元，年生产费用减少768.64万元。年节电89.2万kW·h；洗矿水复用率从湿法的38.43%提高到96.7%，年节水423.33万m^3。应用本项研究成果，平果铝土矿现阶段每年可获得直接经济效益1120万元，在全部生产期内（6666.7hm^2复垦地），可创造经济效益24亿元以上，具有巨大的经济效益、社会效益和显著的生态环境效益。

复垦示范区开发出高附加值桉树林，每亩产出经济效益540元，年效益为41.73万元，这些桉树做成的铝电解行业电解效应棒应用在铝电解生产中，使平果铝2001年在全国铝电解行业率先实现电解效应棒自给自足。

复垦地里的草源源不断地为平果铝生活服务公司所建的奶牛养殖场提供充足草料，矿山复垦地每年还收获木薯40t、甘蔗400t、蔬菜9945kg，种植的绿色蔬菜不仅满足了矿山职工食堂的需要，还进入当地市场。产生的经济效益如下：

木薯：40t×1000kg/t×4元/kg=160000元=16万元。

甘蔗：400t×1000kg/t×3元/kg=1200000元=120万元。

蔬菜：蔬菜的平均价格取2.5元/kg，则9945kg×2.5元/kg=24862.5元≈2.5万元。

示范区开发出高附加值桉树林，每亩产出经济效益540元，年效益为41.73万元。按30年计，为30×41.73=1251.90万元。

平果铝的直接经济效益的计算期取平均 15 年，直接经济效益如下：

S＝33.33 亿元＋24 亿元＋41.73 万元/年×15 年＋（16＋120＋2.5）万元/年×15 年＋1251.90 万元≈57.73 亿元

2. 间接经济效益

矿山实施土地复垦后，改善了矿区的生态环境，起到保持水土、防灾减灾等方面的作用，降低企业在其他方面的开支，增加企业总体经济效益，这即为土地复垦的间接经济效益。可表现在以下几方面：

（1）保持水土，减轻泥沙危害。其价值量计算是把森林保土功能的价值 V 计算出来，主要有 3 个方面：一是减少表土损失的价值 V_1，二是减少养分损失的价值 V_2，三是减少淤积损失的价值 V_3。

①计算森林减少表土损失的价值 V_1。这种潜在土地损失的价值，可用预期收益资本化法来评估。根据《中国统计年鉴》，在 1985—1990 年期间，我国林地的平均收益约为 246 元/（hm^2·年），平果铝土矿产生的土壤损失价值是 246 元/（hm^2·年）×190.133hm^2＝46772.718 元/年。

②计算森林减少养分损失的价值 V_2。土壤侵蚀带走了大量的土壤营养物质。根据我国主要森林土壤的有机质及全 N、全 P、全 K 等含量的平均值和我国森林减少的土壤损失量，可以估计出我国森林减少的养分损失量：有机质为 8.71 亿 t/年，全 N 为 0.36 亿 t/年，全 P 为 0.21 亿 t/年，全 K 为 2.80 亿 t/年。土壤侵蚀造成 N、P、K 大量损失，使土壤肥力下降。根据有关统计资料，我国 1985 年和 1987－1990 年的化肥总实物消耗量为 44879.3 万 t，折算消耗量为 10863.9 万 t，年平均消耗量为 2172.8 万 t，5 年间购买化肥总消耗资金为 2769.72 亿元，年均消耗资金 553.94 亿元，平均化肥价格为 2549 元/t。根据《中国农村统计年鉴》（1988，1989，1990），我国森林减少的 N、P、K 损失总量为 0.36 亿 t/年＋0.21 亿 t/年＋2.80 亿 t/年＝3.37 亿 t/年。因此，我国森林每年减少 N、P、K 损失的价值为 3.37 亿 t/年×2549 元/年＝8590 亿元/年。

森林的贡献：8590 亿元/年÷（0.37＋0.54＋0.27）亿 hm^2＝7280 元/（hm^2·年）。贡献率为 7280 元/（hm^2·年）＋580 元/（hm^2·年）＝7860 元/（hm^2·年）。

因此平果铝土矿的生态复垦的森林减少养分损失的价值 V_2：6158 元/（hm^2·年）×190.133hm^2＝1170839.014 元/年。

③计算森林减少淤积损失的价值 V_3。我国森林减少的土壤流失量为 4.717 亿 t/年，其中 24％积于水库等，我国的水库的库容工程费为 0.67 元/m^3，我国森林的库容大概为 1.53（m^3/hm^2·年）。平果铝土矿矿区的森林减少淤积损失的价值 V_3＝ 1.53（m^3/hm^2·年）×0.67 元/m^3×190.133hm^2＝194.91 元/年。

这样平果铝土矿每年的森林保土价值 $V=V_1+V_2+V_3$＝46772.718 元/年＋1170839.014 元/年＋194.91 元/年＝1217806.64 元/年。

（2）减少滑坡、泥石流造成的损失。复垦减少滑坡和泥石流的经济效益在目前尚无确切的方法确定，建议采用“数学期望值”。

平果铝土矿矿区是西南地区典型的岩溶土壤，发生滑坡和泥石流的可能性较大，通过专家论证发生滑坡和泥石流的概率约为 0.3，损失费用一般认为 1500 元/（hm^2·年）。因此平果铝土矿矿区减少滑坡、泥石流造成的损失效益价值＝1500 元/（hm^2·年）

$\times 190.133\text{hm}^2 \times 0.3 = 85559.85$ 元/年。

(3) 减少企业对当地农民的赔款。矿山开采尤其是地下开采、深凹露天开采，以及矿山排放的有毒有害废水，造成地面塌陷、地下水位下降、土地污染，恶化矿山毗邻地区的农林生产环境，造成农作物减产或绝收，为此矿山每年都向当地农民支付不少赔偿费或向农民免费提供水电，以满足农业生产的需求。而矿山复垦后，可有效地改善生态环境，增加农作物的产量，提高农民收入，减少企业的赔偿费。如煤矿企业复垦塌陷地后，可用于农业或渔业生产，经过 2～3 年的种植养殖后，可恢复到或超过当地平均生产水平，矿山不支付或少支付赔偿费用。平果铝土矿矿区露天开采区通过生态复垦后减少企业对当地农民的赔款每年大概是 125 万元。

(4) 减少国家对因未复垦而闲置土地的罚款。我国是一个人多地少的国家，合理利用和保护土地资源是我国的一项基本国策，国家鼓励企业和个人进行土地复垦工作，并制定了一系列的优惠政策。而对不履行或者不按规定要求履行土地复垦义务的企业和个人，依据《土地复垦规定》第二十条的规定，土地管理部门根据情节，处以 13.3～133.3 元/（hm^2・年）的罚款，且罚款从企业税后利润中支付。企业进行土地复垦后，不但可免除该项罚款，而且可享受国家的有关优惠政策。

平果铝土矿占地 6666.7hm^2，在目前复垦的土地面积基础上减少国家对因未复垦而闲置土地的罚款的最大额度为 $V = 133.3$ 元/（hm^2・年）$\times 6666.7\text{hm}^2 \times 15$ 年 $= 13330066.6$ 元 $= 1333$ 万元。

(5) 复垦后净化环境污染价值。复垦后森林的主要污染物是 SO_2、粉尘、噪声和病菌等。

①净化 SO_2 的价值估算。在《中国生物多样性经济价值评估》中，采用 SO_2 的平均治理费用评价我国森林净化 SO_2 的价值。其依据如下：

森林对 SO_2 吸收能力：阔叶林为 $q_1 = 88.65$kg/（hm^2・年）；针叶林柏类为 411.6kg/（hm^2・年），松林为 117.6kg/（hm^2・年），杉类为 117.6kg/（hm^2・年），平均值为 $q_2 = 215.6$kg/（hm^2・年）。我国削减 SO_2 的平均治理费用：投资额 500 元/（t・年），运行费用为 100 元/（t・年），合计 W 为 600 元/（t・年）。平果铝土矿复垦的阔叶林所占比重为 30.5%，绿色植被所占比重为 61.3%，针叶林所占比重为 8.2%，绿色植被对 SO_2 吸收能力按阔叶林的 45%计算。其计算结果如下：

$$V_{so_2} = W(q_1 s_1 + q_2 s_2 + q_3 s_3) \tag{8-34}$$

$V_{so_2} = 600 \times (88.65 \times 190.133 \times 30.5\% + 411.6 \times 190.133 \times 8.2\% + 88.65 \times 45\% \times 190.133 \times 61.3\%) = 9724567.42$（元/年）

②净化粉尘的价值估算。净化粉尘的价值同样可用减少粉尘的平均单位治理费用来评估。据测定，我国森林的滤尘能力：阔叶林为 $q_1 = 10.11$kg/（hm^2・年）；针叶林 $q_2 = 33.2$kg/（hm^2・年）。

我国削减粉尘的平均单位治理成本，1993 年为 170 元/t。绿色植被的滤尘能力按阔叶林的 10%计算。

因此，平果铝土矿生态复垦后净化粉尘的价值 V_d 为

$$V_d = W(q_1 s_1 + q_2 s_2 + q_3 s_3) \tag{8-35}$$

$V_d = 170 \times (10.11 \times 190.133 \times 30.5\% + 33.2 \times 190.133 \times 8.2\% + 10.11 \times 190.133$

×10%×61.3%）=207695.22 元/年

③复垦森林降低噪声和灭菌的价值估算。李金昌在《生态价值论》里给出的森林降低噪声和灭菌的价值估算的公式为

$$V_j = aTqA\left(\frac{1}{x} - 1\right) \tag{8-36}$$

式中，a 是森林降低噪声和灭菌的价值占森林总生态功能价值的比例系数，平果铝土矿复垦土地森林的 a 取 0.18；q 是林木单位蓄积量，平果铝土矿复垦的 $q = 55m^3/hm^2$；A 是森林总面积，平果铝土矿复垦的 $A = 190.133 \times (30.5\% + 8.2\%) = 73.581471hm^2$；$x$ 是森林直接实物性使用价值占森林有形和无形总价值的比率系数，一般 x 取 0.1；T 是森林木价。

目前 T 采用的计算公式为

$$T = \frac{F(1+L)^{n'}(1+P)}{q(1-S)(1-C)} \tag{8-37}$$

式中，F 是各年度投入费用总和；L 是利息率；P 是林业企业利润率；C 是税率；q 是林木单位面积上的蓄积量；S 是林木损失率；n'是林木的加权年龄。

平果的林木价格为 356 元/m^3。

$$V_j = 0.18 \times 356 \text{元}/m^3 \times 55m^3/hm^2 \times 73.581471hm^2 \times \left(\frac{1}{0.1} - 1\right) = 2333974.83 \text{元/年}$$

因此，平果铝土矿复垦产生的净化环境污染价值是

$V = V_{so_2} + V_d + V_j = 9724567.42$ 元 / 年 + 188731.03 元 / 年 + 2333974.83 元 / 年 = 1224273.28 元 / 年

（6）土地本身的增值效益。平果铝土矿复垦前后的地价差为 2600 元/hm^2，因此土地本身的增值效益为 $V = 2600$ 元/$hm^2 \times 100000hm^2 = 2.6 \times 10^7$ 元 = 2.6 亿元。

3. 计算结果

平果铝土矿通过对生态复垦的经济效益的计算的数据见表 8-16。

表 8-16　平果铝土矿生态复垦的经济效益

效益类型	项目	年效益	总效益（万元）	备注
直接经济效益	节约了复垦费用		335000	30 年
	滤饼技术效益		240000	
	直接生产效益		3953.45	15 年
	小计		578953.45	
间接经济效益	保持水土，减轻泥沙危害	1217806.64 元/年	1826.71	15 年
	减少滑坡、泥石流造成的损失	85559.85 元/年	128.34	15 年
	减少企业对当地农民的赔款	125	3750	30 年
	减少国家对因未复垦而闲置土地的罚款		1333	15 年
	复垦后净化环境污染价值	1224273.28 元/年	1836.41	15 年
	土地增值效益		26000	
合计			613827.91	

经过统计平果铝复垦成本费用为 6019.8 万元。因此产生的净经济效益为

$PV=PV(B)-PV(C)=613827.91-6019.8=607808.11$ 万元=60.78 亿元

平果铝土矿采矿区生态复垦产生的经济效益为 60.78 亿元，稳定了地方经济的可持续发展，为区域经济的发展做出了巨大的贡献。植被覆盖率由 1999 年重建前的 10%左右提高到 2008 年的 50%～85%，水土流失也得到了较明显的控制，土壤侵蚀模数下降到 580.76kg/（km^2・年）。用生态经济学的原理和方法，对恢复后的生态系统服务价值进行了评估，结果表明新增的直接利用价值达 34874.46 万元，间接利用价值是直接利用价值的 8.8 倍；新增的生态效益为 3791.46 万元；社会效益为 14367 万元。这为我国矿山复垦技术的进步和矿业实现可持续发展探出了一条新路。

8.6.3 社会效益评价

土地复垦实际上也是一项社会公益活动，其生态效益、社会效益要远大于经济效益。矿区土地复垦投资的社会效益反映矿区土地复垦对社会的作用、贡献及价值。平果铝土矿通过采空区土地复垦项目的实施，迅速恢复农业用地，取得了较好的社会效益。一是通过采空区土地复垦，及时恢复农业用地，重建采空区生态系统，控制采空区水土流失，使采空区景观与周围区域协调一致，通过复垦开发后变成优质的耕地，项目区生产条件得到改善，能进一步推行规模经营。现在项目区大部分都被安排为林果和蔬菜示范基地，同时为农业产业结构调整提供了新的发展空间，并为农村劳动力转移提供条件，确保农业增效、农民增收。二是实行边采矿边复垦的采矿一体化新工艺，最大限度地缩短采矿占用土地周期，迅速恢复农业用地，实现采矿用地的“占补平衡”，为实现耕地总量动态平衡和促进经济、社会各项事业协调发展起到了积极作用，同时，为提高村民人居环境、减少社会矛盾等均起到积极促进作用，达到可持续发展的目的。三是当地群众直接参与土地复垦工作，缓解了当地被征地群众的就业难问题，改善地企关系，稳定社区经济生活。农业生产条件改善、农民增收、地方财力增加、巩固完善农村承包经营机制。四是创造社会效益价值为 14367 万元，为岩溶石漠化地区大型露天铝土矿采空区的生态重建在全国建立示范区，积累了宝贵的科学研究资料和成功经验，也为岩溶石漠化地区生态重建指明了方向。

8.6.4 生态效益评价

平果铝土矿露天采空区通过采矿一体化新工艺的实施，多年坚持不懈地复垦与生态重建工作，取得了良好的生态效益。有效控制了水土流失，基本杜绝了耕地肥土流失和缓坡地发生沟蚀的现象，减少了矿区空气含尘，改善了矿区的环境质量，通过研究和试验测定主要表现在如下几方面的成就：

（1）动植物种类数量明显增加，开采区内复垦区恢复了生机。植物种类数量的增加，群落结构的复杂，给动物觅食和栖息提供了越来越优越的条件，动物种类也随之增加，由 9 种增加到 28 种。不仅昆虫种类增加，鸟类和哺乳类也相继出现。由于初级生产力的提高，食物链环节增加，生态系统中生物间的协调和制约作用，植被功能在日益趋向稳定。

（2）土壤理化状况和肥力状况改善。在人为活动干预和植被的作用下，内排复垦区土壤理化状况和肥力得到了改善，植被 3 年后测试土壤氮、磷、钾，分别增加 43.8%、11.7%、13.5%。土壤蓄水保水能力增加 0.7%～4.2%，土壤水分地面蒸发量减少 4%～13%，土壤微生物总数（按干土计）由 108.3×10^3 个/g 增加到 3897.7×10^3 个/g。

（3）水土流失减少。在乔灌、草植被的作用下，因矿山露天开采造成的水土和肥力的大量流失初步得到控制，以植被区和非植被区比较，径流量降低了 46.4%，输沙模数降低 43.9%，氮、磷流失分别减少 60.3%和 31.9%。

（4）小气候改善。植被的恢复对内排复垦区，空气温度、风速、地温都有不同程度的调节和缓冲作用。

平果铝露天矿山高效复垦技术的开发研究所取得的显著成效，为我国矿山复垦技术的进步和矿业实现可持续发展探出了一条新路。

8.7　本章小结

对退化的岩溶石漠化生态进行恢复和重建，首先是了解其生态脆弱性的成因及生态因子对生态脆弱性的作用。当石漠化区有着与其相适应的植被覆盖时，在没有人为干扰或干扰较小的情况下可以保持生态系统的平衡，并能够自我调整外界干扰带来的波动，使系统恢复到正常的运作状况，进行正向演替。但当外界因素激发环境因子发生自身变换出现逆向过程的时候，系统稳定性降低，生物多样性减少，水土流失，生态环境恶化，导致生态系统的破坏。本章是全书的重点，对岩溶石漠化地区平果铝土矿露天开采的生态重建从工程复垦和生物复垦两个方面进行了综合研究，对复垦后的生态系统从经济效益、社会效益和生态效益 3 个方面进行评价论证。因此，恢复生态脆弱性是与自然、社会、经济紧密联系的，是自然环境条件与人类生产活动相互作用的结果。

参考文献

[1] 刘洋．恩施州石漠化林业专项治理评价与可持续发展［D］．恩施：湖北民族学院，2016.

[2] 刘霁．喀斯特石漠化地区采矿环境影响及综合治理研究［D］．长沙：中南大学，2009.

[3] 马明国，汤旭光，韩旭军，等．西南岩溶地区碳循环观测与模拟研究进展和展望［J］．地理科学进展，2019，38（08）：1196-1205.

[4] 王明伟，许浒．云南岩溶山区生态环境地质问题与可持续发展研究综述［J］．生态经济，2014，30（09）：185-187.

[5]［6］田静．典型喀斯特脆弱生态系统土壤酶活性时空分布特征及其影响因素研究［D］．贵阳：贵州师范大学，2019.

[7] C MOYER，R ABORIGO，E KASELITZ，et al. PREventing Maternal and Neonatal Deaths in Rural Northern Ghana（PREMAND）：Using Social Autopsy and GIS to Understand Neonatal Deaths and Near-Misses［J］. Annals of Global Health，2017，83（1）：23-28.

[8] 王世杰，刘再华，倪健，等．中国南方喀斯特地区碳循环研究进展［J］．地球与环境，2017，45（01）：2-9.

[9] 吕金波，李铁英，郑明存，等．北京石花洞岩溶学研究进展［J］．城市地质，2014，9（02）：11-17.

[10] 杨汉奎．喀斯特荒漠化是一种地质生态灾难［J］．海洋地质与第四纪地质，1995（03）：137-147.

[11] KOBZA RM，JIM K. Community structure of fishes inhabiting aquatic refuges in a threatened Karst wetland and its implications for ecosystem management［J］. Biological Conservation，2004，116（2）：153-165.

[12] 周超，蒲俊兵，殷建军．地理信息系统技术在岩溶环境学领域的应用［J］．科技传播，2011（04）：121-123.

[13] Science；Reports Summarize Science Study Results from Guizhou University（Human Causes of Soil Loss in Rural Karst Environments：a Case Study of Guizhou，China）［J］. Science Letter，2019，34（5）：31-35.

[14] Science-Soil Science；Findings from Federal University Broaden Understanding of Soil Science（Pedogenesis in a Karst Environment In the Cerrado Biome，Northern Brazil）［J］. Chemicals & Chemistry，2020，73（4）：23-29.

[15] 宋自勉．岩溶矿山环境水文地质问题及地质环境破坏的评估探究［J］．世界有色金属，2020（03）：258-259.

[16] 任海．喀斯特山地生态系统石漠化过程及其恢复研究综述［J］．热带地理，2005，25（3）：195-200.

[17] 刘丽颖．喀斯特地区水资源系统的诊断分析［J］．重庆工商大学学报（自然科学版），2019，36（06）：29-34.

[18] 郭芳，姜光辉，蒋忠诚．中国南方岩溶石山地区不同岩溶类型的地下水与环境地质问题［J］．地质科技情报，2006（01）：83-87.

[19] 龙健，王智慧．喀斯特山地修复的生态学研究［J］．生态环境学报，2015，24（12）：1950-1954.
[20] 温培才，王霖娇，盛茂银．我国西南喀斯特森林生态系统生态化学计量学研究［J］．世界林业研究，2018，31（02）：66-71.
[21] 李利花，肖山，杨军．长宁竹石林景观特征及其旅游开发探析［J］．旅游纵览（下半月），2015（08）：82-83.
[22] 杨明德，祝安．锥状喀斯特区溶洞景观特征及其旅游资源评价［J］．中国岩溶，2004（02）：17-22.
[23] 黄海燕，戴益源，孙亚丽．喀斯特溶洞湿地景观特征——以云南普者黑湿地为例［J］．山东林业科技，2016，46（03）：99-102.
[24] 苏维词．中国西南岩溶山区石漠化的现状成因及治理的优化模式［J］．水土保持学报，2002，16（2）：29-32.
[25] 罗璐．喀斯特地区石漠化的成因及治理研究——以贵州为例［J］．资源节约与环保，2019（07）：3.
[26] 任标，刘琦，白友恩．石漠化地区碳酸盐岩风化特性的淋溶实验研究［C］//2019 年全国工程地质学术年会论文集，2019：440-447.
[27] 罗丹，杨平恒，王治祥，等．渝东南断裂型碳酸盐岩地热水的形成特征［J］．中国岩溶，2019，38（05）：670-681.
[28] 冯娜，刘冬冬，赵荣存，等．岩溶山地植被恢复中碳酸盐岩红土入渗特征及其影响因素［J］．水土保持学报，2019，33（06）：162-169，175.
[29] 沈洪娟，顾尚义，赵思凡，等．华南南华纪南沱冰期海洋环境的沉积地球化学记录——来自黔东部南华系南沱组白云岩碳氧同位素和微量元素的证据［J］．地质论评，2020，66（01）：214-228.
[30] 陈希．基于 ArcEngine 的喀斯特石漠化治理工程决策支持系统的研究和实现［D］．贵阳：贵州师范大学，2018.
[31] 张显强．贵州石生藓类对石漠化干旱环境的生态适应性研究［D］．重庆：西南大学，2012.
[32] 皇甫江云．西南岩溶地区草地石漠化动态监测与评价研究［D］．北京：北京林业大学，2014.
[33] 颜萍．喀斯特石漠化治理的水土保持模式与效益监测评价［D］．贵阳：贵州师范大学，2016.
[34] 王晓帆．贵州土地石漠化演替与社会经济活动的互馈研究［D］．曲阜：曲阜师范大学，2018.
[35] 王宏远．基于洞穴化学沉积物记录的石漠化重要历史事件研究［D］．贵阳：贵州师范大学，2014.
[36] 闫利会．喀斯特高原峡谷区石漠化演变遥感图谱研究［D］．贵阳：贵州师范大学，2018.
[37] 王世杰．喀斯特石漠化概念演绎及其科学内涵的探讨［J］．中国岩溶，2002，21（2）：101-105.
[38] 岳坤前．中国南方典型石漠化区地下水土流失防治技术初步研究与示范［D］．贵阳：贵州师范大学，2016.
[39] 苏春田，王红梅，谢代兴，等．滇东南岩溶区土壤有效态微量元素丰度特征及其影响因素［J］．安全与环境学报，2015，15（03）：301-304.
[40] 贾亚男．西南典型岩溶地区土地利用与土地覆被变化对岩溶水质的影响［D］．重庆：西南师范大学，2004.
[41] 唐秀玲，何新华，彭宏祥，等．广西石山区土地石漠化的成因及防治对策［J］．资源开发与市场，2003，19（3）：154-158.
[42] 白晓永．贵州喀斯特石漠化综合防治理论与优化设计研究［D］．贵阳：贵州师范大学，2007.
[43] 刘德煊．南方山区石漠化特点及防治对策［J］．内蒙古农业科技，2005（4）：54-55.

[44] 苏亚林．文山州石漠化生态治理模式探讨［J］．林业调查规划，2019，44（02）：82-85.
[45] 高健．岩溶地区石漠化生态经济治理模式探究［J］．农业与技术，2014，34（12）：250.
[46] 王井利，马畅，张宁．基于遥感归一化指数的生态环境破坏和恢复能力的监测与评价［J］．沈阳建筑大学学报（自然科学版），2018，34（04）：676-683.
[47] 李子君，刘金玉，姜爱霞，等．基于土地利用的祊河流域生态系统服务价值动态变化［J］．水土保持研究，2020，27（02）：269-275，283.
[48] 陈龙跃，张雨，汪权方，等．鄂渝喀斯特山区土壤侵蚀特征及主影响因子识别分析［J］．湖北大学学报（自然科学版），2020，42（02）：172-178，184.
[49] 林江，周忠发，朱昌丽，等．喀斯特石漠化及土地利用变化的地貌分异特征——以贵州省关岭贞丰花江石漠化综合示范区为例［J］．水土保持通报，2020，40（02）：37-46.
[50] 素红，李森，李红兵，等．粤北石漠化地区土壤侵蚀初步研究［J］．中国岩溶，2006，25（4）：280-284.
[51] 白义鑫，盛茂银，胡琪娟，等．西南喀斯特石漠化环境下土地利用变化对土壤有机碳及其组分的影响［J］．应用生态学报，2020，31（05）：1607-1616.
[52] VARNELL C J，BRAHANA J V，STEELE K. The effluence of coal quality variation on utilization of water from abandoned coal mines as a municlpal water source [J]. Mine Water and the Environment，2004（23）：204-208.
[53] 肖剑波，程利分，杨树香，等．六盘水石漠化形成过程及对策研究［J］．农村经济与科技，2020，31（09）：240-243.
[54] 李森，魏兴琥，黄金国，等．中国南方岩溶区土地石漠化的成因与过程［J］．中国沙漠，2007，27（6）：918-925
[55] 安宏锋，徐浩，安宁，等．喀斯特山区生态环境脆弱性综合评价——以贵州省黔中地区为例［J］．环境影响评价，2016，38（04）：51-56.
[56] 闵永萍．云南省岩溶地区石漠化现状成因及防治对策［J］．现代园艺，2015（10）：229-230.
[57] 周辩游，霍建光，刘德深．岩溶山地土地退化的等级划分与植被恢复初步研究［J］．中国岩溶，2000，19（3）：269-273.
[58] 金麾，董源．清朝农垦活动对森林的严重影响［J］．北京林业大学学报（社会科学版），2005，4（2）：1-6.
[59] 韩昭庆．雍正王朝在贵州的开发对贵州石漠化的影响［J］．复旦大学学报（社会科学版），2006，23（6）：657-666.
[60] 蔡品迪．修文县喀斯特示范区退化森林群落数量特征研究［J］．吉林农业，2014（18）：22-25.
[61] 张建利，吴华，喻理飞，等．基于群落数量特征的喀斯特湿地森林群落优势种分析［J］．生态环境学报，2013，22（01）：58-65.
[62] 安明态，喻理飞，王加国，等．茂兰喀斯特植被恢复过程群落数量特征及健康度研究［J］．山地农业生物学报，2017，36（04）：33-38.
[63] 聂伟杰，胡宝清，吴丽芳．岩溶生态环境演化的动力机制及其山区可持续发展对策［J］．广西师范学院学报，2003，20：17-21.
[64] JAMBRIK R，BARTHA M . Groundwater quality affected by mining in the east borsod brown coal basin，Hungary [J]. Mine Water and the Environment，2006，13（6）：49-58.
[65] 夏卫生，雷廷武，潘英华，等．南方坡地石漠化现状及防治的初步研究［J］．水土保持通报，2001，21（4）：47-49.
[66] 田禹东．岩溶山地系统环境脆弱性评价模型应用对比分析研究［D］．昆明：昆明理工大学，2015.

[67] 王静．岩溶山地生态脆弱性评价及治理措施研究［D］．重庆：西南大学，2009.
[68] 蒋忠诚，李先琨，曾馥平，等．岩溶峰丛山地脆弱生态系统重建技术研究［J］．地球学报，2009，30（02）：155-166.
[69] 向悟生，李先琨，何成新，等．桂西南岩溶生态脆弱区生态承载力分析及可持续发展状况评价——以广西平果县为例［J］．中国岩溶，2008（01）：75-79，96.
[70] 刘宇涛．不同景观类型下生态环境脆弱性研究及生态恢复模式探讨［D］．重庆：西南大学，2010.
[71] 郭利娜，贾羽旋，李彤，等．森林溶解性有机碳淋溶驱动机制及模拟研究进展［J］．生态学杂志，2020，39（05）：1723-1733.
[72] 张世挺，薛跃规，唐克华，等．湘西洛塔喀斯特森林木本植物群落学特征研究［J］．广西师范大学学报（自然科学版），2000，18（1）：76-80.
[73] 肖琼．西南岩溶石山地区重大环境地质问题及对策研究［J］．中国岩溶，2014，33（02）：166.
[74] 贺祥，熊康宁，陈洪云，等．喀斯特山区生态治理区石漠化过程的土壤质量特征研究［J］．云南师范大学学报（自然科学版），2008（02）：58-64.
[75] The Researches of the Desert Institute. Desert Problems and Desertificationin Central Asia［J］. Berlin：Springer，2000.
[76] 温志明，蒙红卫，孙启发，等．基于云南水库沉积物粒度特征分析的土壤侵蚀研究［J］．环境生态学，2019，1（07）：72-78.
[77] 黄晖，毕舒贻，字肖萌，等．深圳城市绿地土壤水库特征及影响因素［J］．水土保持研究，2020，27（01）：146-150，160.
[78] 李灵，张玉，孔丽娜，等．武夷山风景区不同林地类型土壤水分物理性质及土壤水库特性［J］．水土保持通报，2011，31（03）：60-65.
[79] NORTON P J. Groundwater problems in Surface eoal mining in Scotland［J］. Internatlonal Journal of Mlne Water，1982（1）：17-24.
[80] 赵春虎，王强民，王皓，等．东部草原区露天煤矿开采对地下水系统影响与帷幕保护分析［J］．煤炭学报，2019，44（12）：3685-3692.
[81] 高杰．安利煤矿露天开采对地下水水量和水质的影响预测分析［D］．哈尔滨：哈尔滨工业大学，2019.
[82] 彭凯，张云峰，高文峰，等．SO_4^{2-} 在复垦土壤中的运移试验与模拟研究［J］．中国煤炭，2020，46（06）：77-82.
[83] 薛强，梁冰，刘晓丽，等．土壤水环境中有机污染物运移环境预测模型的研究［J］．水利学报，2003，（6）：48-55.
[84] 郭文兵，白二虎，赵高博．高强度开采覆岩地表破坏及防控技术现状与进展［J］．煤炭学报，2020，45（02）：509-523.
[85] 杨勤学，赵冰清，郭东罡．中国北方露天煤矿区植被恢复研究进展［J］．生态学杂志，2015，34（04）：1152-1157.
[86] 张莉，王金满，刘涛．露天煤矿区受损土地景观重塑与再造的研究进展［J］．地球科学进展，2016，31（12）：1235-1246.
[87] 陆智超．金属矿山地质调查与综合评估技术方法探讨［J］．世界有色金属，2017（23）：193，195.
[88] 张进德，张德强，田磊．全国矿山地质环境调查与综合评估技术方法探讨．地质通报，2007，26（2）：136-140.
[89] 刘聪，贺跃光，邵磊森．基于 MATLAB 工具箱的基坑深层水平位移神经网络预测［J］．矿冶工程，2016，36（05）：27-29.

[90] 孙臣生．基于改进 MATLAB-BP 神经网络算法的隧道岩爆预测模型［J］．重庆交通大学学报（自然科学版），2019，38（10）：41-49.
[91] 宫凤强，李夕兵．距离判别分析法在岩体质量等级分类中的研究［J］．岩石力学与工程学报 2007，26（1）：191-194
[92] 刘霁．矿山地质环境安全评估的 Bayes 判别分析法及应用［J］．中国安全科学学报，2011，21（1）：87-92.
[93] 陈永春，徐翀，陆春辉．距离判别法在矿山防治水中应用［J］．地下水，2014，36（03）：70-73.
[94] 王磊．预应力锚索在矿山岩土边坡工程治理中的实践分析［J］．世界有色金属，2019（20）：66-67.
[95] 万燎榕．预应力锚索在高边坡岩土工程治理中的运用［J］．建筑技术开发，2019，46（22）：65-66.
[96] 李云，刘霁. 基于 RS-CPM 模型的边坡失稳灾害预测及应用［J]. 中南大学学报（自然科学版），2013，44（7）：2971-2976.
[97] 李俊平，王红星，庞静霄，等．某山坡露天矿边坡稳定性的 FLAC～（3D）研究［J］．安全与环境学报，2017，17（02）：482-490.
[98] 何木，张飙．基于 Bishop 条分法的边坡稳定分析及支护方案［J］．探矿工程（岩土钻掘工程），2020，47（05）：65-71.
[99] 李云，刘霁．基于 TOPSIS-FCA 的预应力锚索失效风险评价［J］．中南大学学报（自然科学版），2016，47（1）：210-217.
[100] 杨涛，谭玉强．框架锚索结构加固市政公路桥梁边坡效果分析研究［J］．青海交通科技，2019（03）：90-94，105.
[101] 刘霁．预应力锚索-地梁结构在岩体中传力规律研究［J］．安全与环境学报，2009，9（1）：155-160.
[102] DIAS S，LUISE Z，VIEIRA N. Using iceberg concept lattices and implications rules to extract knowledge from ANN［J］. Intelligent Automation & Soft Computing，2013，19（3）：361-372.
[103] MA JIAN-MIN，ZHANG WEN-XIU. Axiomatic characterizations of dual concept lattices［J］. International Journal of Approximate Reasoning，2013，54（5）：690-697.
[104] 杨凯，马垣. 基于概念格的多层属性约简方法［J]. 模式识别与人工智能，2012，25（6）：922-927.
[105] 刘洋．基于概念格与概率神经网络的巷道围岩稳定性预测［D］．武汉：武汉科技大学，2018.
[106] 刘霁. 基于 Markov 模型的铝土矿露天采空区生态重建的环境预测评价［J］．中南大学学报（自然科学版），2010，41（5）：1931-1937.
[107] 邱金根．喀斯特地区土地利用/覆被变化及其生态环境效应研究［D］．重庆：西南大学，2010.
[108] 任嘉红，张静飞，刘瑞祥，等．南方红豆杉丛枝菌根（AM）的研究［J］．西北植物学报，2008，8（7）：1468-1473.
[109] 刘霁. 基于主客观赋权法的山区高速公路边坡防护决策与生态环境［J］．中南大学学报（自然科学版），2009，40（4）：1059-1065.
[110] 杨海洋，陈建宏，刘霁．山区公路工程建设边坡防护方案的决策研究［J］．中南林业科技大学学报，2009，29（05）：136-141.
[111] 粟一帆，李卫明，艾志强，等．汉江中下游生态系统健康评价指标体系构建及其应用［J］．生态学报，2019，39（11）：3895-3907.
[112] 段伟，张月茹．矿山环境价值估算模型探讨［J］．山东煤炭科技，2014（01）：189-191.

[113] 刘月，韩爱华，邹苗苗．基于 STLS 模型的空气质量生态价值估算——以云南省为例［J］．统计与决策，2020，36（01）：33-28.
[114] 刘霁，李云．城市公园建设项目综合费-效分析的灰色评价［J］．环境科学与技术，2009，32（8）：179-183.

致 谢

本书是本人在多年科学研究和实践的基础上完成的，从专著选题、内容确定、资料收集、试验工作、理论研究到撰写，一直得到了中南大学陈建宏教授、周智勇博士、杨珊博士等和湖南城建职业技术学院的刘霁教授悉心指导与帮助，在此感激之情不能言表其万一。他们严谨的治学态度、勇于创新的思维方式、渊博的知识、脚踏实地的工作作风、对科学的忘我追求、豁达大度的人生观都是我永远学习的榜样，在此向他们致以最崇高的敬意！

感谢中国铝业广西分公司领导和同行，在我研究、资料收集和现场试验过程中给予支持和帮助。

感谢湖南湘西金矿沃溪矿的领导和同行，在我研究、资料收集和现场试验过程中给予支持和帮助。

在本书写作过程中，我参考和查阅大量同行和专家学者的研究成果，对其作者表示衷心的感谢！

最后向所有关心和帮助过我的老师、同行和朋友表示衷心感谢。

著 者

2020 年 6 月